# 数字滑坡技术及其应用

王治华　著

科学出版社

北　京

## 内 容 简 介

本书是《滑坡遥感》的姊妹篇，是一本关于滑坡判识的研究性专著。作者在数十年滑坡遥感实践及分析研究国内外文献基础上，选取分布在川东川西山地、三峡库区、黄土高原、青藏高原与横断山脉等不同地质构造、不同斜坡结构、不同触发条件的十个典型滑坡，应用数字滑坡技术，利用遥感、地理控制、地质环境等信息源，通过建立解译基础，获取滑坡及其发育环境各要素信息，以时空解译、力学分析、建立模型等方法，解析滑坡的规模、运动方式、发生机理等特征，为滑坡灾害防治、预警及理论研究等提供信息支持。

本书可供遥感应用、环境工程、地质工程和防灾减灾等领域的工程技术人员，以及高等院校地质灾害防治、遥感应用等专业的师生阅读使用。

**图书在版编目（CIP）数据**

数字滑坡技术及其应用 / 王治华著. —北京：科学出版社，2022. 5

ISBN 978-7-03-072144-0

Ⅰ. ① 数…　Ⅱ. ① 王…　Ⅲ. ① 数字技术-应用-滑坡-预警系统
Ⅳ. ① P 642.22-39

中国版本图书馆 CIP 数据核字（2022）第 068474 号

责任编辑：彭胜潮　籍利平 / 责任校对：杨　赛
责任印制：肖　兴 / 封面设计：图阅社

科学出版社 出版
北京东黄城根北街 16 号
邮政编码：100717
http: //www.sciencep.com

中国科学院印刷厂 印刷

科学出版社发行　各地新华书店经销

*

2022 年 5 月第　一　版　开本：787×1092　1/16
2022 年 5 月第一次印刷　印张：16 1/4
字数：385 000

**定价：238.00 元**

（如有印装质量问题，我社负责调换）

# 序　一

王治华教授的力作《数字滑坡技术及其应用》行将付梓，日前给我发来文稿清样，邀我作文以序之。我虽不是滑坡专家，也不是遥感专家，但因地震研究与滑坡研究有某些相通之处，阅后颇有感触，遂不揣冒昧，写下以下感言，权以当序。

滑坡是地球表层斜坡上的岩体（或土体，或岩土混合体）在重力作用下，沿着某一软弱面或软弱带、整体或分散地顺坡向下发生滑动的自然现象，是人类居住的行星地球生机勃勃、充满活力的表现。然而，由于对滑坡灾害研究不够、缺乏认识，或认识不足、重视不够，灾害性的滑坡也常常摧毁农田、房舍，毁坏森林、道路以及水利、电力等基础设施，掩埋房屋、伤害人畜，甚而毁灭整个城镇，给人民的生命财产造成巨大损失，有时甚至是毁灭性的损失。特别是，随着经济的发展，人类越来越多的工程活动破坏了自然坡体，灾害性滑坡的发生越来越频繁，并有愈演愈烈的趋势，更加突显加强滑坡及滑坡灾害研究的重要性和紧迫性。

王治华教授是我国遥感地学界的著名专家，长期致力于遥感滑坡、数字滑坡技术研究，其学术生涯、学术上的成就和遥感滑坡、数字滑坡技术在我国的诞生与发展密不可分。从20世纪70年代末80年代初开始，在谷德振院士、陈述彭院士等老一辈科学家的指引下，王治华教授便开始了将古老的地质环境学与现代先进的遥感技术相结合的探索。她创造性地将现代空间信息技术应用于滑坡研究，创建了数字滑坡理论方法与技术体系，实现了滑坡研究从定性到定量的发展，并经历了国家重大防灾减灾任务和重大工程安全运营的实践检验。她的工作也得到了国际同行的好评，自1992年起，她连续多年作为国际科学小组成员，参与了诸多卫星在地质灾害、地质环境方面应用研究的验证工作。

《数字滑坡技术及其应用》一书是数字滑坡技术的第一本专著，是数字滑坡的系统理论和方法技术及其应用的综合成果，代表了当代滑坡研究的新水平。该书系统、完整地集理论、技术方法、应用实例、国内外研究概况与实例的多方研究成果之大成。最难能可贵的是，该书中介绍的各个滑坡体实例都是作者亲临现场观测、分析、验证后得到的结果。书中总结了作者在滑坡研究中用独特的视角、创新的思维取得的成功案例，不仅对读者特别是滑坡专业人员有启发，对于相关学科的研究者也有借鉴意义。

我衷心地热烈地祝贺《数字滑坡技术及其应用》的出版，并推荐给广大从事滑坡、遥感以及相关学科研究、教学的读者。

中国科学院院士　陈运泰

2021 年 4 月 19 日

# 序　二

地学近几十年的蓬勃发展，学科地位的提升，科学成果服务于社会经济能力的增强，社会影响力的扩大，在很大程度上都与遥感等迅速发展的信息科学技术应用有密切关系。新技术和应用学科之间的关系是相互依托、相互促进的双赢过程的统一体。其重要表现之一是出现了与技术密切相关的边缘学科，如地理遥感、地质遥感、滑坡遥感等新学科。

我与王治华先生曾一起在中国科学院同一个研究所、同一个研究室从事研究，也曾同时下乡到同一个公社参加“四清”运动。虽然后来我们地分南北，从事不同学科的研究，但对其奋斗的历程，我还是很了解的。说实话，艰苦奋斗是我们这一代人的共同信条和经历。我读了她的著作，深知是实至名归的学术“干货”。

王治华先生是我国遥感地学界的著名专家，其学术生涯、学术成果正是遥感滑坡、数字滑坡技术在我国的诞生和发展的记录。

20世纪70年代末80年代初，在谷德振、陈述彭先生任项目负责人、我国首次将遥感技术应用于山区水电开发的项目——“西南高山峡谷地区水能开发遥感应用试验暨二滩水电站可行性研究”中，王治华是二滩水电站库区稳定性研究课题负责人之一。正是在老一辈科学家的引导下，在该课题研究中，王治华开始了将古老的地质环境学与现代先进的遥感技术结合的探索。自此以后，她便带领团队成员，探索和跋涉在我国大渡河、雅砻江、长江三峡、金沙江、黄土高原以及青（海）、甘（肃）、川（四川）、滇（云南）进藏交通线等我国主要滑坡、泥石流灾害分布区域，为这些区域开发建设的防灾减灾调查研究，数十年如一日，风餐露宿，跋山涉水，不辞辛劳，默默耕耘。

面对日益严重的滑坡灾害和滑坡减灾防灾事业的重大需求，她和团队成员历经30多年的潜心研究，开拓性地将现代空间信息技术与滑坡地学特征结合，创建了数字滑坡理论方法与技术体系，实现了滑坡研究从定性到精确信息化定量，并经历了国家重大防灾减灾任务和重大工程安全运营的实践检验。

她的工作也得到了国际同行的认可。自1992年日本发射第一颗地球资源卫星起，她连续多年作为国际科学小组成员验证JERS-1、ADEOS、ALOS等卫星在地质灾害、地质环境方面的应用。

滑坡分布于地表表层，是地球表层生物生态圈的组成部分，是一个开放的、不断变化的地质系统，是特定地质过程的表现。因此，地球上没有一个完全相同的、不随时间变化的滑坡体。这种特性就意味着对滑坡的研究不能完全借助于实验室，更不可能像物理、化学、生物等学科一样，有可以全球通用的实验设备和条件，实验结果各地可以重复验证。因此，数字滑坡技术的出现，标志着滑坡研究又上了新的台阶，但依然不能用同一套方法和技术去套用不同地区、不同地质结构、不同地表覆盖、不同气象水文、不同人类活动，以及不同规模、不同类型的滑坡。就是说，对每一个滑坡的研究和处理都必须深入现场，了解实情，各个处理。这是这本著作特别强调的研究方法，既是经验之谈，更是治学态度。

因此，我深知要写这样一本著作来之不易。书中体现出来的特点和价值，更值得我们称道和珍惜。

（1）新。该书是数字滑坡技术的第一本专著，是数字滑坡研究的系统理论、方法技术及其应用的综合成果，代表当代滑坡研究的新水平。

（2）全，即系统、完整。该书是集理论、技术方法、应用实例、国内外研究概况与实例的多方研究成果之大成。

（3）实。数字滑坡技术是以宏观调查为主的遥感技术，书中介绍的各个滑坡体，都是作者除应用数字滑坡技术外均亲自到现场观测、分析、验证后得出结论。该书是作者多年脚踏实地、用心血浇灌而得出的成果。

（4）创。书中总结了作者在滑坡研究中用独特的视角、创新的思维取得的成功案例，将对读者特别是滑坡专业人员有启发、借鉴意义。

这里，我想特别强调的是，王治华先生年近八旬，不辞辛劳完成这部近40万字的专业学术著作，不是为应评职称之需，更不是为名利而累；实是一种学术责任的驱使，是对从事专业研究的依恋，是一种职业操守，是对人生轨迹的记录，是对未来科学技术研究的嘱托和祈盼。为此，该书的出版传达出一种朴素的科学精神：追求真理、脚踏实地、独立思考、敢于开拓、勇敢创新、活到老学到老。对地学研究而言，还要加上“把文章写在祖国大地上”，不怕苦、不怕累，认认真真为老百姓做点好事、做点实事、做点值得留给子孙后代和社会保存与继承发扬的事。

中国科学院成都山地灾害与环境研究所研究员
博士生导师　陈国阶
2020年3月13日于成都

# 前　言

2012 年 11 月，《滑坡遥感》在科学出版社出版后，陆续收到一些院校、研究所和长年奋斗在地质灾害调查研究第一线科技人员的来信和来电，大多表示了对作者和编辑的赞扬，也有一些中肯的意见，还有具体的应用计划，如：中国地质科学院地质力学研究所工程地质与地质灾害研究室主任对我说："我们正准备用你书中提出的方法进行地质灾害敏感性分区研究"。中科九度（北京）空间信息技术有限公司有关人员则约我讨论将数字滑坡技术软件化问题。同济大学海洋与地球科学学院及测绘与地理信息学院邀请我去做"数字滑坡技术及其应用"的学术报告。香港大学岳中琦教授建议出英文版，方便外国同行和学生学习和应用……。更多的来信是要求具体地介绍数字滑坡技术的应用。读者的需要是我研究及著述的动力，我在《滑坡遥感》前言最后曾说过："本书是作者 30 余年滑坡遥感研究成果的概括总结，但不是全部，更加深入的内容将在今后陆续奉献给读者"。所以，笔者在完成《滑坡遥感》之后，马不停蹄地结合国内外文献学习分析，对各例滑坡做进一步研究，陆续介绍应用数字滑坡技术进行的各类滑坡调查研究成果，以满足读者需要，为地质灾害研究及防治事业添砖加瓦。

2015 年出版的《滑坡遥感调查、监测与预警——以西藏帕里河滑坡为例》是笔者继《滑坡遥感》之后的又一部作品。该书介绍了在喜马拉雅山脉西段，这一人迹罕至的高海拔、高山峡谷、高辐射、干旱、寒冷、荒芜边境地区，应用数字滑坡技术调查研究各类灾害与环境的成果。对该书对应的应用项目成果，原国土资源部环境司认为，数字滑坡技术有效地识别并定位、定性、定量获取了帕里河流域的滑坡等 7 类地质变形体的基本信息，为地质灾害危险性评价与预警提供了科学依据。该书揭示了境内帕里河流域的地质灾害与地质环境现状与变迁，预测了重点地质灾害的发展趋势和可能的危害，填补了该地区地质灾害与地质环境调查评价的空白，对认识青藏高原喜马拉雅山西段地质灾害发育规律有重要意义，（我司）并及时将成果资料上报国务院决策使用，发挥了遥感技术快速、高效地进行灾害与环境应急调查评价的优势。

随后，笔者开始了应用数字滑坡技术进行分布在我国各地的多种类型的滑坡研究，以方便滑坡工作者和学生学习应用数字滑坡技术方法，也欢迎同行讨论。

本书分为上、中、下三篇。上篇：数字滑坡及数字滑坡技术，主要介绍数字滑坡的概念和内涵，以及由滑坡解译基础、遥感识辨滑坡、滑坡数据存储与管理、滑坡应用模型等构建的数字滑坡技术系统。其中部分内容在《滑坡遥感》中已经介绍，为了技术部分的完整和系统，本书扼要重复部分内容，但补充了无人机技术应用、卫星求取 DEM 及应用模型实例等新内容。中篇以长江三峡的千将坪滑坡、四川东部的天台乡和岩门村滑坡、四川西部的冯店滑坡、河南西北部黄土地区的东苗家滑坡、四川都江堰附近的三溪村滑坡、重庆南部的鸡尾山滑坡和长江三峡的新滩大滑坡为例，介绍应用数字滑坡技术研究顺层滑坡和切层滑坡的方法和成果。下篇为数字滑坡技术应用：高速滑坡碎屑流，介绍 2000年在西藏东南部发生的震惊世界的易贡滑坡和 2008 年“5 • 12”汶川大地震触发的最大规模滑坡——大光包滑坡的再研究成果。

本书介绍的实例大部分是笔者退休前做的调查工作，但绝不是简单地重复。因为笔者在中国自然资源航空物探遥感中心退休后，承蒙中国科学院地理科学与资源研究所资源与环境信息系统国家重点实验室周成虎院士等领导的邀请，进行以“数字滑坡技术应用研究”为题、长达 6 年的客座研究。在此期间，笔者阅读大量国内外文献，在学习、分析这些文献基础上，重新认识各滑坡实例，潜心作进一步研究，也做了一些野外现场验证调查。所以本书有以下三个特点：①根据遥感信息源的特点，着眼从研究对象的历史变迁到现势，从不同比例的宏观空间，从国内外实例对比中认识滑坡。②以数字滑坡技术为基础，结合力学分析、滑坡地震波特征等方法，做有特点、有创意的研究；本书所介绍的十个典型滑坡实例中，各例在调查方法、滑坡定性研究和定量计算、滑坡机理、滑坡运动方式、滑坡灾害评估、滑坡地震响应等一或多方面有新进展。③强调地质分析，针对目前不少滑坡工作者，特别是年轻学者，喜欢将滑坡实例当作“样本”套用各类模型与计算公式，以为这样便可实现滑坡自动识别、了解滑坡分布规律、进行滑坡危险性评价等，甚至还将计算结果与已知滑坡（采用的样本）对比，作为其分析计算结果的精度，即从已知到已知的验证方法。该类做法的特点是不下功夫去研究分析滑坡的地学特征，只通过套用模型和计算，便实现了用“高新技术”研究滑坡，甚至预测预报等，以迅速获得“创新成果”之利。目前，这种浮躁学风、自欺欺人的做法还不是个别的。我们采用的所有技术方法，包括各类模型，都是调查研究滑坡的工具，其目的在于揭示个体和区域滑坡的地学环境（自然地理和地质）特征，及与人类活动的关系。只有认识了滑坡的地学环境特征，才可能有进一步的创新研究，才能达到防灾、避灾和减灾的目的。即使要实现人工智能识别滑坡，也需要我们提供成千上万的、准确的滑坡地学特征样本实例，让机器人详尽了解滑坡的地学特征与各类环境因素的关系，才能作出正确的识别。

笔者在所著《滑坡遥感》一书的“前言”中说：“遥感技术在滑坡领域的应用，与其在其他领域的应用是不同的，其主要不同在于：具普通科学知识的人难以仅凭遥感图像的色彩、色调、纹理和阴影特征准确地识别滑坡；遥感专业技术人员也不能（至少目前不能）只通过分类、模式识别等图像处理方法自动识别滑坡。从事滑坡遥感调查必须掌握基本的滑坡地学知识、一定的遥感技术方法和综合分析能力，否则是难以取得实际效果的。”

自然界很难找到两个完全一致的地质体，当然也难以找到统一的数字滑坡技术应用方法，这就要求我们在滑坡地学理论指导下，针对不同特征的滑坡，采用不同的解译分析方法。正是基于此，本书选择了处于不同区域地理位置、不同区域构造类型及部位、不同斜坡地质结构及不同触发因素的十个滑坡实例介绍给读者。笔者深信，本书中不乏读者难以从其他滑坡专著或文章中看到的精彩篇章。

本书的另一个特点是，介绍每一例滑坡时，在注意分析滑坡特征与所处地质环境的关系的同时，还尽可能地展示其影像特征，所以本书附有大量珍贵的、精心处理的、制作精美的图像，希望能帮助读者更直观地认识各种滑坡特征表现及其发育的自然地理环境。准确、鲜明、形象地表达滑坡及其发育环境特征，也是应用数字滑坡技术的一个重要特征。

本书是笔者在整理和进一步分析前期滑坡调查工作基础上完成的，所以不能忘记参加前期调查人员的贡献。参加本书前期调查研究工作的人员有徐起德、杜明亮、李松、吕杰堂、郭兆成、徐斌、陈自生、杨日红、杜云艳、张丹丹和赵永超等。本书的大部分制图、计算工作由徐起德、杜明亮、李松、贾伟洁和郭兆成完成，贾伟洁还参与了部分文献的收集及整理工作，杜云艳是滑坡数据存储与管理内容的主要编写者，王建超、王军等提供了无人机滑坡调查应用概况等资料。他们付出的辛劳与汗水，成就了本书不可或缺的重要部分，在此一并表示诚挚的感谢!

笔者编写全书，负责部分制图。由于本人的认识和文字水平有限，书中错误与不妥之处在所难免，恳请读者批评指正。

王治华

2021 年 3 月 1 日

# 目　　录

# 下篇　数字滑坡技术应用：高速滑坡碎屑流

# 上 篇

# 数字滑坡及数字滑坡技术

为了改变前期遥感滑坡技术方法效率低、调查精度难以提高的状况，经多年实践与探索，笔者于1999年提出“数字滑坡”概念。该概念使传统地学滑坡拓展为能以数字表达的，具有三维空间、多维时间信息的，由多元要素组成的“数字滑坡”，这就使得根据遥感的光谱、空间、时间信息特征来认识滑坡地学特征及其变化成为可能。

数字滑坡技术系统是实现“数字滑坡”的技术系统，由建立滑坡解译基础技术、遥感识辨滑坡技术、滑坡数据库及滑坡模型几部分构成。多年来，数字滑坡技术已成功应用于我国大型水电站建设、山区交通线建设、区域开发环境治理、抗震减灾等，也用于大规模个体滑坡调查研究，取得显著的经济效益和社会效益，有效服务于国家防灾减灾战略。

# 第1章 数 字 滑 坡

滑坡是世界上最严重的自然灾害之一，滑坡灾害每年在全球造成数十亿美元的经济损失和成千上万的人员伤亡。长期以来，国内外滑坡科学工作者曾对滑坡调查和预警方法技术做过大量探索和努力，但成效并不显著。世界各山地国家都迫切需要能有效调查滑坡的技术，以减轻和防治滑坡灾害。

面对这一世界难题，本研究团队自1980年起，踏遍了北自青海省的德令哈、南至香港的大屿山、西自中印边界的帕里河、东抵长江三峡工程坝址的我国滑坡灾害严重地区，历经 40 多年的潜心研究和技术攻关，在来自原国土资源部、中国地质调查局、中国科学院、原水利电力部等部委项目和国家自然科学基金项目等 20 余个项目的支持下，在迅速发展的现代信息技术的启发和支撑下，开拓性地将现代空间信息技术应用于滑坡调查，创建了数字滑坡理论方法与技术体系，实现了滑坡调查研究从定性到精确信息化定量，填补了数字滑坡理论方法与技术研究的国内外空白。迄今，该技术系统已经历了“金沙江下游巨型电站——溪落渡、白鹤滩、乌东德水电站库区的滑坡、泥石流及地质环境遥感调查”“长江上游重点城镇地质灾害高精度遥感调查”“长江上游攀枝花—泸州段沿岸遥感综合调查”“进藏公路、铁路沿线地区地质环境遥感调查”“汶川大地震次生地质灾害遥感调查”“西藏帕里河遥感滑坡调查与监测”和国家 863 计划“巨灾链型灾害——暴雨滑坡、泥石流预测与预警关键技术研究”等多项重大防灾减灾任务和重大工程安全运营任务的科学检验，日趋完善。

在以上研究工作实践基础上，中国科学院地理科学与资源研究所资源与环境信息系统国家重点实验室周成虎院士等聘请笔者作为客座研究员，进行了为期 6 年的“数字滑坡技术及其应用”研究。本书就是以上研究工作积累的总结。本书完成时，距笔者上一本专著《滑坡遥感》出版已过去 10 年；在《滑坡遥感》中，已介绍了滑坡遥感的信息源、解译基础技术等内容，为了便于读者特别是年轻读者阅读，本书简要重复部分内容，另结合我国信息技术的发展进步和更多数字滑坡技术应用实践，进行了补充和扩展。

## 1.1 从遥感滑坡到数字滑坡

数字滑坡的前身是遥感滑坡，我国的遥感滑坡是在为山区大型工程服务中产生并逐渐发展的。1980 年启动、由谷德振先生和陈述彭先生任项目负责人的“西南高山峡谷地区水能开发遥感应用试验暨二滩水电站可行性研究”，是我国首次在高山峡谷地区进行的大规模遥感应用试验。“二滩电站库岸稳定性遥感研究”是该项目设立的课题之一，笔者荣幸地被指定为该课题的负责人。采用遥感技术调查库区两岸的滑坡、泥石流等库岸失稳现象，评价它们对二滩电站建设与运行的影响，是该课题的主要内容。自此以后，我们先后在长江三峡水电站和金沙江下游的溪洛渡水电站、白鹤滩水电站、乌东德水电站的库区等区域开展了大规模的区域性滑坡、泥石流遥感调查，为这些大型水电工程的可行性研究提供滑坡、泥石流灾害及环境基础资料（王治华，1999）。

20 世纪 80 年代中期起，在公路、铁路选线和沿线滑坡、泥石流调查中，已大量使用了航空遥感技术。

在 20 世纪的最后 20 年，我国进行的区域滑坡、泥石流遥感调查面积覆盖超过 $10\times10^4\,km^2$。该阶段被称为我国遥感滑坡的前期。

在遥感滑坡前期，我国主要进行中等比例尺的滑坡宏观调查。其方法技术可概括为：主要使用黑白或彩红外航空像片，辅以 79 m 和 30 m 空间分辨率的美国陆地卫星图像；借助于立体镜目视解译航空像片像对或直接目视卫星图像，配合一定的地面验证，了解滑坡及其发育环境；解译结果通过目视地貌特征手工转绘到相应比例尺的地形图上。该方法使我们能居高临下观测地物，使部分野外工作转移到室内，在一定程度上提高了工作效率，减轻了野外工作的强度；特别在地形复杂及气候恶劣地区，有明显的优越性。遥感技术逐步成为我国区域滑坡及其发育环境宏观调查不可缺少的先进技术。

随着遥感滑坡工作的推进，前期遥感滑坡技术方法的不足之处也日渐显露，这些不足之处主要表现为：①当时遥感信息源的局限性，那时的航摄图像为中心投影，其非线性畸变难以消除，MSS、TM 卫星图像的地面分辨率低，难以识别滑坡；②工作效率低，立体镜目视解译、手工转绘及成图工作效率低；③难以提高成果精度，目视解译及手工转绘均有较大误差；④成果表达为单一的纸介质，资料的处理、存储、更新、交流很不方便。这些不足之处使前期遥感滑坡只能作为区域宏观调查手段，难以提供高精度的滑坡调查成果。

在长期遥感滑坡调查研究实践基础上，经不断探索，笔者认为，如果能使遥感调查结果表达的每一个地物单元有确定的地理（空间）坐标及反映滑坡特征的属性，是改善遥感滑坡调查方法的关键，这便是“数字滑坡”思想的雏形。

在这一思想指导下，在不断实践中，逐步摸索出一套新的技术方法，笔者并于 1999 年在第一届“国际数字地球学术讨论会”上做了介绍（Wang，1999）。该方法被称为“数字滑坡”技术，它是在我国前期遥感滑坡基础上，借助于先进信息技术创立发展起来的遥感滑坡新技术。迄今，数字滑坡技术的应用已超过 20 年；实践证明，数字滑坡技术是推动我国滑坡调查技术进步的关键技术。

## 1.2 “数字滑坡”的概念及内涵

“数字滑坡”就是信息化滑坡，由与滑坡相关的多元、多维信息组成；多元就是与滑坡有关的地形地貌、岩土物质、斜坡结构、区域地质环境等因素；多维就是三维空间和一或多维时间（多时相）；这些信息是数字形式的，有自己的确定空间位置和属性。“数字滑坡”概念使传统滑坡地学理论拓展为能以数字形式表达的、具有三维空间信息和多维时间信息的、由多元要素组成的“数字滑坡”，这就使根据遥感的光谱、空间、时间信息特征来了解滑坡地学特征及其变化成为可能。

# 第 2 章　数字滑坡技术系统

数字滑坡技术就是实现“数字的信息化滑坡”的技术。具体方法为：在滑坡地学理论指导下，以遥感和空间定位（GCPs 或 GPS、北斗）技术为主，获取与滑坡相关的信息源，建立遥感解译基础，通过人机交互解译，结合 GIS 技术，识别滑坡；获取数字形式的、与地理坐标配准的滑坡及其发育环境的基本信息，例如位置、形态、规模、变形和位移、斜坡结构（地质构造、地层岩性、土地覆盖）等；利用 GIS 技术存储和管理这些数字信息；在此基础上，对滑坡活动及其发育环境信息进行时空分析，建立模型，服务于滑坡调查、监测、研究、评价、预测、制定减灾和防治措施等。

数字滑坡技术使遥感滑坡前期的获取、处理、存储、分析和显示滑坡信息的方式发生了根本变化，使我们能更准确地定性、定位、定量地认识滑坡，科学、有效地存储和管理遥感调查结果，方便、快捷地传输及交流滑坡信息，从而为改善滑坡灾害调查及滑坡理论研究提供更加准确、丰富的滑坡信息。

数字滑坡技术的实现，主要依赖于四类信息科学技术的支持：①遥感技术；②数字摄影测量及图像处理技术；③GIS 技术；④计算机技术。

数字滑坡技术系统大致可分为以下几个部分：建立解译基础、遥感识辨滑坡（获取滑坡及发育环境要素信息、时空分析、现场验证等）、数据存储与管理——滑坡数据库、建立应用模型。

## 2.1　建立解译基础

解译基础，即用于识别滑坡，能定位、定量地获取滑坡及其发育环境信息的，由多层图像、图形构成的组合。它将滑坡调查区所有的遥感与非遥感信息源整合成一个数字的、精确几何校正的、相关信息在同一地理坐标控制下配准的数据集合，以实现定性、定位、定量地了解滑坡，获取滑坡及其发育环境要素信息及进行时空分析。解译基础由收集信息源、图像处理、制作基础地理底图等技术整合形成，是数字滑坡技术系统最基础的部分。

### 2.1.1　解译基础的信息源

信息源是解译基础的“粮食”或“原料”，收集与滑坡相关的信息源是建立解译基础技术中首先要做的、最重要的工作。

**1. 遥感信息源**

建立解译基础，最基本、最重要的信息源是遥感信息源。遥感信息是一种多源信息，由不同类型、不同高度平台、不同视场角等传感器采集的具有不同电磁波段特征、不同接收地点和时间的信息。数字滑坡技术最关注的是遥感信息源的电磁波谱特性、位置和地面分辨率、信息的接收时间和时间分辨率（重复获取同一地点信息的间隔时间）三个特征。后两者容易理解，什么是遥感信息源的电磁波谱特性呢？Elochi（1995）、陈述彭和赵英时（1990）指出，太阳照射物体，物体反射或物体本身热能辐射的信息是通过电磁波（能）传递到卫星或其他飞行器的传感器的，即传感器所接收到的电磁波能量主要来自太阳辐射和地面物体的反射。电磁波从 γ 射线到交流电可分为许多波段，作为遥感信息源的电磁波段主要为紫外线、可见光、红外线和微波等波段。根据工作的电磁波段及使用的传感器，可分为光学遥感（又称为多光谱遥感）和微波（雷达）遥感。调查滑坡常用的多光谱遥感信息源主要是反射波的可见光波段（0.38～0.74 μm）、近红外波段（0.74～1.3 μm）和中红外波段（1.3～3.0 μm），如图 2.1 所示。下面介绍几种在滑坡研究中常用的遥感传感器类型。

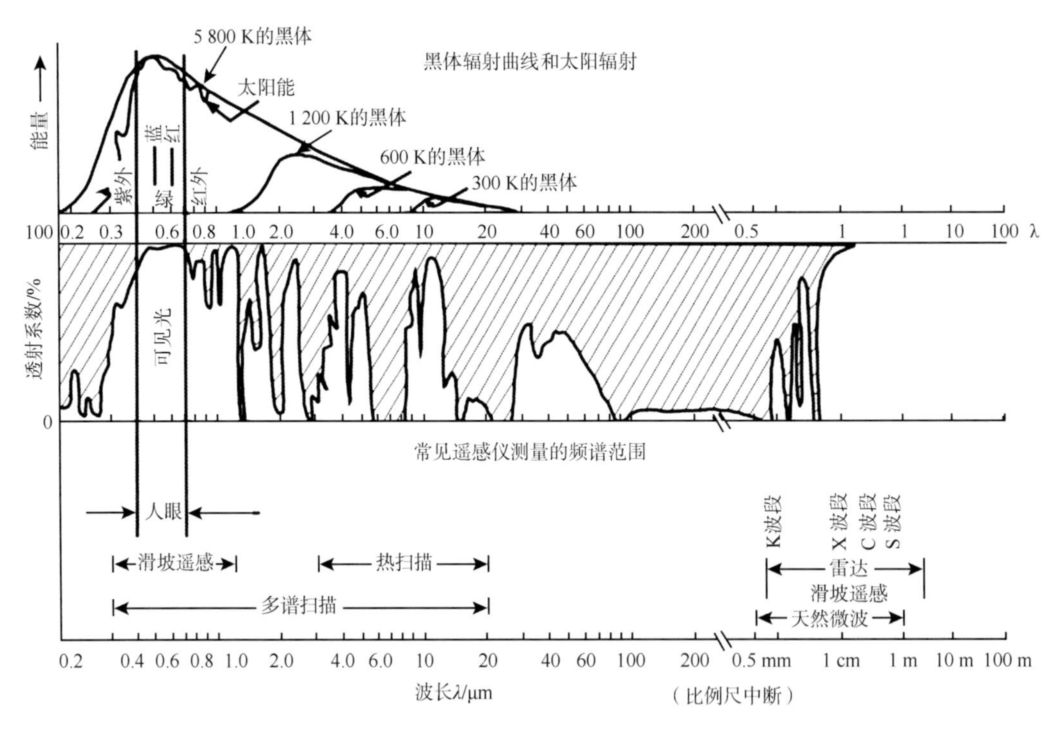


图 2.1　遥感滑坡应用的电磁波谱图（据《遥感地学分析》附图改编）

1）卫星光学遥感

就图像类型而言，光学遥感图像可分为全色图像和多光谱图像两类。

全色图像为全部可见光波段 0.38～0.76 μm 波段范围的混合图像，对人眼而言，一般为黑白图像。全色图像上的景物特征主要包括光谱特征（在图像上以 0～255 级灰度变化的形式表现）、空间特征和时间特征。

由于全色图像有较高的分辨率和使用成本较低，遥感滑坡前期，高分辨率卫星数据尚未商业化前，国内外主要使用高分辨率的全色航空像片进行滑坡解译，如 1∶5 万全日本滑坡分布图主要是使用黑白航空像片完成的。

关于多光谱图像，现代物理学发现，人眼可见的白光是由红、橙、黄、绿、青、蓝、紫等各种颜色的光组成的。红、绿、蓝（R，G，B）三种颜色能合成绝大多数其他颜色，而这三种颜色却不能被其他颜色合成，这三种颜色被称为三原色。它们分属电磁波可见光区的不同波段（图 2.1），对不同地物有不同的反映。于是，人们就设想通过卫星获取可见光的三原色，进而合成彩色图像，以记录各种地物特征，这种图像就是多光谱图像。

随着我国遥感事业的快速进步，我国自主遥感对地观测体系基本建成，对于滑坡应用而言，目前有国家作为公益服务发射的高分辨卫星 GF1～GF7，其空间分辨率达 0.8～2 m；另有 ZY01～ZY03 资源卫星，其空间分辨率也达 2 m。

近年来，我国滑坡灾害调查主要使用国产卫星，如监测西藏易贡滑坡坝堰塞湖的变化，监测中印边界的帕里河滑坡堵河造成的堰塞湖变化，“5·12”汶川大地震等灾害应急调查等都大量使用了我国生产的高分卫星数据。

美国、欧洲、以色列、印度、日本等主要航天大国（地区）较早推出了他们自己的高分遥感卫星系统。美国和法国代表了当前高分辨率光学遥感卫星发展的最先进水平，引领光学遥感卫星不断向高空间分辨率、高光谱分辨率、高时间分辨率、多角度、小型敏捷等方向发展。美国从 20 世纪 90 年代起不断发射造价相对低廉的多颗商业遥感卫星，并占有了国际市场绝大多数份额。随着美国逐步放宽对高分辨率卫星图像出口的限制（2015 年前禁止向美国以外的国家出售全色分辨率优于 0.5 m 的卫星图像，2015 年“世界观测-3”（WorldView-3）卫星在轨运行后，将分辨率限制放宽至 0.25 m），我国的商业遥感卫星分辨率也随之放宽。

2）有人驾驶航空遥感

航空遥感指以飞行器携带传感器，获取地物信息的遥感方法。航摄图像不但是我国早期遥感滑坡的主要信息源，就是在卫星遥感迅速发展的今天，也是不可取代的信息源；特别是在灾害应急调查及一些由于天气原因长期未能获取合格卫星数据的地区，航空遥感发挥了不可替代的作用。长江三峡工程库区由于河谷长年浓雾笼罩，每年仅有很短的云开雾散时间，接收全库区合格卫星数据及航摄的难度都很大。自 20 世纪 80 年代中期，地质矿产部地质遥感中心完成三峡库区 1∶6.7 万彩红外航空摄影后，历经 20 年未能获得全库区合格的航摄资料及高分辨率卫星数据。2003 年 3 月底，航遥中心采用高性能航摄仪等新技术，适时利用有限的合格航摄天气，完成了三峡水库第一期蓄水前全库区 $4\times10^4$ km$^2$ 的彩红外航摄，获得了这一历史时刻（三峡工程蓄水前）长江三峡两岸地物景观信息。

2008 年 5 月 12 日和 2009 年、2010 年夏季地质灾害应急调查中，航空遥感也发挥了无可替代的作用（郭大海等，2004）。

由于航摄技术的进步，目前遥感滑坡大都直接使用航摄正射数字图像，其光谱特性与“快鸟”（QuickBird）等高分辨率卫星图像相似，地面分辨率可达 0.3 m 或更小，获取时间则更加灵活。

3）低空无人机遥感

低空遥感技术是指以固定翼无人机、无人驾驶直升机和飞艇等低空飞行平台为载体，以高性能数码相机为主要传感器，灵活、快速、高效地获取测区高分辨率影像信息的航空遥感技术方法。

2004年，在土耳其伊斯坦布尔举办的“第 20 届国际摄影测量与遥感大会”（ISPRS 2004 Istanbul）上通过的决议中，对无人机有这样的描述：“无人飞行器（UAVs）提供了一个新的、可控的遥感数据获取平台，一种比有人飞机遥感平台更迅捷、廉价的遥感数据获取手段”。我国的低空遥感技术研究开发已有 20 余年的时间，近年来，低空无人机航摄遥感在我国滑坡灾害调查中发挥了重要作用。

自 2010 年以来，中国自然资源航空物探遥感中心（以下简称“航遥中心”）在自然资源部和中国地质调查局项目的支持下，经过无人机遥感业务能力建设，集成研制了序列化无人机硬件平台，开发了无人机遥感数据快速处理软件，研制了基于静中通技术的无人机遥感监测车，培养了一支业务精良的科研生产团队，制定了无人机遥感相关规程，形成了较为完备的无人机遥感监测技术体系，并开展了矿山监测、地质灾害应急监测、海岸带监测等多种应用。针对不同的地形条件和应用需求，共研制了 8 个型号的序列化无人机遥感平台。续航时间从 1.5 小时至 16 小时，起飞重量从 3 kg 至 40 kg，动力方式包含油动和电动，起飞方式包含车载起飞、手抛起飞、弹射起飞，降落方式包括伞降、撞网降落和滑降，能满足多种地形条件下的无人机遥感数据获取的需求。

除无人机硬件外，航遥中心还定制开发了 DPGrid、PixelGrid、Inpho、IPS 等多套无人机数据处理软件，能满足多种条件下的无人机遥感数据快速处理，生成高精度数字高程模型（DEM）、数字正射影像图（DOM）和三维影像，用于滑坡等地质解译，并集成了车载现场数据处理及远程数据传输系统。基于静中通卫星通信技术，建设了一套灵活机动的无人机遥感应急监测车载综合系统，将低空遥感无人机、现场遥感数据处理设备和卫星通信系统集成在一辆车上，具备野外数据采集、现场数据处理、远程数据传输等功能，如图 2.2、图 2.3 所示。

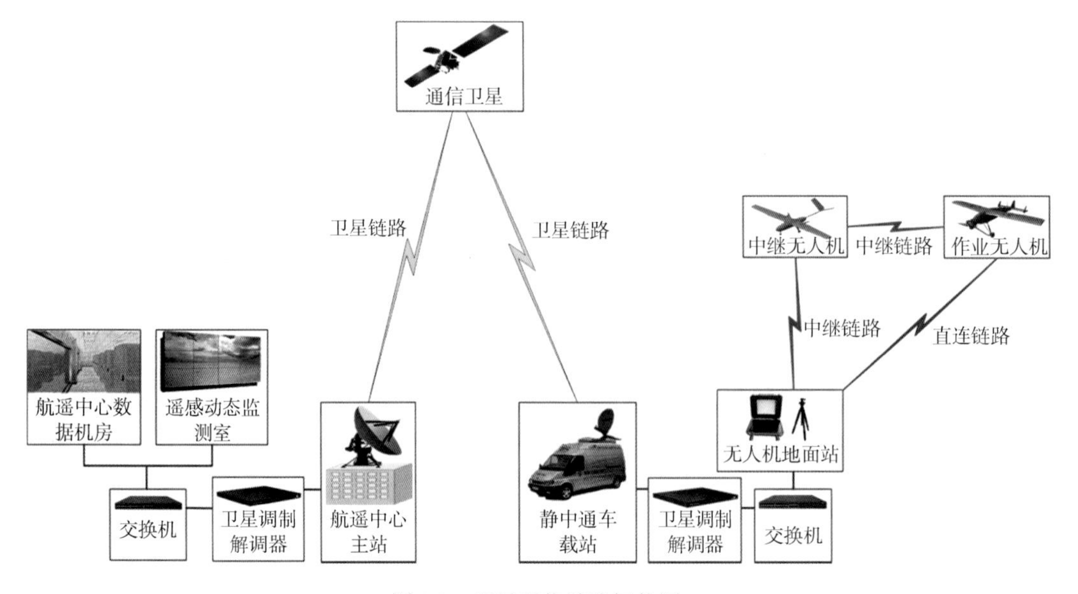


图 2.2　卫星通信链路拓扑图

（a）航遥中心主站

（b）监测车内景

（c）监测车外观

图 2.3　车载现场数据处理及远程数据传输系统

从 2012 年始，航遥中心利用无人机遥感技术在全国范围内先后开展了多个省市矿山监测、地质灾害应急监测和海岸带地质环境遥感监测等工作，如图 2.4。

DEM

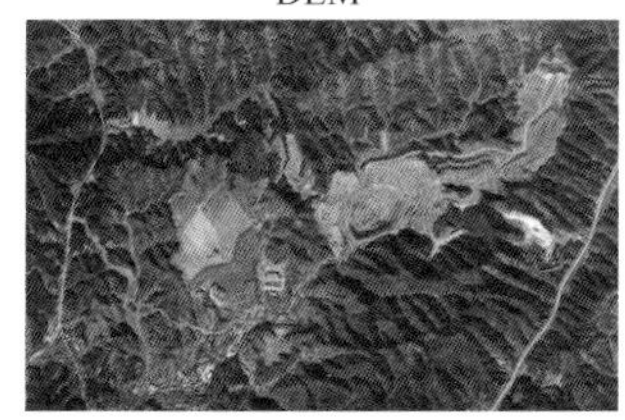

DOM

三维遥感影像

图 2.4　江西省德兴铜矿无人机遥感 DEM、DOM 及三维场景

此外，中国科学院地理科学与资源研究所在江西省洪涝灾害治理、水资源管理、河湖监管、水环境治理、水生态修复等方面成功地使用了无人机。四川省遥感中心等也在环境监测、地质灾害调查中，使用无人机调查技术，如大光包滑坡、三溪村滑坡调查中大比例尺地形图测量等项目中大量使用了该技术。

4）雷达遥感

雷达遥感是一种主动微波遥感，即卫星或机载传感器通过天线向地面发射一系列脉冲，再由天线接收由地物后向散射（1～1 000 mm 谱段）的微波信息（雷达回波）来探测地物的一种遥感方法。微波的产生是由于物质的分子旋转和反转、电子自转与磁场之间的相互作用引起的，这决定了地物与工作在微波波段的成像雷达之间具有其固有的相互作用机理，使微波信息图像可能获取地物物质成分、结构、位置、地形等特征信息，且具有全天候、全天时数据获取能力及对一些地物的穿透性能（舒宁，1997）。

斜坡发生滑坡后，其物质成分、结构、位置、地形等均会发生一定变化；且滑坡大多位于多雨、多云雾的山地与河谷地区，经常难以接收到合格的光学图像，所以滑坡调查研究特别期待使用雷达遥感。

2008年“5•12”汶川大地震震后次生灾害调查中，曾大量应用合成孔径雷达（synthetic aperture radar，SAR）图像调查地震滑坡的分布。

在“川东缓倾斜坡地区特大型滑坡遥感识辨技术研究”项目中，航遥中心与中国科学院原电子学研究所及中国科学院原遥感应用研究所合作，进行了机载合成孔径雷达在川东缓倾滑坡调查中的应用研究。

目前，我国滑坡雷达遥感试验研究的雷达遥感类型主要为合成孔径雷达和合成孔径雷达干涉测量技术（interference synthetic aperture radar，InSAR）。

#### 2. 地理控制信息源

为了使遥感图像及其解译结果具有规范、准确的空间特征，应用地理控制数据校正图像的畸变，确定遥感信息源的位置。地理控制信息源也是获取研究区地貌、水系、居民地、交通、地名等基础地理信息的数据源。滑坡遥感常用的地理控制信息源有地形图、地面控制点（ground control points，GCPs）和卫星定位数据三类。

#### 3. 地质环境信息源

主要指区域地质图和地质报告，遥感图像只是以灰度、色彩、亮度、纹理、阴影等图像特征来表现地物的，需要参考地质图和地质报告，才能了解调查区域的具体地质构造、岩石类型等特征。1∶5万、1∶20万或1∶25万、1∶50万区域地质图及报告是目前滑坡遥感必须使用的地质环境资料，主要用于了解滑坡及其周围环境所处区域地质构造类型、构造部位、地貌类型及地层或岩体类型、岩性特征、地层及第四系分布等。

#### 4. 其他

滑坡遥感所需要的其他地理地质环境信息源，包括气象水文、滑坡灾害、滑坡活动历史、当地经济人文环境变化、区域规划等资料。特别重要的是滑坡地质测绘及勘察资料，这些资料可以给滑坡遥感解译提供重要的参考信息，如滑坡地形、滑坡堆积厚度等遥感不易获取的信息。

### 2.1.2 建立解译基础的技术方法

王治华和杨日红（2005）、王治华（2006a，2006b，2007b）探索并形成了建立解译基础的具体方法，即：将与遥感滑坡相关的每一类信息源经预处理后在同一地理空间配准，形成具有统一地理坐标、分层存储和显示的数据集合。其主要技术包括建立调查区DEM、图像处理、制作数字地理底图和地质图/地形图配准等，以下分别进行介绍。

### 1. 建立数字高程模型

1）DTM 和 DEM 的基本概念

数字地面模型（digital terrain model，DTM）是描述地面诸特性空间分布的有序数值阵列。DTM 描述包括高程在内的各种地貌因子，如坡度、坡向、坡度变化率等因子的线性和非线性组合的空间分布。

数字高程模型（digital elevation model，DEM）是用一组有序数值阵列形式表示地面高程的一种实体地面模型，是单项数字地貌模型。也即地面某点位置可由高程 $z$ 及它的空间分布 $x$、$y$ 水平坐标系统来描述，也可用经度和纬度来描述海拔高程的分布位置（柯正谊等，1993）。

根据笔者数字滑坡技术实际应用体会，DTM 所包含的地面特征信息可以包括滑坡地貌及灾情等遥感调查中所有地面信息，归纳起来有以下 4 种。

- 地貌信息：高程、坡度、坡向以及对滑坡解译非常重要的、反映调查区地表起伏的地势等。
- 基础地理信息：如水系、行政边界、山峰、居民点、交通线等。
- 环境信息：如地质、植被、气候、水体等。
- 社会经济信息：如人口分布 、行政级别、工矿企业及重要基础设施分布等。

概言之，DTM 的作用是赋予以上这些特征信息以空间特征，并使之有序；而 DEM 是单一地反映地面高程位置分布的模型，是遥感滑坡解译基础的地形基础。

2）求取 DEM 的技术方法

根据不同信息源及采集方式，采用以下三种方法建立滑坡调查区的 DEM：①直接地面测量；②卫星遥感获取 DEM；③从现有地形图采集。其中①、③在《滑坡遥感》中有详细介绍，本节只介绍卫星遥感获取 DEM 的方法。

现有的遥感卫星定位主要用户端由“北斗”用户终端以及与美国 GPS、俄罗斯“格洛纳斯”（GLONASS）、欧盟“伽利略”（GALILEO）等卫星导航系统兼容的终端组成。

目前已有一些卫星立体像对，同样通过数字摄影测量建立可满足滑坡区域或个体滑坡精度要求的 DEM，如利用日本 ASTER 卫星立体像对，可生成 15 m 左右分辨率的 DEM；法国 SPOT-5、日本 ALOS、印度 Cartosat-1（IRS-P5）、中国台湾地区的福卫二号及中国资源三号卫星立体像对可以生成 2.5 m 左右 DEM；美国的 QuickBird、WorldView1-2、IKONOS、GEOEYE-1，以色列的 EROS-B，法国的 Pleiades，可生成分辨率 1 m 左右的 DEM 等。具体做法是：从立体像对数据中提取等高线、高程点、双线道路、山脊、山谷及面状水域等三维数据，构成 TIN 生成数字高程模型。

可通过 BIGEMAP 地图下载器直接下载全球 10 m 影像等高程数据。具体做法是：打开 BIGEMAP 地图下载器，选择 Open Cycle Map 图源，可以使用矩形区域、多边形、导入 kml/kmz/shp 边界、行政区域和指定经纬度范围下载影像等高线数据。选择相应的等高线层级和数据格式，点击确定，即可完成矢量等高线下载。该产品也可为全能版用户提供矢量等高线的下载。生成矢量等高线需要用到 Global Mapper 14.0 和相应的全国 10 m

DEM 数据，提取等高线软件和矢量 DEM，参见数据准备及插件。

BIGEMAP 谷歌卫星地图下载器可无偏移、达到精度 0.25 m，支持卫星地图、电子地图、地形图、等高线（DWG 矢量）、投影转换、在线标注、标准分幅、KML、CAD、ArcGIS、MapInfo、Global Maper、MapGIS、矢量套合等（百度网）。

除以上卫星遥感获取的 DEM 外，另有国外两种主流免费 DEM 数据：SRTM（shuttle radar topography mission）和 ASTERGDEM。据刘耀龙等（2014），SRTM 数据是由美国国家航空航天局（NASA）和美国国防部国家测绘局（NIMA）联合测量的。2000 年 2 月 11 日上午 11 时 44 分，美国“奋进号”航天飞机在佛罗里达州卡那维拉尔角的航天发射中心发射升空，“奋进号”上搭载的 SRTM 系统共计进行了 222 小时 23 分的数据采集工作，获取了北纬 60°至南纬 56°之间、东经 180°至西经180°之间的所有区域，面积超过 $1.19\times10^8$ $km^2$ 的 9.8 万亿字节的雷达影像数据，覆盖全球 80%以上面积，该计划共耗资 3.64 亿美元，获取的数据经过 2 年多的处理，制成了数字高程模型 DEM，供全球用户免费使用。SRTM 数据产品于 2003 年开始公开发布，经历多次修订，目前的修订版本为 V4.1 版本。每个 90 m 的数据点是由 9 个 30 m 的数据点的算术平均得来的。SRTM 数据产品对全球科研究工作的贡献巨大，不足之处在于分辨率较低。

可以通过中国科学院计算机网络信息中心国际科学数据服务平台免费获取 SRTM 数据产品。目前中国境内能够免费获取的 SRTM 3 文件，是 90 m DEM 数据。

ASTER GDEM 数据是 2009 年 6 月 30 日美国 NASA 与日本经济产业省 METI 共同推出的最新的地球电子地形数据 ASTER GDEM——先进星载热发射和反射辐射仪全球数字高程模型。该数据是根据美国 NASA 新一代对地观测卫星 TERRA 的详尽观测结果制作完成。这一全新地球数字高程模型包含了先进的星载热发射和反辐射（ASTER）搜集的共计 130 万个立体图像。ASTER 测绘数据覆盖范围为 83 °N 至 83 °S 之间的所有陆地区域，比以往任何地形图的范围都要大得多，覆盖了陆地表面 99%的地形数据。

ASTER GDEM 是采用全自动化方法对 150 万景 ASTER 存档数据进行处理生成的。目前共有两版：第 1 版（V1）于 2009 年公布；第 2 版（V2）于 2011 年 10 月公布。目前中国科学院计算机网络信息中心科学数据中心已经加工生产了中国及周边区域范围内 ASTER GDEM 30 m 分辨率系列数据产品（包括 30 m 分辨率数字高程和坡度数据产品），供用户免费使用（刘耀龙等，2014）。

ASTER GDEM 数据的垂直精度达 20 m，水平精度达 30 m，事实上有些区域的该数据精度已经远优于这个数值。本研究在易贡滑坡碎屑流、大光包滑坡等实践中证明，ASTER GDEM 数据是非常有用的高程数据产品。

### 2. 遥感图像处理

滑坡图像处理指从地面站或其他公司购买了已经预处理的卫星图像数据后，建立滑坡解译基础时必须进行的图像处理，包括多波段合成图像、几何校正、图像融合、空间尺度变换、配准等过程。

滑坡是由多种地物（各种岩石、土壤、水体、植被、居民点、建筑、道路等）组成的集合体，至少目前还不可能由直接提取图像上的某些特征像元来识别、获取滑坡信息。

滑坡解译要考虑多种相关地物，综合利用遥感图像的波谱信息、空间信息和时间信息。所以服务于滑坡解译的图像处理需要尽可能地保留各种信息，也即，除必要的处理外，尽可能少做去噪及光谱增强类的图像处理，以尽量减少图像信息损失。

**3. 数字地理底图制作**

数字地理底图指数字的、由与滑坡调查、灾损评估等有关的特殊地理要素构成的地理背景图，包括行政边界、地形线、山脉、水系、植被、道路桥梁、居民点、重要工程建筑等的地理背景图。

从事滑坡调查的非专业测绘部门常由 DEM 制作数字地理底图。其主要方法步骤：①在 ArcGIS、MapGIS 等 GIS 软件平台上将 DEM 反生成等高线；②利用 DEM 单片纠正 DOM（如果已有正射影像，则不需此步骤）；③将 DOM 作为工作底图，然后在其上采集道路、桥梁、居民地、水系、植被范围等；④将 DEM 与 DOM 叠加，然后在其上采集地形线、山脊、山谷线；⑤判读行政区划图，采集行政界线；⑥其他滑坡调查需要的地理底图要素。以上各步骤成果的整合，便为数字地理底图。

## 2.2　识 辨 滑 坡

识辨滑坡，也即在滑坡地学理论指导下，在 Photoshop、ArcGIS、MapGIS 等软件平台上，通过人机交互方式，将解译基础中各图像的色彩、色调、形态、阴影、数据等信息特征还原成滑坡各要素地学特征的过程，包括识别滑坡，获取其岩性、形态、规模、类型等滑坡要素及滑坡所在区域的地质构造、斜坡结构、水系等地质环境特征信息。本节内容在本书中篇、下篇的数字滑坡应用实例中有详细介绍，在此不再赘述。

## 2.3　数字滑坡信息的存储与管理

在收集和获取大量滑坡及其发育环境要素信息及时空分析结果数据后，便需要对这些信息数据进行存储与管理，以使这些数据能更便利有效地服务于滑坡减灾防灾及研究工作。这就是滑坡数据库技术。

滑坡数据库技术的关键是：①建立同一地理框架下的滑坡多源、多维数据平台，并进行数据分类；②建立滑坡空间数据的编码标准；③建立质量控制体系；④制定数据库建设规程；⑤完善服务系统等。

### 2.3.1　数字滑坡信息的分类

为了有效地存储和管理数字滑坡信息，首先对这些数据进行整理、归类。

根据滑坡信息的内容可以分为信息源、滑坡基本信息和滑坡相关信息。信息源是指用于获取滑坡基本要素的信息源，这里主要是指遥感数据和地理控制数据；滑坡基本信息是指滑坡要素、滑坡发育的基本环境要素以及触发因素等；滑坡的相关信息包括其他调查、勘探、试验信息和人类经济活动信息及滑坡历史活动信息等。

还可根据滑坡信息的获取方式可以把其分为遥感图像信息、滑坡测量（调查、勘探、试验等）信息和滑坡历史信息。其中图像信息又根据其成像方式和光谱特征的不同分为三类：全色信息、多光谱信息和雷达信息；滑坡测量信息是指采用除遥感以外的各种测量、勘查、勘探、试验手段获取到的滑坡位置、形态、结构、岩土力学参数等信息；滑坡历史信息是指采用访问、查询等手段获取的与滑坡历史相关的信息，其又分为与空间位置有关的和与空间信息无关的历史信息。

此外，根据滑坡数据格式的不同，可以分为栅格数据、矢量数据和表格数据。栅格数据主要包含遥感影像、数字地面模型和图片信息，图片信息多为滑坡灾害发生前后的现场摄影及收集的资料，大多缺少准确的定位信息；矢量数据是描述数字滑坡基本要素的空间数据文件；而表格数据主要是指滑坡的各种计算统计信息，相当部分为没有空间参考的数据。

总之，不管采用哪种方式分类，对于滑坡数据的存储和管理来讲，都涉及空间数据和非空间数据两大类，其中空间数据又分为栅格数据和矢量数据文件。早期由于滑坡调查主要采取地面调查、测绘和勘探、试验手段，描述滑坡体的数据很少，对滑坡数据的存储采用简单的关系型数据库表格即可满足需求。但随着信息技术的进步，特别是数字滑坡技术的形成与发展，采用了数字摄影测量技术和高分辨卫星遥感影像，来获取各种滑坡基本信息，每个遥感调查的滑坡，不仅仅有用于定位、定性识别和定量解译的信息源，还有解译、测量结果的各种文件，所以信息量急剧增加，这些都为数字滑坡的信息存储和管理提出了更高的要求。

### 2.3.2　不同类型数字滑坡信息的组织和管理

**1. 空间数据库 ArcSDE**

目前 GIS 领域中比较成熟的技术，是在商用的关系数据库之上构架空间数据引擎（SDE），来实现多源空间数据的一体化组织管理和快速地查询检索。以 ESRI 公司的 ArcSDE 软件为代表。下面具体讨论各种类型数字滑坡信息的数据组织和基于 ArcSDE 的存储设计。

**2. 数字滑坡栅格信息的存储和管理**

栅格信息是数字滑坡重要的信息格式之一，包括遥感影像、数字高程模型和数字正射影像等带有空间参考的影像数据以及没有空间参考的图片资料等。如何高效管理该类信息以便于快速地查询检索，从而满足进行解译和空间分析的要求呢？由于滑坡信息源多为高分辨率的遥感影像，故数据量庞大。如进行三峡库区的 1∶1 万比例尺滑坡遥感调查研究时，就需要 10 G 以上的正射影像资料，当要用到多种遥感数据源做对比分析，数据量还会成倍地增加。因此，针对这样大量的数据源信息，考虑采用 ArcSDE 中提供的影像存储方式进行，即把影像存储在空间数据库中，以便于数据的使用。

ArcSDE 中提供了两种影像存储方式：栅格编目和地图方式。前者用 ArcSDE 管理影像目录及其他相关信息，不直接存储影像；后者在地理配准基础上，把某区域的影像镶嵌之后直接存储在 ArcSDE 中。在进行数字滑坡信息存储时，对带有空间参考的影像数据的存储组织综合采用这两种管理方式。对于某个区域的多时相遥感数据，采用编目方式分不同种类进行组织和管理；但对于特定研究示范区域所获取的大比例尺航空影像，正射校正和拼接处理后，以地图的方式存放于 ArcSDE 中。前者方便用户了解影像的原始信息，便于查询和浏览大量遥感影像，后者实现了数据的空间无缝管理，可以任意切割和选取，同时结合重点区域可以进行滑坡的影像和矢量的对比分析研究。

**3. 数字滑坡空间矢量数据的存储和管理**

与滑坡基本信息有关的空间数据是数字滑坡信息的核心。遥感影像解译所得到的滑坡基本要素和滑坡发育环境信息，以及相关的地质背景和地理基础背景数据都属于数字滑坡的空间数据的范畴。该类数据都可以看作空间矢量数据，对应于空间中具体的边界、点或区域。

如前述，一个发育完全的滑坡，一般都具有滑坡体、滑坡周界、滑坡壁、滑坡台阶、滑坡舌、滑坡轴等 16 个要素，但并不是自然界所有的滑坡都具备上述要素，就大多数遥感图像解译而言，所能获取的也只有滑坡堆积和滑坡后壁两项基本要素，因此就遥感数字滑坡信息而言，对滑坡基本要素的表达可以简化为滑坡堆积和滑坡后壁两项。对其的表达考虑采用目前 GIS 中的面向对象的地理模型进行表达，即在一个特征层中同时表达这两个要素的空间边界，但采用空间编码进行它们之间的关联。空间编码需要进行深入研究，既需要与以往的滑坡编码接轨，同时又能在滑坡要素内部信息表达基础上体现整个滑坡的空间边界信息。

无论是滑坡基本要素数据，还是发育环境背景数据，经过逻辑上的合理表达和组织之后，都采用 GeoDatabase 方式进行数据存储，每个专题对应于 ArcSDE（一种特殊的 GeoDatabase）的一个数据集，每个数据集是指具有相同空间框架的特征类的集合，每个数据集下面又有不同的特征类，对应于具体的特征图层。物理存储上是用 ArcSDE 中一系列的事务表（B）、特征表（F）、和索引表（S）来存储。

**4. 数字滑坡历史信息的存储和管理**

在数字滑坡技术诞生之前，历史上的滑坡数据一般是以查询、访问等方式获取的，目前研究时，仍然需要对历史滑坡数据进行归类整理，使能有效地管理以便于其能为当前滑坡研究提供对比参照，从而更准确地了解滑坡的发展。众所周知，在滑坡高发地区，所获取的滑坡历史活动数据时间序列较长，内容比较详细，不仅有滑坡灾害发生的信息，还有与某次滑坡相关联的社会统计信息；在有监测条件的地区，还有定期监测滑坡活动的信息，在此把所有这些数据都归并为统计数据来进行存储和管理的分析。

按照滑坡历史数据与空间位置匹配的情况我们将其分为三类：①空间上有准确位置的历史统计资料，包括滑坡基本信息和相关的社会统计信息；②空间上没有准确位置但有相对位置的统计资料，如以某个行政单元为单位统计的滑坡分布数据；③对应于某个滑坡所进行的系列监测数据。这些历史数据都应以表格数据出现，只不过表格的具体内容和形式不同。这三类表格数据都能转化成与空间关联的 GIS 空间矢量图层，对这些空间矢量图层的存储和管理同样采用 GeoDataBase 模型集成在 ArcSDE 的观测数据集中，进行统一管理，相应的属性记录采用关联字段与空间进行关联。对于一对多的观测统计情况，可以进一步开发前端的数据浏览、查询和统计系统。

举两例说明数据库的应用：①在“进藏交通线区域地质环境遥感调查”项目中，在统一的地理框架下，对进藏交通线区域的各类影像、地质环境等相关图件进行几何纠正、配准，首次建成了 180 万 $km^2$ 进藏交通区域多分辨率遥感影像数据库，包括米级的 IKONOS 和中巴地球资源 2 号卫星影像、数十米级的 TM/ETM 影像以及公里级的 MODIS 影像，总数据量达到 1TB（王治华，2004）。②在对现有数据质量分析评价基础上，经综合集成，建立了长江上游、三峡等重点区域滑坡基础地理数据库，包括 1∶50 万、1∶25 万、1∶10 万等基础地质及多类专题要素的矢量空间数据，总数据量达到 120 GB。

## 2.4　应 用 模 型

在采用数字滑坡技术获取了各种滑坡相关信息后，又对这些数字信息进行合理的存储和管理，然后根据不同的服务目的，在滑坡地学理论指导下建立应用模型。以下列举几例本研究建立的模型。

### 1. 暴雨滑坡泥石流预测模型

2008 年“5 · 12”汶川地震后，在获取了全地震灾区滑坡、泥石流特征信息后，有关部门要求预报大暴雨后震源区牛眠沟泥石流发生情况。为此，本研究建立了“暴雨滑坡泥石流预测模型”，应用该模型在获取灾区遥感及相关数据后 8 小时内输出约 50 $km^2$ 范围内的滑坡、泥石流灾害信息产品；经实地验证，根据建立的“暴雨滑坡泥石流预测模型”，预测 2010 年 8 月 13 日和 14 日牛眠沟发生的暴雨滑坡泥石流，精度达 90%以上（王治华，2012）。

### 2. 西藏帕里河滑坡灾害预测模型

当中印边界附近的帕里河中段发生滑坡灾害后，在下游印度造成了一定的灾害，应原国土资源部要求，研究小组应用数字滑坡技术对境内帕里河流域的灾害与环境进行了全面详细调查后，建立了滑坡洪水灾害预测模型，为解决中印有关争端提供了翔实、有说服力的基础资料（王治华，2007a，2015）。

### 3. 其他模型

另有顺层滑坡的地质力学模型、切层滑坡力学模型、易贡滑坡碎屑流动力学模型等，将在下面的相应章节进行详细介绍。

## 2.5 结　　语

在高速发展的空间信息技术支持下，在我国山区大规模建设中产生并逐步发展的数字滑坡技术，无疑是推动我国滑坡灾害调查技术进步的关键技术之一，该技术已在多个部门和各地山区大型工程进行了有效的应用，但是它毕竟还是一门年轻的技术，而滑坡是一种几乎与所有地质因素相关，也越来越与人类活动相关的非常复杂的地质体，能否准确地认识它，准确地获取其特征参数，科学合理地进行评价，很大程度上还取决于使用数字滑坡技术者对滑坡基本地学理论的掌握程度，对遥感基本原理及基本技术的了解程度，这就需要我们，特别是年轻的滑坡工作者，不断努力学习，探索和创新，在实际应用中不断发展和完善该项技术。

# 中　篇

# 数字滑坡技术应用：顺层滑坡与切层滑坡

根据狭义滑坡定义：部分斜坡沿着斜坡内的一个或数个面在重力作用下作剪切运动的现象，称为滑坡。狭义滑坡定义包含了斜坡变形位移活动的 5 个基本特征：①滑坡发生在斜坡上；②滑坡是一种整体运动；③重力是滑坡活动的主要驱动力；④滑体与滑床之间存在着一个或数个不连续面——滑动面（带）；⑤滑体沿之做剪切运动（王治华，2012）。

岩层倾向与斜坡临空方向一致的斜坡被称为顺层坡（或顺向坡），两者反向则称为逆层坡（或逆向坡）；岩层倾向与斜坡临空方向夹角介于顺层与逆层之间的斜坡称为切层坡。通常容易理解顺层坡易发生大规模滑坡，如近年发生的西藏帕里河滑坡（王治华，2007a）、四川天台乡滑坡（王治华，2006a）、三峡库区千将坪滑坡（王治华，2005）、重庆鸡扒子滑坡（李玉生，1986）等。事实上，切层斜坡也可能发生滑坡的。近年来，在四川、重庆、湖北等地，由厚层硬质灰岩、砂岩等与薄层软弱岩类互层组成的切层斜坡发生了多起大规模滑坡，造成严重的人员伤亡和经济损失。如 2013 年 7 月 10 日在四川都江堰青城后山三溪村五里坡发生的滑坡，体积约 $1.0\times10^6$ $m^3$，造成 48 人死亡、118 人失踪，大量农田、房屋被毁（梁京涛等，2014）。

2009 年 6 月 5 日下午 3 时许，重庆市武隆县铁矿乡鸡尾山发生大规模滑坡，约 $5.0\times10^6$ $m^3$ 滑坡堆积，掩埋了区内 12 户民房和正在开采的共和铁矿矿井入口，造成 10 人死亡、64 人失踪，8 人受伤（许强等，2009；冯振等，2012；刘传正，2010）。

1985 年 6 月 12 日凌晨 3 点 52 分至 3 点 56 分，在长江西陵峡上段兵书宝剑峡出口处的北岸，湖北省秭归县新滩镇斜坡发生大滑坡，约 $3.0\times10^7$ $m^3$ 土石高速滑出，将新滩镇全部摧毁，457 户房屋、780 多亩良田及市政设施等荡然无存，滑坡高速入江引起的涌浪波及长江上下游 42 km 江段，击沉机动船 13 艘、木船 64 条，遇难船民 10 人，失踪 2 人，伤 8 人，长江新滩段航道缩小 1/3，客货轮断航约 56 小时（王治华，1986）。

顺层滑坡具有分布广、所在斜坡结构相对简单、规模大小不一、整体性强、部分滑坡灾害严重等基本特征。

无论史前还是现代，世界各地山区或岸坡在硬、软相间，裂隙发育的地层中都可能发生灾难性切层滑坡。根据切层斜坡失稳方式是滑动还是倾倒或兼而有之，可分为三大类：切层滑坡、切层崩塌和切层崩滑。王兰生（2004）认为，碎屑流系指由滑坡或崩塌体自身转化而成的流体，所以根据它们的后续活动又可以分为：滑坡碎屑流、崩塌碎屑流和崩滑碎屑流。

国内外已有的研究，采用不同的方法，从不同角度基本明确了切层滑坡发育的地质环境条件、触发因素、早期征兆等；但是，未见涉及切层斜坡如何能克服内倾力，发生向临空方向的滑坡、倾倒等问题。本研究以近年发生的 3 个大型切层滑坡为例，基于数字滑坡技术获取滑坡基本要素，结合力学分析，研究不同活动方式的切层滑坡与斜坡岩层结构的关系。

下面第 3 章至第 7 章介绍数字滑坡应用于顺层滑坡的 5 个实例，第 8 章至第 10 章介绍应用于切层滑坡的 3 个实例。

# 第3章 千将坪滑坡研究

本章将介绍如何应用数字滑坡技术进行千将坪滑坡的要素分区、尺度计算、运动特征分析、滑动距离及滑坡规模估算，并确定滑坡性质、分析预测滑坡未来稳定状况。

## 3.1 引 言

自 2003 年 7 月 13 日三峡库区秭归县千将坪村发生大规模滑坡后，我国滑坡工作者随即采取了遥感、地面调查、勘探、岩土力学试验、仪器监测、数值模拟等方法技术投入调查研究；截至 2010 年，国内发表相关调查研究成果论文 20 余篇（汪发武等，2008）。对于千将坪滑坡的灾情、形态、发育的地质构造、地层和地貌地形环境以及触发因素、高速滑动机制等的基本看法一致，特别是汪发武等通过高速环剪仪对千将坪滑坡滑带土进行的试验研究，认识了老滑坡产生高速滑动的机理，该认识弥补了遥感宏观调查的不足。这些研究成果中主要分歧有两点：一是滑坡规模，王治华、廖秋林、李会中等估算滑坡体积 2 040 万～2 400 万 $m^3$（王治华等，2005；李会中等，2006；李守定等，2008；廖秋林等，2005）；肖诗荣等（2008）估算为 1 500 万 $m^3$；二是滑坡类型，王治华等（2005）认为千将坪滑坡是古滑坡的部分复活，即古滑坡复活说；李守定等（2008）认为千将坪滑坡是沿着顺层层间或层面剪切带滑动的新滑坡，即层间剪切带滑动新滑坡。

本章在《三峡水库区千将坪滑坡活动性质及运动特征》一文（王治华等，2005）基础上，重点介绍采用数字滑坡技术如何确定千将坪滑坡的规模和滑坡类型。为便于读者阅读，本章将仍然先介绍滑坡的基本情况及地质环境。

## 3.2 千将坪滑坡基本情况

### 3.2.1 千将坪滑坡事件的简单回顾

2003 年 7 月 13 日 0 时 20 分，三峡库区一期蓄水后 43 天，在湖北省秭归县沙镇溪镇，长江南岸支流青干河北岸的千将坪村发生大规模滑坡（以下简称“7·13”滑坡），其地理位置范围为 110°35′58″～110°36′32″E，30°58′03″～30°58′31″N，如图 3.1。滑坡发生后，笔者团队立即赶赴现场了解滑坡灾情，访问目击者，收集地质地形资料，为遥感解译作准备。初步解译完成后，2003 年 11 月和 2004 年 4 月我们又两次前往千将坪，对滑坡进行进一步的地面调查及 GPS 测量，现场验证解译结果（王治华等，2003）。

滑坡堵断了青干河，形成一个坝顶高 149～178 m、长约 300 m 的滑坡坝。这次滑坡造成 14 人死亡、10 人失踪；共倒塌房屋 346 间，毁坏农田 1 067 亩①，毁灭 4 家企业，宜昌至巴东的省道遭毁坏；滑坡体堵断青干河时，掀起 20 多米高的涌浪，有 22 艘船舶翻沉，5 艘船舶断缆走锚，各类光缆等基础设施也受到严重破坏，经济损失惨重。

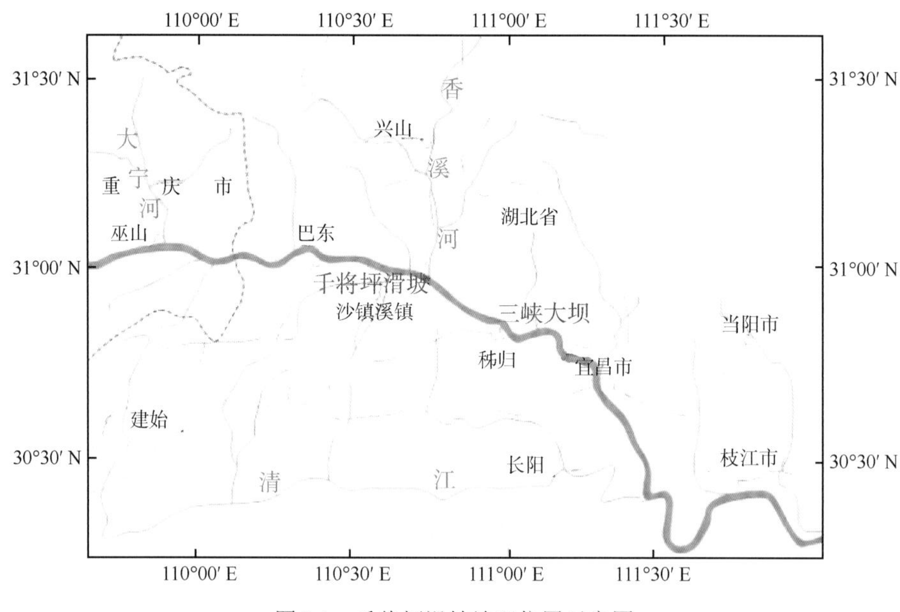


图 3.1　千将坪滑坡地理位置示意图

据目击者称，整个滑坡过程不到 5 分钟。

为了防止堵江引起上游洪水泛滥及溃坝给下游造成灾害，决定在地质专家的指导下，爆破开挖加速引流。2003 年 7 月 20 日下午 5 时，被“7 • 13”大滑坡堵塞、断流了 7 天的青干河开始通流。

## 3.2.2　千将坪具有发生滑坡的地质环境条件

**1. 基本地质环境**

千将坪滑坡地处鄂西山地长江三峡的巫峡与西陵峡之间，由三叠系和侏罗系地层组成的秭归向斜盆地西南边缘（图 3.2）。秭归向斜总体呈 NNE 向，南部变化较大，轴部产状平缓，一般小于 20°，翼部产状变陡，大都在 30°～45°，局部可以达到 60°～70°。千将坪斜坡区呈面向青干河、走向 155°、上陡下缓的单面山，具有利于滑坡发育的地质结构条件。

千将坪斜坡基岩主要由侏罗系上统千佛崖组（$J_2q$）组成，岩性组合下部为紫红、绿黄色泥岩、粉砂岩、石英砂岩夹介壳灰岩；上部为紫红色夹黄灰色泥岩粉砂岩、长石石英砂岩。滑坡后壁附近地层为桐竹园组（$J_1 t$），岩性组合以砂质页岩、粉砂岩及长石石

① 1 亩≈ 666.7 m$^2$。

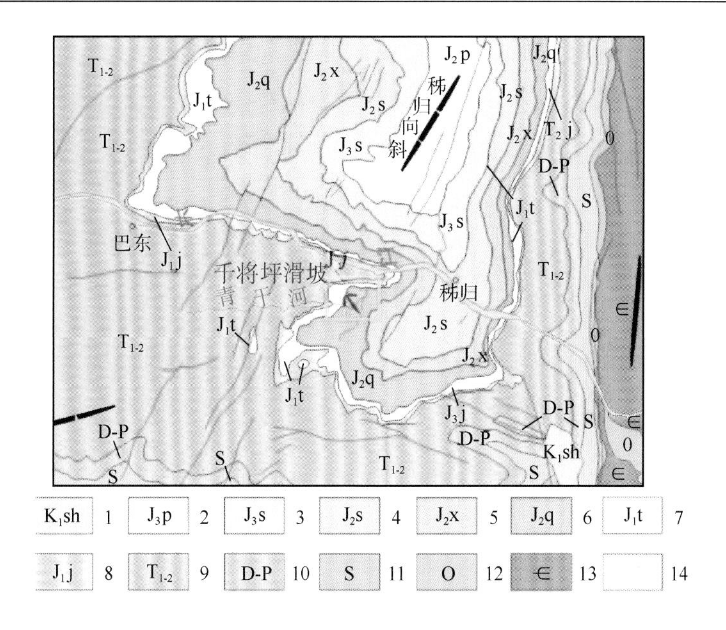


图 3.2　千将坪滑坡区域地质图

1. 石门组；2. 蓬莱镇组；3. 遂宁组；4. 上沙溪庙组；5. 下沙溪庙组；6. 千佛崖组；7. 桐竹园组；
8. 九里岗组；9. 巴东组；10. 泥盆系至二叠系；11. 志留系；12. 奥陶系；13. 寒武系；14. 断裂

英砂岩为主，夹碳质页岩及薄煤层或煤线。滑坡前的千将坪为一由侏罗系上统坚硬的石英砂岩、介壳灰岩与软弱的泥岩、粉砂岩互层的单斜地层组成的顺层坡。前方有青干河河谷临空。这样的地质环境满足了滑坡发育的物质、地质结构及临空面三项基本条件，在合适的触发条件下极易发生滑坡。

**2. 触发条件**

“7 • 13”滑坡主要触发条件有二：① 三峡库区一期蓄水后，青干河水位由不到 100 m 高程逐渐上升到 135 m，使斜坡前缘浸于河水中，降低了浸水部位的阻滑力；② 位于鄂西暴雨区，降雨强度和降水量过大时易触发滑坡发生。

## 3.3　工作方法简述

数字滑坡技术即应用于滑坡调查研究的 RS＋GIS 技术，该技术使根据遥感的光谱、时间、空间信息特征来认识滑坡地学特征及其变化成为可能。

### 3.3.1　信　息　源

**1. 遥感信息**

滑前：2003 年 3 月，水库蓄水前航摄彩红外数据，空间分辨率为 0.7 m。
滑后：2006 年 3 月，QuickBird 数据，可见光至近红外 4 个波段，全色 1 个波段，分辨率分别为 2.4 m 和 0.61 m。

**2. 地理控制信息**

共两类：① 1980 年测绘的 1∶5 万地形图；② 滑坡体及周围实测的 178 个 GPS 控制点。

**3. 地质环境信息**

现场地质调查为主，参考 1∶50 万湖北省地质构造图等资料。

### 3.3.2 图像处理

利用 ENVI、PCI、Photoshop、MapGIS 软件进行几何校正、地理配准，制作滑坡前后 1∶1 万的正射影像，用作滑坡特征及变化解译（图 3.3）。

### 3.3.3 解译分析

以“7 • 13”滑坡前后的 1∶1 万正射影像为基础，应用数字滑坡技术解译分析了“7 • 13”滑坡前后的特征及变化。分析结果认为，“7 • 13”千将坪滑坡是千将坪古滑坡的大规模复活，主要活动特征为由三峡水库蓄水诱发的顺层推移式高速整体滑动。以下详细介绍千将坪古滑坡和“7 • 13”滑坡的活动特征。

## 3.4 千将坪滑坡遥感解译

### 3.4.1 千将坪古滑坡解译

结合千将坪斜坡地质环境条件，解译 2003 年 3 月 28 日三峡水库蓄水前航摄的航空影像图（图 3.3 上），千将坪位于青干河北岸，为一向南偏东倾斜的斜坡，呈圈椅形，由周围陡坡围限，中部呈凹凸不平的堆积状，推测千将坪为一古滑坡。滑坡西侧边界：如图中的“1”所示为一岩石山脊状的陡壁，倾角 35°～40°。近南北偏东向延伸，简称为西侧壁。

滑坡后壁（图 3.3 中“2”所示）：上陡下缓，坡度 35°～25°，由北西向北东呈弧形延伸。滑坡东侧壁：东南西北方向延伸，由上下两段“3”和“4”组成，上部（图 3.3 中的“3”）仍为山脊形态，但变缓至＜20°，上伏松散堆积；滑坡东侧边界的下部为一条深沟（图中“4”所示）。

沿着西侧壁“1”、后壁“2”及东侧壁“3”及其以下的沟“4”，组成一个簸箕形圈壁，圈壁围限的为相对平缓的滑坡堆积——千将坪古滑坡堆积体。

千将坪古滑坡堆积体总体上似一簸箕底，呈松散堆积状，虽凹凸不平，总体上有一定规律：上部较陡，约 14°～15°，下部较缓，5°～10°，似靠椅形，滑体平均坡度约 13°。

古滑体上有几条显著的沟谷将滑体分为若干块：中部大致沿主滑方向，下部略偏东有一条较深的沟（“6”），后缘有一槽形地（“8”），“6”和“8”将滑体分为南西、

图 3.3　千将坪古滑坡航摄图像（上）和千将坪滑坡后 QuickBird 影像（下）

南东和北西三块，为方便起见，暂且称它们为北滑体（图中“8”以北）、西滑体（图中“5”和“6”之间的块体）和东滑体（图中“6”和“4”之间的块体），东滑体、西滑体面积大致相同。

北滑体为一似三角形的岩石块体，推测为大块基岩整体移动后的残留。

西滑体的堆积较厚，并由西北向东南倾斜，西侧壁下有一堆积垅——图 3.3 中的“5”。西滑体约可分为 4 级并由多个块体组成，如图 3.3 上图的黄色箭头及 $5_1$～$5_4$所示。推测这些块体为首次大规模滑坡发生后在滑体上发生的调整性次级滑坡，最下一级较大的次级滑坡滑动方向向西偏，约为225°，向对岸凸出最多，推测为古滑坡某次滑动发生的一次堵江滑坡的前缘。

东滑体较西滑体堆积薄，其中部又有一条较宽缓的沟——“7”，“7”将东滑体又分为东、西两块，暂称其为东东滑体和东西滑体。东西滑体约可分为三级（如3个较长箭头所示），东东滑体相对完整。

古滑坡总体前缘呈弧形向对岸凸出，在河床中部可见大片岩石出露，并且是周围出露岩石最多的河床段。水面高程接近100 m。

千将坪古滑坡为一整体呈簸箕形的大规模滑坡特征明显；滑坡堆积上，有若干次级小块，为滑坡调整活动所致。

2003年本团队进行了三峡库区重点城镇滑坡遥感调查工作（未包括千将坪），用同一期航空像片已解译了数百个滑坡，并经实地验证，滑坡形态和各要素像千将坪古滑坡这样清楚的还不多见。

在经几何校正、地理配准后的航空像片上，量测出古滑坡各要素的规模，如表3.1所示。估算古滑坡投影面积约0.56 km$^2$，主滑方向约145°。

**表3.1　古滑坡各要素规模**

| 古滑坡要素 | 规模/m |
|---|---|
| 西侧壁延伸 | 720 |
| 弧形后壁延伸 | 600 |
| 东侧壁延伸 | 560 |
| 东界沟长 | 400 |
| 主滑方向滑体长 | 1 130 |
| 西侧滑体长 | 690 |
| 滑体最宽 | 730 |
| 滑体平均宽 | 600 |
| 后壁顺坡长 | 50～90 |

### 3.4.2　“7 • 13”千将坪滑坡解译

图3.3下图是千将坪滑坡后的QuickBird影像。该影像清楚地显示，“7 • 13”滑坡为千将坪古滑坡的大部分复活。

#### 1. 滑坡边界

与滑前影像比较，“7 • 13”滑坡边界清晰。西侧边界：仍为图3.3上所示古滑坡西壁“1”所示的岩石山脊状陡壁。后壁：显示大片浅棕或发亮反光的擦痕条带，为原古滑坡以下、凹地“8”以上部位（即古滑坡的北滑体），该部分原滑体全部沿基岩面下滑，形成最长173.74 m、平均26°的弧形基岩陡坡。东侧壁：东侧壁在原古滑坡的“7”沟位置上部出现一高陡坡，为“7.13”滑坡东部边界。该滑坡各要素解译见表3.2。

**表 3.2　“7·13”千将坪滑坡各要素解译**

| 滑坡要素 | 斜长/m | 宽/m | 坡度/(°) |
|---|---|---|---|
| 后壁主滑方向最长 | 173.7 | | 26 |
| 后壁以上的老后壁 | 69.1 | | 22 |
| $5_2$滑块滑动距离 | 175.6 | | 20 |
| 主滑方向滑体长 | 888.5 | 516.78 | 13 |
| 后壁加滑体 | 1 050.4 | 524.99 | |
| “7·13”滑体面积：431 376.7 $m^2$ | | | |
| “7·13”滑坡（加后侧壁）面积：498 099.3 $m^2$ | | | |

**2. 滑坡堆积体特征**

“7·13”滑坡堆积体的总体形态与古滑坡相似，仅东部较古滑坡堆积少了一长条。除后壁下及两侧少量零星堆积外，总体为厚层整体滑移堆积。对比滑坡前后图像，变化最大的除后壁外便是后壁下的滑坡堆积，“7·13”滑坡前的黑色风化岩坡夹绿色植被斑块全部变为新鲜棕黄色块石堆积，证明此地为其他块石大规模覆盖。其下，各类地物的表面形态已经变化，但相对位置并无明显改变，这表明大部分地表未曾有大规模翻动。

大致以“7·13”滑坡前的沟“6”为界，将滑体分为东、西两部分：东部滑得更远，成为堵断青干河的主体；西部地表大部植被分布与滑前相似，说明扰动较东部轻。

配准 2006 年与 2003 年影像并对比，发现“7·13”滑坡 3 年后唯一形态未变，能判定滑坡前后仍保持原状的滑块为“$5_2$”，如图 3.3 所示。以斜坡 20°计，量测其滑移距离为 175.6 m。

### 3.4.3　实地验证

在滑坡遥感解译完成前后共进行了三次实地验证。第一次是 2003 年 7 月 14 日，“7·13”滑坡次日，主要是尽可能收集滑后现场各种地貌变化及访问目击者，了解灾情。由于滑坡可能并未最后稳定，当时并不准许外人进入滑坡区，我们只是在滑坡外围及对岸观察、拍照（图 3.4）。第二次是 2003 年 11 月，初步解译完成后，对于图像模糊，解译有疑问、有争论，不同地物分界等处解译结果等进行现场验证，这次得以进入滑坡体内外各处，实测了 128 个 GPS 点。第三次是“7·13”滑坡发生一年后即 2004 年去现场考察，主要观察“7·13”滑坡的变化。以下是综合三次实地验证获得的主要结果。

**1. 古、新滑坡后壁**

在遥感图像上，“7·13”滑坡后壁边界近似不规则的正弦曲线，与古滑坡后壁分界清楚（图 3.5），但不知界线两侧各为何种地物。实地验证表明，在“7·13”滑坡后壁之上确实存在着古滑坡后壁。古滑坡后壁为大片裸露的薄层泥页岩风化壳，有波状起伏

图 3.4　实拍“7 · 13”千将坪滑坡全景

及裂纹，表面呈灰黑或灰黄色，局部长着灌木和草丛。掀开风化壳下面为以砂岩为主、局部见生物灰岩的基岩层面，总体产状 175°∠32°～42°；“7 · 13”滑坡的新后壁较古滑坡后壁平缓，为浅棕灰色新鲜基岩面，表面有大量薄层泥页岩小碎块，与古滑坡后壁有明显的差别，界限清楚（图 3.5）。

图 3.5　千将坪古滑坡后壁与“7 · 13”滑坡新后壁的分界

### 2. 西界

“7 • 13”滑坡的西侧壁在古滑坡西侧堆积垅（图 3.3 上的“5”）的东侧，与古滑坡西界完全一致，为大致顺层分布的砂岩。

### 3. 东界

“7 • 13”滑坡东界在古滑坡东部的“7”沟，现为上高下低的土石堆积陡坡（图 3.6）。左：显示陡峭的东侧壁上部；中：显示一幢楼房被滑坡剪切成两半；右：显示较浅的“6”沟头部分。

图 3.6　左：“7 • 13”滑坡东侧壁上部；中：东侧壁下部一幢楼房被滑坡剪切成两半；右：滑体中部“6”沟头

### 4. 滑坡堆积体

图像上，“7 • 13”滑坡堆积总体为：厚层整体滑移堆积体特征，但实地验证时仍可见各个部位有不同的地表特征，大致可分为 4 个部分：①后壁下部，有古滑坡后部滑体向下滑动后遗留在该处的滑带土物质，以泥土堆积为主夹小块石沿斜坡分布，0 至数米厚。②滑体后部，为大块石堆积，有的块石延伸超过百米，并保持一定的层理，有倾倒及架空现象，如图 3.7 左、右所示，大块石堆积在滑坡后部沿坡分布超过 200 m。③中前部，大块石堆积以下，滑坡的中部至前部的堆积基本保持原古滑坡堆积形态，仍以古滑坡的“6”沟分界，分为东、西滑体。沟头较浅，沟下部变深（图 3.6）。中部及前缘可见明显的层理，前缘有起翘现象（图 3.8 左）。④滑坡坝，从冲开的剖面看对岸的滑坡坝，由砂、黏土和块石组成，中间夹的岩块仍保持一定的层理（图 3.9 所示），但向千将坪滑坡方向倾斜，坝顶有砂卵石堆积（图 3.8 右）。

图 3.7　左：滑体后部层状大块石堆积；右：块石架空现象

图 3.8　左：滑体前缘的层理与起翘；右：前缘的沙卵石堆积

图 3.9　冲向对岸保持一定层理的滑坡堆积残余

## 3.5　千将坪滑坡的活动特征

通过遥感解译结合野外现场验证，基本认识了千将坪古、新滑坡的宏观地质结构和地表形态特征，由此分析它们的活动特征。

### 3.5.1　古滑坡的触发条件、活动方式及发生时代

**1. 触发条件**

特大规模的滑坡活动常常由自然因素（地震、侵蚀等）触发，千将坪周围历史上并无破坏性地震记载，故最大可能是青干河的侵蚀活动触发了古滑坡活动。未发生滑坡时的千将坪为一由上侏罗纪坚硬石英砂岩、介壳灰岩与软弱的泥岩、粉砂岩互层的单斜地层组成的顺层坡。坡内的泥岩层在地下水及上覆岩层荷载作用下，可能发育成滑动面，当青干河逐渐下切、河岸侵蚀至泥岩层时，泥岩在河水的冲刷浸泡下，经历风化、泥化，强度逐渐降低，并沿泥岩层面或其他裂隙向上发展，使滑动面贯通，发生滑坡。

**2. 活动方式**

我们推测，千将坪古滑坡首次滑坡的活动方式为大规模深层、顺层基岩滑坡，因为：①千将坪具备发生大规模滑坡的岩性、地质构造及临空面条件；②滑坡规模巨大，滑体堆积投影面积达 0.56 $km^2$，包括后壁及侧壁在内的总破坏面积约 0.58 $km^2$；③滑坡形态明显，后壁、侧壁陡坡围限 3°～15°的缓坡堆积，命名为千将“坪”；④滑坡堆积层厚，滑体范围未见基岩。

**3. 滑坡时代**

根据笔者多年的区域滑坡调查研究，提出一个界定滑坡时代的概念，即：在河谷两岸，将首次滑坡发生在河漫滩侵蚀期以前的滑坡称为古滑坡，将首次滑坡发生在河漫滩侵蚀期（约 1 万年）的滑坡称为老滑坡，将首次滑坡发生在距今约 100 年以内的（现存老人可能见到或听说的）称为现代滑坡，最近 10 年内发生的滑坡称为新滑坡。

“7 • 13”千将坪滑坡前缘及坝的顶部有沙卵石堆积，如图 3.8（右），该现象说明滑坡前缘有沙卵石堆积，剪出口存在于河漫滩以下的河床附近，则滑坡发生在河漫滩堆积以前，故认为其是古滑坡。

### 3.5.2　“7 • 13”千将坪滑坡的活动特征

**1. 滑坡方式**

由“7 • 13”滑坡的后壁、侧壁及堆积特征分析推测其滑动方式。

由下列现象分析：① 滑坡堆积总体上保持古滑坡原貌；② 除后壁及其下堆积外的

各类地物基本上保持原古滑坡相对位置；③滑体上大部分树木、草地及庄稼未倒伏，在砖厂，两人多高的砖堆仅在西南边的倒塌，其余堆放完好，在砖厂后面原古滑坡的砂岩夹页岩块石堆积仍保持顺层产状；④古滑坡滑体中部的沟“6”仍然存在，即使在最浅的沟头部位，沟的形态仍然保留；⑤滑坡前缘堆积保持一定的层状。故推测“7·13”滑坡为以推移式高速整体顺层滑动方式、大部分复活千将坪古滑坡的一次滑坡活动。

**2.“7·13”滑坡各部位的力学特征**

1）后部

如图 3.10 所示，GPS 测点 008、012 与 013 一线即图 3.3 古滑坡“8”沟以上（北滑体）部分，受其下中前部滑体快速滑动而产生的强大牵引力作用，该部分沿古滑面以高速坐落式下滑并倾倒、崩落，滑后形成最长 173.7 m、平均 26°的、以石英砂岩和石英砂岩夹介壳灰岩为主的滑坡后壁；其下，因坡度变缓，在整体下滑的同时，接受了沿古滑面滑落下的堆积，形成既有保持一定层位的大块石又有架空现象的滑坡堆积（如图 3.7 所示）。

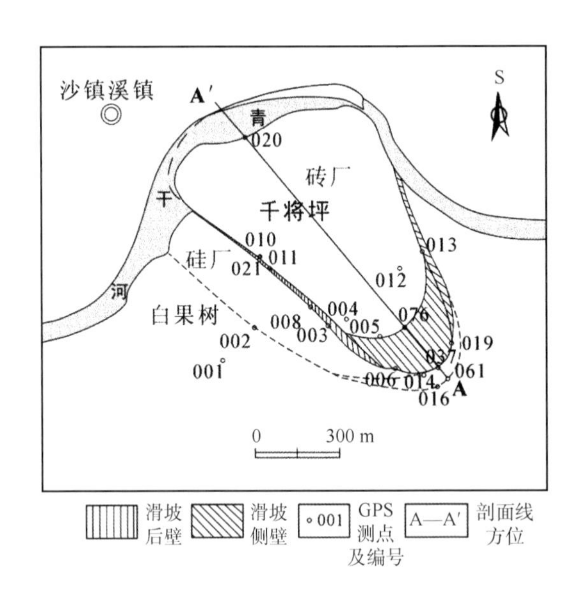


图 3.10　“7·13”滑坡解译及部分 GPS 测点分布图

2）东、西缘

滑坡的两侧，滑体高速下滑时与东西侧壁间产生强大的剪切力，明显呈现剪切活动特征。西侧壁位于原基岩脊下，与古滑坡西侧壁基本重合。东侧壁发生在古滑坡堆积“7”的位置，原位于东侧壁位置的一幢楼房被滑坡切成两半：一半在原位；另一半被滑坡带下去 100 多米，如图 3.6（中）所示。公路也被齐刀般切下，东段在原位，西段随滑体移下。发生在古滑坡堆积中的东侧壁抗剪切力强度较小，所以下切更深，东侧壁较西侧壁高。

3）滑坡前缘

滑坡前缘以反翘姿态飞速冲向对岸，堵断青干河，形成滑坡坝，在滑坡岸和对岸均能看见呈反翘层理排列的块石和泥层，如图 3.8、图 3.9 所示。实地调查证明，滑坡前缘仍然是顺层滑动，并未切层。

4）滑坡中前部

据地表现象分析，滑体中前部主要受两种力作用：一是沿滑面整体快速下滑的力；二是对岸基岩陡壁的反作用力。现分析力学作用如下。

如图 3.11 所示，圈点为“7 • 13”千将坪滑坡的重心，$F_1$、$F_2$、$F_3$…$F_6$ 表示各种力的大小与方向。“7 • 13”滑坡以力 $F_1$ 高速冲向对岸，集中作用于青干河右岸的 $A$ 点，$F_1$ 可分解为平行与垂直对岸斜坡的两个分力 $F_2$ 和 $F_3$；$F_2$ 使滑体沿斜坡向上，$F_3$ 垂直作用于对岸斜坡，指向坡内，使过江滑体稳定。$F_1$ 高速冲向对岸时，对岸必然产生一个与 $F_3$ 大小相等、方向相反的反作用力 $F_4$，由于对岸基岩斜坡不是完全的刚体，所以必然会消耗一部分力的作用，如 $F_4$ 虚线部分所示。$F_4$ 又可分为反作用于下滑力和平行于对岸的两个分力 $F_5$ 及 $F_6$。$F_5$ 反向作用在滑坡体上，在中前部滑体形成震荡，这是滑坡中前部地基不稳的建筑瞬间倒塌成瓦砾堆，而有一定地基的建筑及树木、草及庄稼并未倒伏的主要原因。该反弹力的垂直分力 $F_6$ 与 $F_2$ 叠加，使过江的滑体爬高，并使滑坡岸前端及对岸滑体呈反翘层理排列（图 3.8 左，图 3.9）。

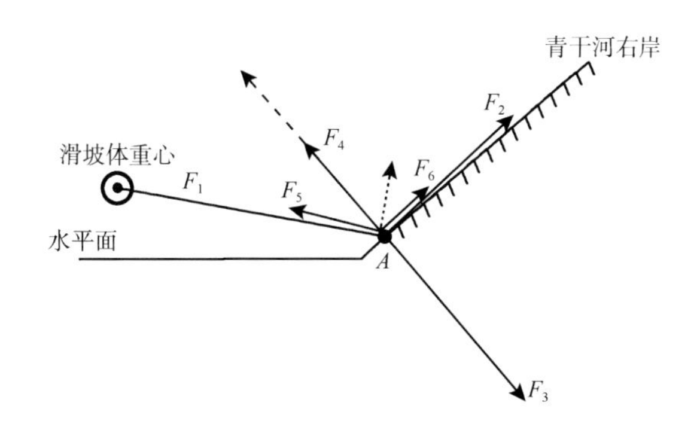


图 3.11 “7 • 13”滑坡体所受下滑力与对岸反作用力示意图

**3. 滑距和滑体体积估算**

1）“7 • 13”滑坡的滑距分析

前面我们已经分析过“7 • 13”滑坡的滑距，经实地考察验证，证明其基本合理，略有一点改动。

根据“7 • 13”滑坡前缘的砂卵石堆积，我们分析，原古滑坡的剪出口约在 100 m 高程以下的河床附近，现假定其在 100 m 高程，见图 3.12，假设 $A$ 为“7 • 13”滑坡剪出口（假设也是古滑坡的剪出口），$B$ 为对岸斜坡与河床的交界，$C$ 为对岸的 135 m 水位点，$D$ 为“7 • 13”滑坡堆积到达的位置。实测对岸斜坡约为 40°。

根据图 3.12，现分析几段距离：①$A$—$B$，两岸河床距离，根据校正后的航空像片及地形图测得约为 120 m；②$B$—$C$，对岸水面至河床的坡长，约为 35 m/sin40° ≈ 54 m；③$C$—$D$，对岸滑体前缘到达位置至水面的距离，实地观察估算约为 30 m。

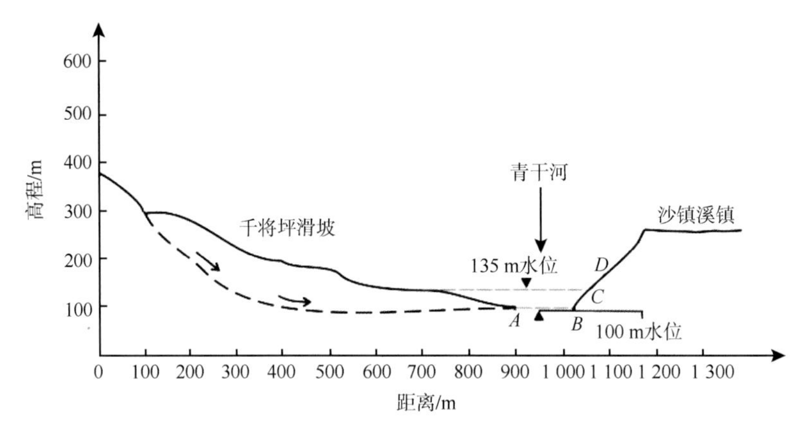


图 3.12　千将坪滑坡剖面示意图

这样，如“7 • 13”滑坡沿河床附近的剪出口复活，向对岸高速冲击，至少滑移了以下几段距离：$S$ = 120 m+54 m+30 m = 204 m，其中 84 m 是在对岸爬高的，即滑体前缘将河床的卵石、沙堆向对岸推上约 84 m。爬高需要克服库水压力和重力，所以“7 • 13”滑坡的实际滑距应大于 204 m。

下面，我们再以现场公路断开的两点 GPS 测量来估算“7 • 13”滑坡的滑距。

平面图和剖面图上的 008 和 010 为被滑坡切断的同一条公路的上下两个断面位置：008 点的 GPS 数据：110°36′17.5″E，30°58′22.2″N，$H$ = 220 m；010 点 GPS 数据：110°36′20.8″E，30°58′18.1″N，$H$ = 172 m。

008～010 号计算：垂直距离：220 m–172 m = 48 m

水平距离：230.977 3 m

斜距：235.91 m

两点斜坡：11.74°

由计算得 008 公路被切断后下滑了 235.91 m，与上述分析相符。

但是公路是在滑坡东侧边界位置被切断的，该处滑体需克服滑面和东侧壁两个部位的阻滑力，其滑距应小于主滑方向的，所以估算“7 • 13”滑坡在主滑方向的滑距大于 235.91 m，约为 250 m。

2）“7 • 13”滑坡体积估算

根据航空像片解译及现场 GPS 测量，获得“7 • 13”滑坡的滑体投影面积为 498 099.31m$^2$，如表 3.2 所示。根据后壁、侧壁、滑体表面形态及主滑方向的剖面图推测，滑坡厚度约在 30～100 m 范围，平均厚度约为 45～50 m，滑坡总体积约为 2.4×10$^7$ m$^3$。

3）滑坡稳定性分析

关于“7 • 13”滑坡后的稳定性，我们提出两点看法：①由于是一次整体的高速推移式滑坡，滑坡后整个滑体的重心在中部偏下的较平缓部位，所以“7 • 13”千将坪滑坡活动释放能量比较充分，滑后斜坡整体是稳定的，但滑体上局部调整活动将暂时不会停止，特别是滑坡后部；②由于“7 • 13”滑坡发生在古滑坡内部，特别是东侧边界及附近遭受的剪切力最大，边界以外的古滑体堆积受到严重干扰，会不断发生牵引和塌滑，这在滑坡东侧的后部表现更明显。

### 3.5.3　“7 • 13”千将坪滑坡的复活机理

如前述，千将坪斜坡具有发育滑坡的基本地质环境条件，古滑坡发生后，其相对原基岩斜坡虽然重心大大降低，但已形成（通常已经固结）的滑动带、滑动面无疑是一个易受侵蚀的软弱带、软弱面，在外部环境条件合适时可能复活；此外，原为基岩或风化岩层的斜坡经滑坡后成为滑坡堆积，尽管是整体滑移时部分基岩可能基本保持原有产状，但其强度已大大降低。

“7 • 13”滑坡发生在三峡水库第一期蓄水开始后的第 43 天，库水逐渐上升至 135 m 水位后，青干河水上涨，致使古滑坡的剪出口及前缘约 200 m×700 m 面积的滑体浸在库水中。库水对滑体前缘虽有一定的静水压力，但同时使富含黏土矿物的前缘滑体涨泡而大大降低强度。更重要的是，库水会从古滑坡剪出口入侵，在毛细管和动、静水压力作用下，沿着古滑动面上升，“侵蚀”原已固结了的古滑面、滑带，在一个多月时间内使其由下而上复活、贯通；加之，6 月 21 日至 7 月 11 日的沙镇溪镇地区持续强降雨，据气象部门统计，在这 10 天时间里有 8 天降雨，总降雨量达 162.7 mm。雨水大量渗入滑体，使岩土软化，容重加大，导致滑体自重增加，此时，古滑动面上的抗阻力已大大降低；当下滑力超过滑面上的抗滑力时，滑坡发生。滑坡复活的范围为水库蓄水后，滑面复活贯通的范围。综上环境条件，我们认为，三峡库区第一期蓄水是触发“7 • 13”滑坡的主要原因。

## 3.6　结论与讨论

2003 年 7 月 13 日发生的三峡秭归县千将坪滑坡，是千将坪古滑坡的大规模复活。

“7 • 13”滑坡的东、西侧壁和后壁特征清楚，堆积体总体形态与古滑坡相似，由各要素特征及地表形状分析滑坡的中部、前部为深层推移式高速整体滑动，滑坡前缘以反翘姿态飞速冲向对岸，堵断青干河；滑坡的两侧，滑体高速下滑时与东西侧壁间作高速剪切运动；滑坡后部，受中前部滑体快速滑动而产生的强大牵引力影响，沿古滑面下滑并倾倒、崩落。

三峡库区第一期蓄水是触发“7 • 13”滑坡的主要原因，雨季强降水为辅助因素。

“7 • 13”千将坪滑坡活动释放能量比较充分，滑坡后至今已 18 年的千将坪斜坡状态证明，本研究得出“7 • 13”滑坡后整体稳定的结论是正确的。

# 第4章　天台乡滑坡研究

## 4.1　引　　言

2004年9月5日，四川省达州市宣汉县天台乡发生特大山体滑坡，数千万方土石排山倒海般下滑，阻断前河，形成滑坡坝；上游回水约20 km，成为天然水库，致使上游五宝镇及天台乡1万多名群众被水围困。为解救围困群众，决定炸坝泄洪。2004年9月14日下午，实施爆破，泄洪获得成功，已被拦截了9天的洪水汹涌而下，上游被洪水围困的1万多名群众得到解救。天台乡滑坡造成了巨大的经济损失，但由于滑坡速度较慢，当地政府的疏散工作得力，无人员伤亡。

天台乡滑坡发生至今已过去快17年了，其间国内有50余篇相关文章发表，除去重复介绍等外，其中15篇有代表性的论文反映了相关院校、研究部门的研究成果，这些单位利用地面测绘、钻探、物理力学试验、数值模拟、数字滑坡技术等手段，对天台乡滑坡发育地质环境、触发因素、滑坡规模、活动性质、滑带特征、降雨及地下水作用、形成机理、治理方案等方面进行了调查研究，成果丰硕（王治华等，2006，2009，2016；黄润秋等，2005；杨日红等，2007）。

2004年9月下旬，本课题组受航遥中心委托，采用数字滑坡技术，对天台乡滑坡进行了遥感调查，调查目标是查明天台乡滑坡活动特征、规模和活动性质。本章以该次调查为基础，结合阅读分析已有研究成果，说明数字滑坡技术调查天台乡滑坡的特点、优势及不足之处。

## 4.2　滑坡区环境概况

### 4.2.1　滑坡地理位置

天台乡滑坡位于四川省东北部，具体位置在达州市宣汉县天台乡义和村。重庆和成都有高速公路和铁路抵达州，达州经宣汉到天台乡有公路。

滑坡范围位置地理坐标为108°03′00″～108°04′30″E，31°25′30″～31°26′30″N（见图4.1）。

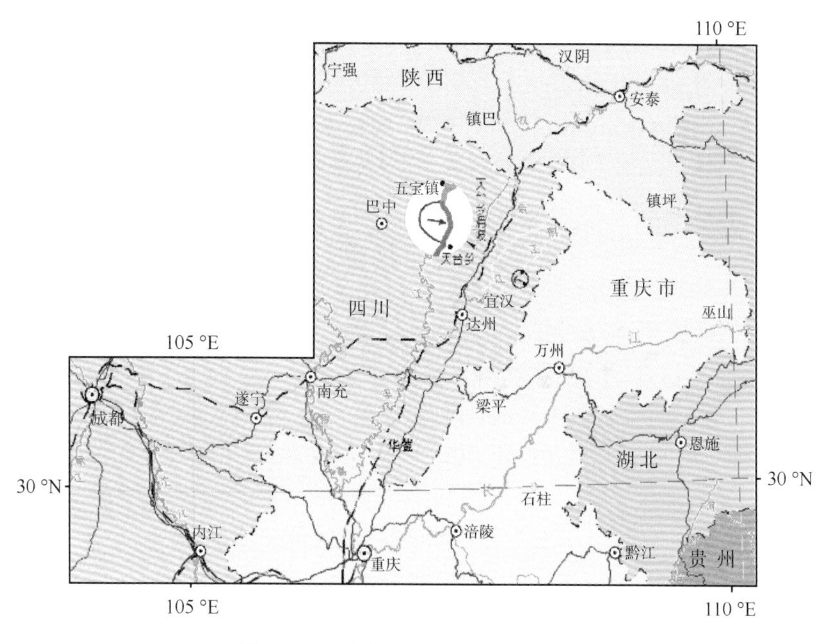


图 4.1　天台乡滑坡地理位置示意图

## 4.2.2　地 质 环 境

天台乡滑坡的区域构造部位在扬子地台西北缘，川东褶皱带与大巴山弧形褶皱的交界处，见图 4.2。

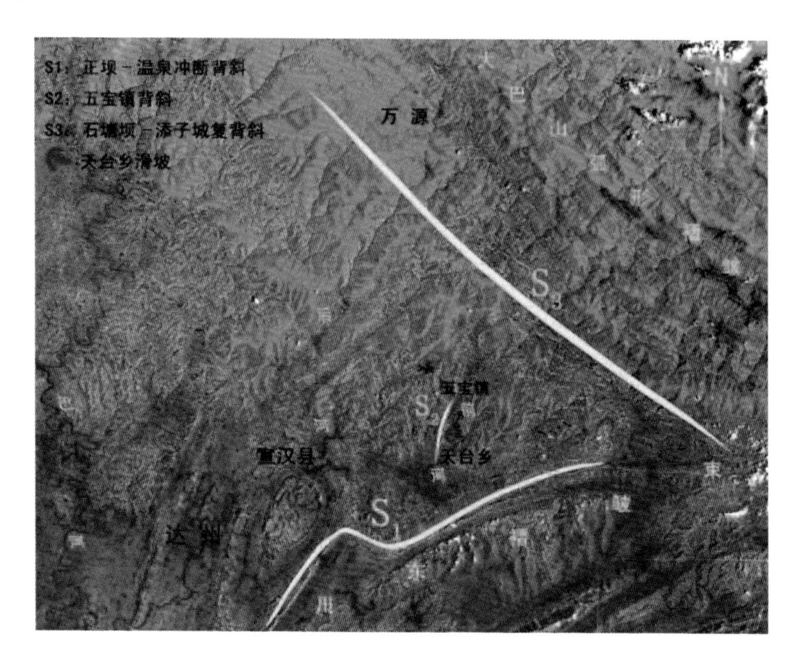


图 4.2　天台乡滑坡所在区域地质构造

滑坡所属次级构造部位为五宝镇背斜南东翼，背斜轴线为NE30°。所在地层为侏罗系遂宁组的泥岩、砂岩互层。岩层总体产状 110°～120°∠5°～10°，走向与坡向总体平行，属顺层滑坡。滑坡所在义和村斜坡坡度为 15°～33°，前缘近前河谷部分的坡角达 55°～70°。断裂构造不发育。

### 4.2.3 气象水文

滑坡所在地区降雨丰富，达州基本站 1980～2002 年 23 年年均降雨量为 1 175.17 mm，大部分降雨集中在夏秋季 5～9 月。

据宣汉县气象局资料，2004 年 9 月 3 日至 5 日（滑坡前至滑坡当日）的降雨量达 395.5 mm。前河是嘉陵江支流渠江的一级支流，从义和村斜坡前面流过。

## 4.3 方法技术

采用数字滑坡技术即以遥感（RS）和地理控制定位（GPS 或地面控制 GCPs）方法为主，建立解译基础，获取数字形式的、与地理坐标配准的滑坡基本信息；利用 GIS 技术存储、管理、分析、表达这些数字信息，根据遥感图像的光谱、时间、空间信息特征来认识滑坡地学特征及其变化。

本节主要介绍数字滑坡技术在获取天台乡滑坡基本信息、进行空间分析及研究滑坡特征方面的应用。

### 4.3.1 信息源

**1. 遥感数据源**

本项调查采用了三种类型、滑坡前后两个时相的卫星数据，如表 4.1 所示。

**表 4.1　天台乡滑坡遥感调查的遥感数据特征**

| 数据类型 | 光谱特征 | 地面分辨率 | 接收时间（年.月.日） | 主要用途 |
|---|---|---|---|---|
| TM | 可见光至中红外 7 个波段 | 30 m，中红外为 120 m | 2004.1.24 | 区域构造、区域环境 |
| IKONOS-2 | 可见光至近红外 4 个波段<br>全色 1 个波段 | 多光谱 4 m，全色 1 m | 2004.1.21 | 滑坡前义和村<br>斜坡环境 |
| QuickBird | 可见光至近红外 4 个波段，<br>全色 1 个波段 | 多光谱 2.4 m，全色 0.61 m | 2004.11.2 | 滑坡特征 |

**2. 地理控制数据源**

本调查共采用两类地理控制数据源：①调查区 1∶1 万地形图；②实测 GPS 控制点。

## 4.3.2　制作解译基础

在数字滑坡技术中，用于滑坡及其发育环境解译的是处理合格的正射影像，通常该正射影像与 DEM 及其他环境信息源配合使用，合并称为解译基础。图 4.3 左为滑前正射影像。

建立滑坡后解译基础的关键在于生成滑坡后的 DEM，前人并无现成的方法可以借鉴，经过多次试验，我们探索了一套制作滑后 DEM 的方法，即：由实测 GPS，产生滑坡后的原始 DEM，该 DEM 应包括部分滑坡周围未变形位移范围，称为边界外稳定部分 GPS 数据，由其与同位置滑前 DEM 的差异，获得校正数据，对滑坡 GPS 数据进行校正。校正后的滑坡 DEM 与滑前边界外稳定部分 DEM 相拼合，生成滑坡后 DEM。

DEM 生成后，再生成滑坡后的 QuickBird 正射影像（图 4.3 右）（以下简称“滑后图像”）。

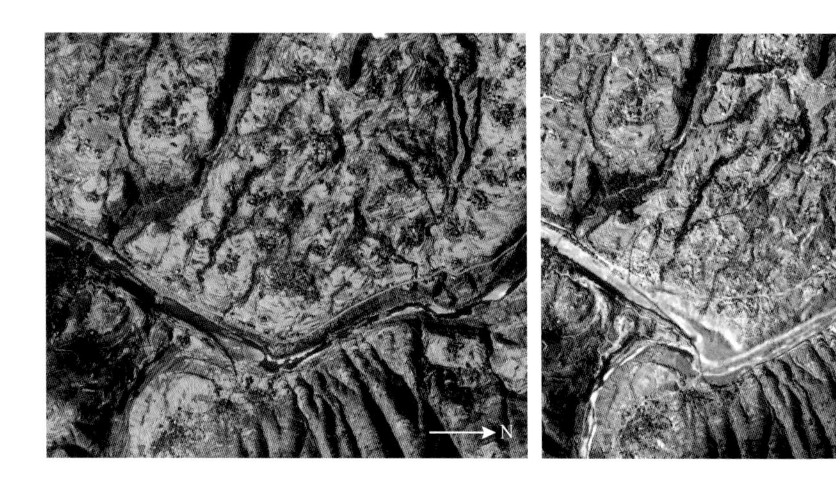


图 4.3　滑坡前、后的天台乡义和村斜坡 IKONOS 卫星正射图像

## 4.3.3　遥 感 解 译

滑坡前、后的解译基础图像完成后，以人机交互方式进行解译，获取数字形式的、与地理坐标配准的滑坡基本信息，如滑坡边界、形态、规模、滑坡要素特征、地表覆盖、地质环境等。该部分解译以定性识别及定量圈划、量测各类型范围为主。TM 图像则用于解译区域地质构造环境。

## 4.3.4　求取滑坡同地物点

除了上述基本的数字滑坡方法技术外，根据天台乡滑坡具有滑动速度较低、滑后斜坡地表扰动不强烈等特点，创造性地提出了“同地物点群”新方法，分别在滑坡前后解译基础平台上，人机交互求得 604 个滑坡前、后的同一地物点，形成同地物点群，如图 4.4 所示。

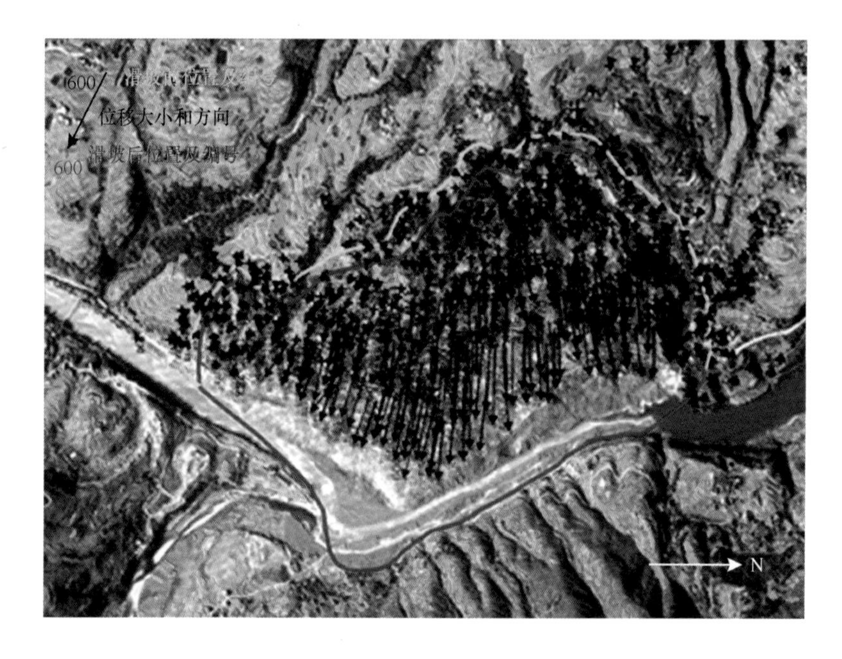


图 4.4　天台乡滑坡的同地物点群

求取滑坡同地物点，即：根据相似地物地貌特征，分别在滑坡前、后的基础图像上寻找同名点，我们称其为滑坡前、后的同地物点。作为数字滑坡技术的一个衍生新方法，同地物点群可定量反映滑坡各部分地表位移的方向及大小，如图 4.4，由此可确定天台乡滑坡的边界、影响范围、滑动方向、滑动距离、滑动速度等。滑坡体上所有同地物点集合称为某滑坡的同地物点群。

显然，同地物点群可定量反映滑坡各部分位移大小及方向的变化，从而据此分析滑坡运动的方式及各部分运动差异。所以，同地物点法成为能求取滑坡位移特征参数、了解滑坡细部的一种新方法，其他方法技术是不易获取这些滑坡参数的，所以其成为体现高分辨率滑坡遥感技术优势的一种新方法。本次量测和分析工作在 ERDAS、ArcGIS、MapGIS 和 Surfer 软件平台上进行。

## 4.3.5　时 空 分 析

本项调查的时空分析，主要是指利用遥感解译，特别是滑坡同地物点群的计算分析，获取天台乡滑坡及周围附近空间范围的滑动前后滑坡基本信息；在此基础上，通过同地物点空间与时间的分析对比，查明滑坡边界、规模、位移特征等，并分析推测滑动方式、滑坡性质及滑坡原因等。

## 4.4　遥感解译结果

### 4.4.1　滑坡前的义和村斜坡

滑坡前的义和村斜坡由北至南，斜坡的倾向由东北至正东再转向东南，约在 80°～120° 范围变化，倾向差异明显。斜坡前面（东）有前河围绕，前河河谷成为该斜坡的宽阔临空谷。

滑坡前义和村斜坡的大部分坡度在 0°～20° 范围。坡度统计显示，义和村斜坡的大部分坡度在 13°～14°，平均坡度约为 13.5°。

义和村斜坡地表，由堆积物及零星出露的风化泥岩及粉砂岩组成，大部由农田覆盖。堆积层下伏为顺层缓倾的中风化泥岩、泥质粉砂岩夹石英砂岩。实测基岩层面产状：110°～120°∠4°～7°，有三组十分发育的陡倾节理，其产状：40°∠75°、360°∠73°、263°∠81° 和一组缓倾节理：70°∠4°，这些节理切割基岩层，加速其风化破碎过程。所以，义和村斜坡为一由堆积物及强－中风化泥岩、泥质粉砂岩夹石英砂岩组成的顺层缓倾单斜坡。

研究区地表水及地下水十分丰富，在义和村斜坡的滑坡范围共分布有长度为 88～1 217.9 m 的沟谷 32 条；这 32 条沟谷将调查区斜坡切割成数十个小块体，如图 4.5 所示。斜坡上共有 19 个面积为 105～1 669 $m^2$ 的池塘和数处泉眼等水体分布。

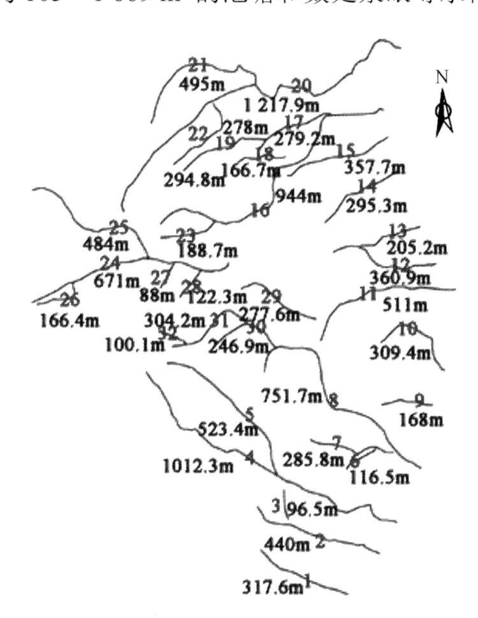


图 4.5　义和村斜坡（滑坡范围）的沟谷分布

综上解译认为，义和村斜坡虽具有发生滑坡的物质、构造及临空面基本条件，且富水，但由于平缓的斜坡上覆盖的第四系及风化泥岩、沙泥岩被较密集的沟谷切割，被出露的基岩分隔，所以在 2004 年 9 月 5 日滑坡前其总体上为一稳定斜坡。据访问当地村民及地方干部，以前从未听说过滑坡活动，也证实了这一分析。

## 4.4.2　滑坡后的天台乡滑坡特征

### 1. 滑坡表面特征及边界

滑后图像与滑前图像有明显的差别，滑前斜坡上的绿色农田、植被，滑后大部变为粉红及棕色的泥土碎岩块滑坡堆积，如图 4.3、图 4.4 所示。滑坡总体呈平行四边形，滑坡地表特征为分级分块的波状起伏。

滑坡前、后的各处坡向无明显变化。滑坡后地表坡度较滑前更加平缓，由坡度图计算滑后地表平均坡度为 10.89°，约为 11°。

滑体上可见约 30 余处陡崖构成的多级后壁、侧壁，规模均不大，仅最后一级后壁延伸约 649.794 m（≈650 m），高数米至 20 m，我们将其视为主后壁。

由滑坡同地物点群的位移特征及滑坡前后图像地物变化对比，逐段确定滑坡边界和滑坡影响带范围。将同地物点有明显位移，位移方向与滑坡方向一致的位置定为滑坡边界，滑坡后部边界还可结合陡崖特征确定。将无明显位移、位移方向各异，地貌上可见拉裂、房屋倒塌破坏、水塘位置未变但水已干涸或水量明显减少的池塘等部位，归为滑坡影响区，分别划出其界限，如图 4.6 所示。

图 4.6　天台乡滑坡局部同地物点群及确定滑坡边界（红线）、影响带（黄线）示意图

### 2. 滑坡的运动特征

以往，我们大多是从滑坡的形态特征来分析推测滑坡的运动特征。获取滑坡各部分的滑动距离和滑动方向，以便能更确切地分析滑坡活动过程和性质，是滑坡工作者多年来梦寐以求的事情。人们设计了多种方法，如在滑坡体各处布设测点或各类位移计等，但由于方法复杂（需动用测量仪器或勘探手段等）、操作不便和价格昂贵，很难普遍推广应用；尤其对于首次发生的滑坡，几乎不可能。采用数字滑坡技术及高分辨率遥感信息源的滑坡遥感调查，使我们在大型滑坡上实现了这一愿望。我们可以在滑坡体上求取几百个甚至更多的同地物点，由这些点来了解滑坡各部分的滑坡距离和方向。

1）滑动距离

由同地物点群制作了天台乡滑坡各部分滑动距离图（图 4.7 所示），图 4.7 清楚地显示了滑体各部分的滑动距离不一样，变化很大，但呈一定规律：① 滑体中前部滑距最大，达 220～240 m，向两侧（南北）和向后部（西）滑距逐步减小，滑坡边缘的滑距为 20～40 m，局部小于 20 m；② 不同滑动距离的变化大致呈三个不规则的同心弧分布，依此特征并参考滑动方向，可将滑坡分为南、中、北三部分，如图 4.7 所示。

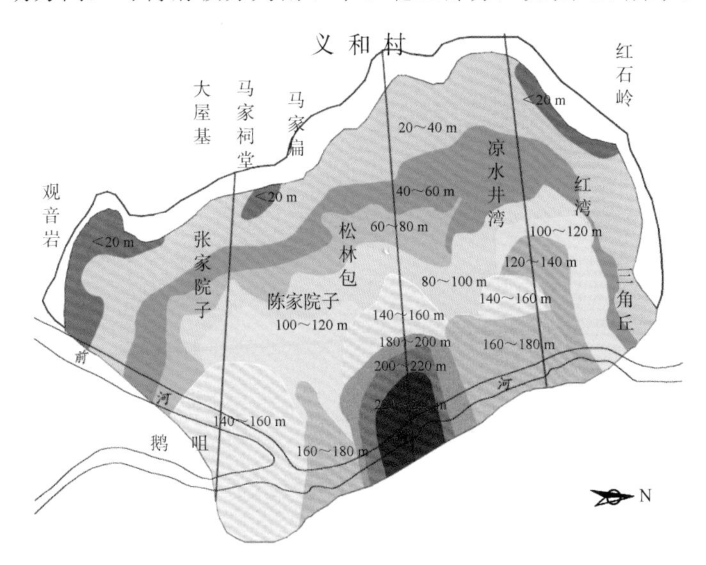


图 4.7　天台乡滑坡各部分滑动距离图

图中的三条近东西向粗线大致代表三部分的轴线，也是南、中、北三部分滑体自滑坡前缘至后缘的滑动距离变化曲线。三部分滑体的滑距均由前缘至后缘滑距迅速下降，但各自的变化曲线不一样：南部滑体呈阶梯状变化，在张家院子一带变化最大，由＞100 m 迅速降为＜20～40 m。中部滑体的中前部变化较大，由 240 m 几乎呈直线下降，到 80～100 m 拐一小弯后直下到约 75 m，在中后部平缓下降至＜20 m。北部滑体与南部滑体曲线较为近似，只是变化更加平缓。

由滑坡各部分滑距分布还可计算出各滑距的投影面积及所占整个滑坡投影面积的百分比。

2）滑动方向

由同地物点群制作了天台乡滑坡各部分滑动方向图（图 4.8），该图清楚地显示了滑体各部分的滑动方向是不一样的，总体上由北至南滑动方向由东偏北（80°±）逐渐转为东偏南（115°±）。在滑坡中部，大致从马家扁以东－松林包以南－陈家院子北面沟存在一条明显的界线，如图 4.8 中部粗黑线所示，将天台乡滑坡分为南北两个部分：南部滑体的滑动方向以东偏南（100～115°±）为主；北部滑体的滑动方向以东及东偏北（80°～95°±）为主。北部滑体大致以凉水井湾以南一线为界，其北以东偏北（＜90°）为主；其南，接近正东（90°～95°）。滑坡后部，特别是北滑体后部可分为滑向为 70°～99°的若干小块。

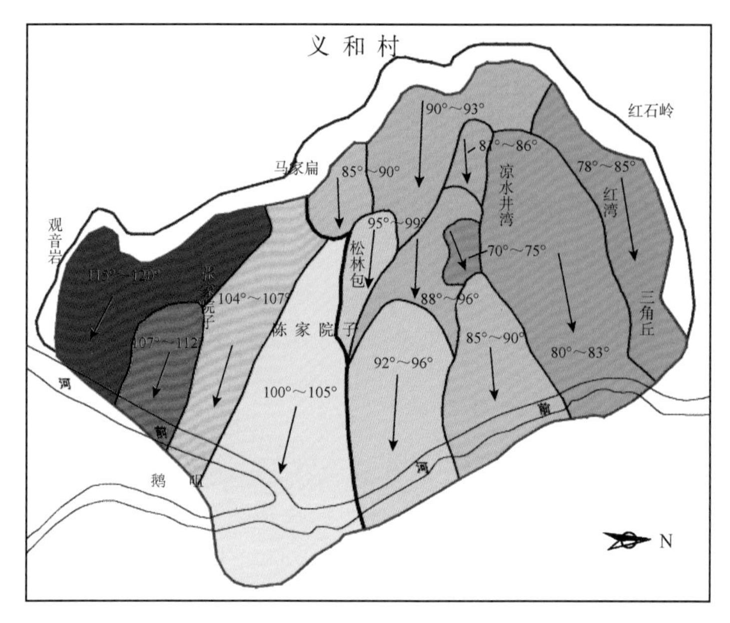


图 4.8　天台乡滑坡各部分的滑动方向

滑距大于 200 m 的 11 个同地物点的平均（总体）滑动方向为 92.29°。

3）滑动速度

据访问宣汉县天台乡当地村民，自 2004 年 9 月 5 日下午 2 时起至 6 日凌晨，整个滑坡历时约 11 个小时。天台乡滑坡属于低速滑坡。

由上述可知，滑坡各处的滑动方向和滑距是不一样的，其滑动速度也是不一样的，推测滑体中前部滑速较高，可达＞22 m/h，中部平均约 9～15 m/h，后部约为＜1～4 m/h。

4）滑动方式

据滑坡表面形态、滑动距离及滑动方向特征分析，天台乡滑坡的滑动方式为牵引式滑坡。推测其滑坡过程为：滑坡中部前缘（松林包以下部分）首先以较高的速度滑动，其滑动牵动了两侧及后部的斜坡，这些块体的滑动又导致再次的逐块、逐级牵引两侧及后部滑坡块体的活动。在这种牵引滑动过程中，下滑的能量逐步减小，所以前部滑块的滑距（也应包括滑动速度）较后部大许多，从滑坡前缘至后缘，大部分下滑能量消耗在滑体中前部。由于下滑力（滑速）逐步减小，后部滑体的滑动方向受周围特别是前方障碍的影响较大，造成后部滑动方向变化较大，滑动块体也较零碎，并形成各式各样的局部滑动现象。

**3. 滑坡规模**

1）滑坡范围

根据滑后基础图像解译，2004 年 9 月 5 日天台乡滑坡后壁最高在海拔 570 m，现场实测剪出口约在 390～400 m 高程，高差约 170～180 m；后缘滑坡堆积最高点约在海拔 560 m，前河中滑坡堆积体最低点在海拔 360 m，滑坡堆积高差约 200 m。

利用同地物点群计算滑坡覆盖范围：滑坡区纵向（东西方向）长 800～1 000 m，横向（南北方向）宽 1 220～1 550 m，滑坡范围投影面积约为 $S_{投}$ = 1 120 888.055 $m^2$ ≈ 1.12 $km^2$，滑坡活动影响带范围约为 128 400 $m^2$ ≈ 0.13 $km^2$，滑坡区与影响区合计投影面积共约 1.25 $km^2$。滑坡周长为 4 550 m。

以滑体平均坡度 11°计算，滑体斜坡面积为：$S = S_{投}/\cos 11°$ = 1 141 867.37≈1.14 $km^2$。

2）滑坡厚度及体积

根据野外实地观察，滑坡后缘的滑体厚度约为数米至十数米，前缘出露的基岩面附近的滑坡剪出口部位，其上覆滑体厚度约为 30～40 m，估算滑体的平均厚度约为 20 m。

由滑坡范围投影面积和平均厚度估算天台乡滑坡体积为 22 837 347.48 $m^3$ ≈ 2300×$10^4$ $m^3$。滑坡影响区只有牵引破坏和不明显的位移，所以不应计算在滑坡体积内。

**4. 滑坡各部分的加载和减载**

滑坡活动后，斜坡上某些部位由于增加了滑坡堆积（荷载），其地面高程较滑坡前增高，这些部位称为斜坡上的加载部位；斜坡上某些部位由于土石块体移走而减少了荷载，其地面高程较滑坡前降低，这些斜坡部位称为减载部位。了解滑坡的加减载状况，对滑坡研究及滑坡防治工程设计有重要意义。图 4.9 为天台乡滑坡上的加载与减载分布状况，图中的白色——0 表明滑坡前后斜坡高程基本一致的部位；其左，暖色调——黄、红色等高线表明滑坡的加载部位；其右，绿色和蓝色等高线表明斜坡上减载部位的分布。

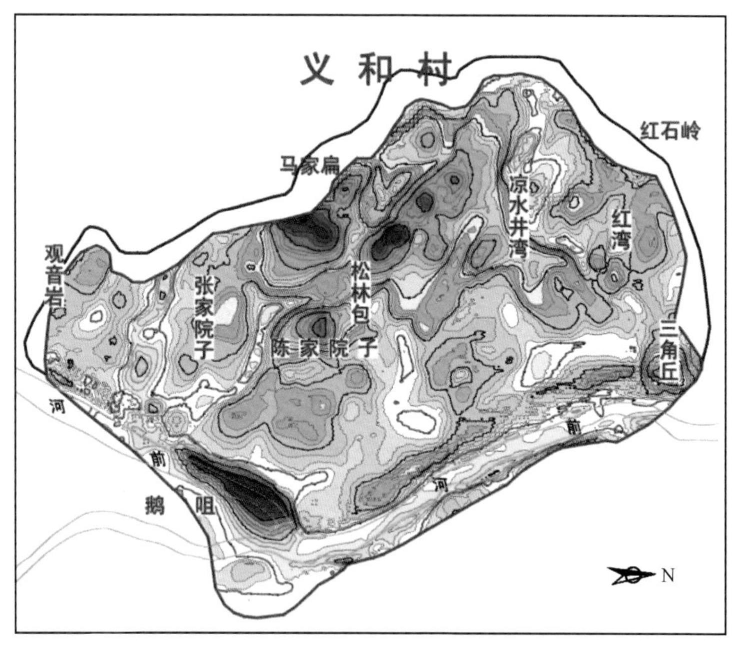


图 4.9　天台乡滑坡后的加载和减载部位分布

1）滑体上的加载

加载部位主要分布在原前河河床、河岸及原坡体上的沟谷及一些低洼处。前河河床局部抬升幅度最大，达 10 m 以上，最大升高达 28.57 m。滑体上的沟谷及低凹处地势抬升幅度在 0～10 m 范围，大部为 5 m 左右（如图 4.9 所示）。

由图 4.9 及滑体 DEM 求得滑体范围加载部位的投影面积，共计约 224 794.9 $m^2$，约占总滑坡面积的 20%，滑体上加载方量 = 1 115 951.443 1 $m^3 \approx 112\times10^4$ $m^3$。该滑坡中部剖面图见图 4.10。

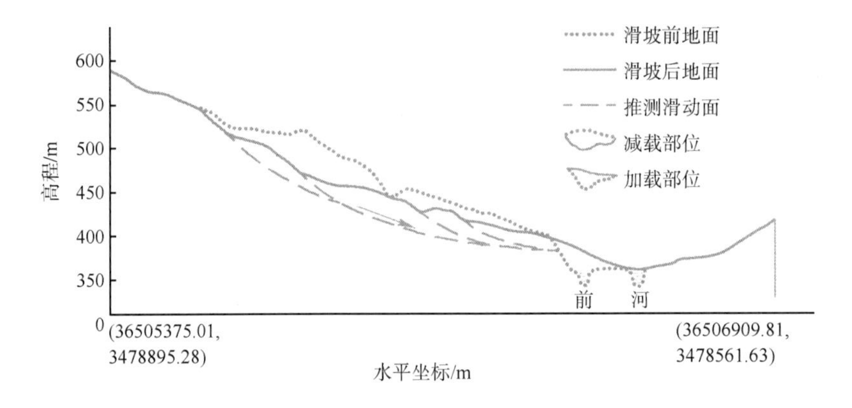


图 4.10　天台乡滑坡中部剖面示意图

2）滑体上的减载

由于滑坡活动中斜坡上大部分地势较滑坡前降低，为减载部位。以滑坡中后部降低较多（蓝色部分），其中马家扁下（东）地势降低达 50.43 m。滑坡边界部位除马家扁附近以外大部分高程较滑前降低 5～10 m。同样求得由于滑坡运动造成斜坡减载而高程降低的面积为 896 445.9 $m^2$，约占总滑坡面积的 80%。滑体上减载方量 = 10 924 104.599 2 $m^3 \approx$ 1 092$\times10^4$ $m^3$。

3）前河冲刷及人为搬走的方量

滑坡后由于前河堵塞，水位上涨，造成上游五宝镇 1 万多居民被困，当地曾两次实施爆破，滑坡第 9 天开始泄洪，一个多月来大量土石被冲向下游，同时几部挖土机不停地作业，将在前河河床及河岸挖起的滑坡堆积物用运输车运到其他地方，至 2004 年 11 月 2 日（滑后 QuickBird 卫星接收时间及现场实测 GPS 点时间）冲走及外运的方量为：滑体上减载方量－滑体上加载方量 = 10 924 104.599 2 $m^3$ – 1 115 951.443 1 $m^3$ = 9 808 153.2 $m^3$，即约有 980$\times10^4$ $m^3$ 土石被前河冲向下游和人为搬走。

## 4.5　结语与讨论

### 1. 滑坡形成条件及触发因素

遥感解译结合实地调查表明，滑坡前的义和村斜坡具备产生顺层滑坡的物质、斜坡地质结构和临空面三项基本环境条件，在合适的触发条件下，义和村斜坡是可能发生滑坡的。但由于滑前的义和村斜坡倾向各异（80°～120°），缓倾斜坡上厚度不一的堆积被32 条沟谷切割，并且出露的丘状风化泥岩、砂泥岩突起，将斜坡分隔成数十个小块体，分散了斜坡的下滑力，尽管义和村斜坡具有发生滑坡的基本条件，且斜坡含水丰富，有丰富且集中的降水，但笔者认为，义和村斜坡在 2004 年 9 月 5 日滑坡前其总体上为一稳定斜坡。那么是什么触发了 2004 年 9 月 5 日的滑坡呢？

以往的简易公路几乎是在义和村斜坡坡脚的前河陡岸通过，经过多年运行，推测其已基本处于极限平衡，去年开挖新公路相当于在处于极限平衡的岸坡上拉开一个长口子，从而破坏了平衡，大大减小了支撑力，使前缘局部成为斜坡最薄弱部位，坡体内的下滑力积聚到一定程度，超过了抗滑力后便易发生滑坡。2004 年 9 月 5 日滑坡的牵引滑动特征，更验证了这种分析。所以开挖新公路是天台乡滑坡的潜在触发因素。2009 年 3 月5 日的连续强降雨使坡体风化岩土含水超饱和，大大增加坡体上覆重量并减小抗滑强度，是直接触发滑坡的因素。

### 2. 是否存在统一的滑动面

天台乡滑坡是否存在一个统一的滑动面是值得讨论的问题，因为这关系到滑坡推力的计算及防治措施。从上述滑体表面分级、分块的形态、滑体各部分不同的滑动距离、变化各异的滑动方向，我们初步分析推测，天台乡滑坡可能不存在一个统一的滑动面，至少有北、中、南三个不同深度、不同形态的滑动面。

### 3. 滑坡与斜坡坡度的关系

天台乡滑坡的发生证明，认为滑坡的发生与斜坡的坡度有关，越陡的斜坡越容易发生滑坡，是一种误解（至少对于大规模滑坡）。天台乡滑坡下伏基岩倾向顺坡，但其倾角仅为 4°～10°，滑坡前的斜坡地面平均坡度也仅为 13°，仍然发生了大规模滑动，所以缓倾斜坡照样容易发生滑坡。滑坡是否发生主要看其是否具备发生滑坡的三项基本条件，即：①能产生滑动面的物质（地层、岩体、堆积）；②使部分斜坡与山体分离的软弱结构面或带（前缘的缓倾结构面：层面、裂隙、节理面等正是有利于发生滑坡的结构面条件）；③使与山体分离的部分斜坡可能向前运动的临空面。即使满足了滑坡发育的基本条件，也不一定会发生滑坡，还需要有一定的触发条件，即使滑坡发生的充分条件，如降雨、不合理开挖、河流侵蚀等。

#### 4.　推进滑坡遥感工作

数字滑坡技术和高分辨率遥感信息源使滑坡遥感调查达到了前所未有的精度。高精度遥感调查结果，使我们对滑坡有更深入的认识。天台乡滑坡遥感调查初步成果出来以后，恰逢四川华地公司天台乡滑坡地质勘查工作的成果也刚出来，我们互报了调查结果，遥感调查的边界范围、规模估算等主要方面结论基本一致。勘查工作可以更加详细、深入地了解滑坡地下状况、水文特征等。遥感调查凭借获取滑坡前后的空间信息，采用数字滑坡技术，可较详细地了解滑坡的地表特征细节、滑动方向、滑动距离、坡度变化、加减载情况等。遥感调查的经费远远低于勘查工作。我们建议大型滑坡在动用勘查工作以前先进行大比例尺遥感调查，看需要再布置勘查工作，两者结合使用，既可节约经费，又可提高滑坡调查水平。

#### 5. 滑坡防治建议

遥感调查结果分析认为，2004 年 9 月 5 日滑坡为义和村斜坡的首次滑动，今后应使滑体上排水顺畅，非常谨慎地对待开挖、削坡、加载等扰动斜坡的活动，以避免其再次活动。

义和村斜坡上的公路应绕道从滑坡后部较稳定的地方或对岸通过，以免再次发生滑坡。

# 第 5 章　岩门村滑坡遥感调查与机制分析

2007 年 7 月 7 日，四川达县岩门村斜坡发生滑坡，造成直接经济损失约 1.5 亿元（许强，2008）。本研究采用“数字滑坡技术”和滑坡前后的高分辨率卫星影像，获取滑坡地质环境及滑坡前后的水塘、道路、植被群位移及高程等定量、半定量信息，由此确定斜坡变形特征，根据斜坡各部分变形特征，将其划分为：①主滑区，②牵动滑区，③强影响区，④影响区。各部分活动方式分别为：①快速推移+前缘砂土液化和面状流动；②牵引（或后退）式滑移；③受拉力发生拉张裂缝、错位和局部位移；④受振动发生小规模的裂缝和错位。以 DEM 求得原地面以上的减载及加载（堆积）方量分别为 $132.6\times10^4\,m^3$ 和 $132.2\times10^4\,m^3$；结合钻孔资料，求得滑面以上滑坡规模为 $1.97\times10^6\,m^3$。岩门村斜坡具备形成滑坡的岩性及坡体结构条件，但所临河谷狭窄，难以发育大型厚层滑坡，但侧旁的有限临空空间可供局部浅层滑坡活动。长期强降雨是岩门村滑坡的主要触发因素。就斜坡整体而言，本次滑坡活动释放能量不充分；在连续降雨情况下，局部有可能再次发生浅层滑坡，但难以发生整体大规模滑移。

## 5.1　引　　言

2007 年 6 月中旬起，四川达县青宁乡连续降雨，7 天总降水量达 292.1 mm，滑坡前 7 月 5～6 日降水量高达 140.2 mm。从 7 月 6 日上午 10 时开始，青宁乡的岩门村斜坡显露出滑坡迹象，直至次日上午 9 时许，当岩门村 552 户 2 251 名村民全部撤到安全地带半个多小时后，整个岩门村斜坡地动山摇，大片房屋接连倒塌。剧滑过程一直持续到中午 12 时左右。由于受灾群众及时全部转移和安置，无一人伤亡。滑坡致使房屋倒塌，耕地损毁，部分水渠水塘、公路被毁，直接经济损失约 1.5 亿元。

岩门村发生的滑坡引起了中央和省部各级部门及有关专家的高度关注。前期勘查和研究认为：“滑坡体呈 3 级解体向下垮塌，滑坡体长超过 2 km，宽度约 1.5 km，平均厚度 6 m，滑坡体积约 $1.1\times10^7\,m^3$”（胡瑞林等，2008；乔建平等，2008）。乔建平等认为，该滑坡为一特大型推移式中厚层堆积层滑坡，主滑坡体自上而下由推动区、挤压区和滑动区三部分组成。

受中国地质调查局委托，笔者课题组采用数字滑坡技术和高分辨率卫星信息源，对岩门村斜坡进行调查研究，获得了一些新的调查结果及与前面调查不同的认识。

## 5.2　岩门村滑坡环境

岩门村滑坡位于四川省达州市达县青宁乡，距达县县城 30 km，如图 5.1 所示。

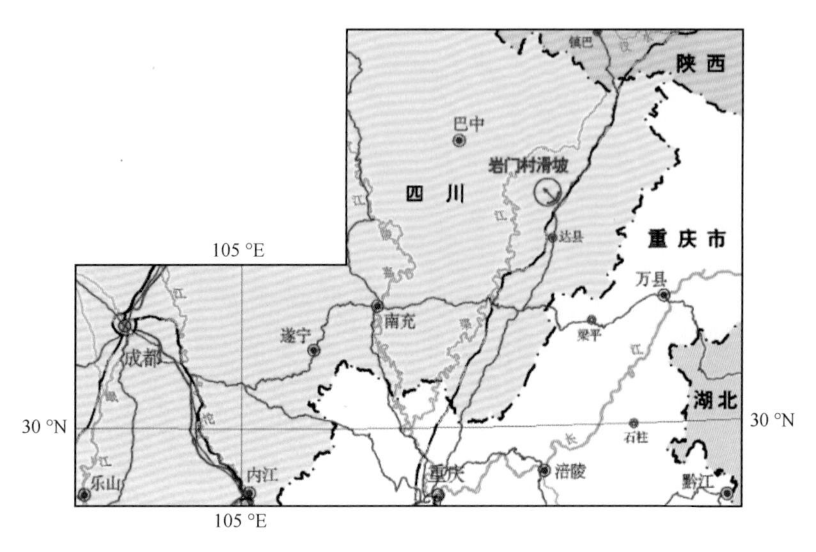


图 5.1　岩门村滑坡地理位置示意

岩门村斜坡区域地质构造部位属川东褶陷带的华蓥山隆褶带北段，铁山背斜和渡市向斜之间的缓倾坡，为四川盆地弱活动构造区，区内未见断层分布（见图 5.2），晚近期地壳运动以间歇性的大面积抬升为主。根据《中国地震动参数区划图》（GB 18306—2001），当地地震基本烈度为VI度。

本区地貌属川东褶皱剥蚀–侵蚀低山丘陵岭谷区中的台坎状低山区。水平状厚层砂岩受流水的侵蚀切割作用，形成深沟窄谷，山体呈多级台地。

滑坡区位于渠江上游支流王家河的左侧支沟罗家河范围内，罗家河下游狭窄，中上游分为左、右两支沟从斜坡两侧通过，以下分别称它们为左支沟和右支沟。

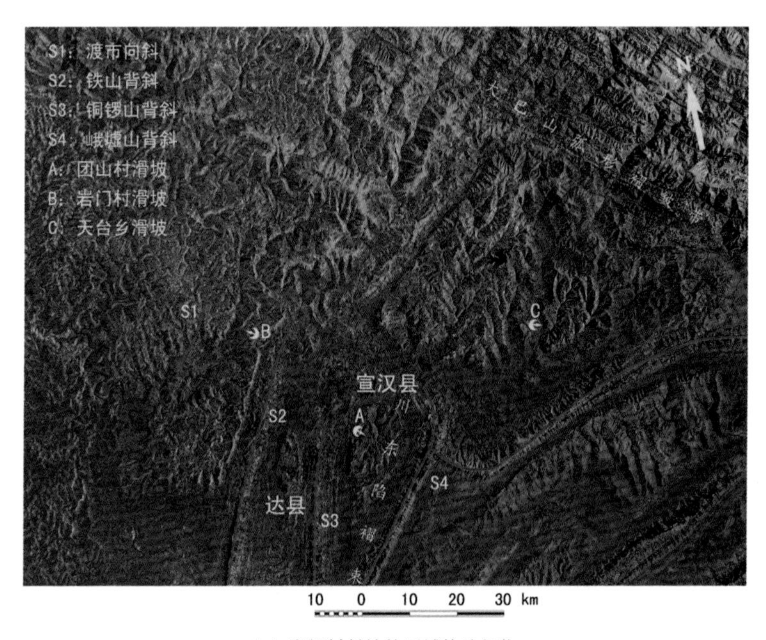


（a）岩门村斜坡的区域构造部位

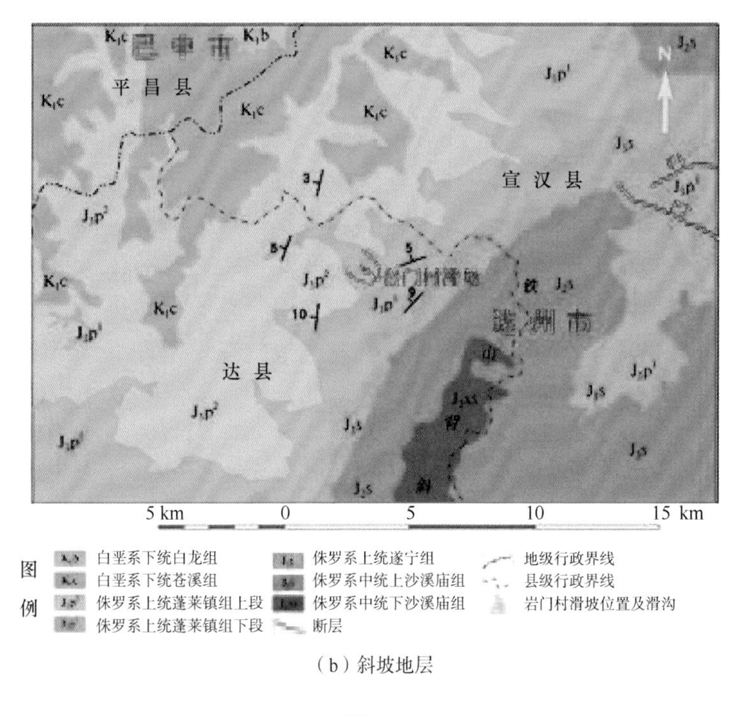


（b）斜坡地层

图 5.2

据达县气象站资料，区内多年平均气温 17.3 ℃，年降水量为 816.2～1 562.8 mm，多年平均降水量为 1 174.5 mm，年均蒸发量为 1 054.5 mm，最大日降水量为 355 mm，最多连续降水日为 21 天，降雨多集中在 5～9 月，占全年降水量的 77.6%。

## 5.3　方 法 技 术

采用数字滑坡技术，即在滑坡基本地学理论指导下，以遥感与空间定位结合获取滑坡基本信息，并利用 GIS 进行空间分析的技术（Wang，2005；王治华，2006a）。以 2005 年 4 月 3 日的“快鸟”数据图像作为滑前信息源，由于天气原因，未能收到合格的滑坡后的“快鸟”数据，只能采用 2007 年 9 月 17 日接收的 2.5 m 分辨率的 ALOS 卫星数据作为滑后信息源。分别以滑前 1∶10 000 地形图及四川省地质工程勘察院实测的滑后 1∶2 000 地形图作为滑坡前、后地理控制信息源，制作 DEM 和数字地形。

经多光谱合成，将滑坡前、后的卫星数据均采样成 1.0 m 分辨率的图像，分别与滑坡前、后数字地形配准。以精确配准的滑坡前后图像、数字地形和 DEM 共同作为解译基础，以人机交互方式解译和分析岩门村滑坡特征。

## 5.4　滑坡前后的岩门村斜坡特征解译

### 5.4.1　滑前岩门村斜坡的地形地貌及地表覆盖特征

2007 年 7 月 7 日滑坡前，岩门村斜坡为一台状低山（其高程为 600.0～930.6 m）环绕的凹槽，整体似鱼形（见图 5.3）。该斜坡背（南东）靠大寨山陡崖，前临罗家河河谷，两侧为左、右支沟沟谷。从岩门村斜坡的鱼头到鱼尾，高程从 788 m 下降到 450 m，高程相差 338 m，走向 304°，以约 7° 平均坡度平缓展布，最大长度约 2 252 m，左右支沟之间最宽达 1 111 m，斜坡总面积约 1.84 km$^2$。在牟家沟及其北面，存在双沟同源的老滑坡地形（图 5.3 左）。

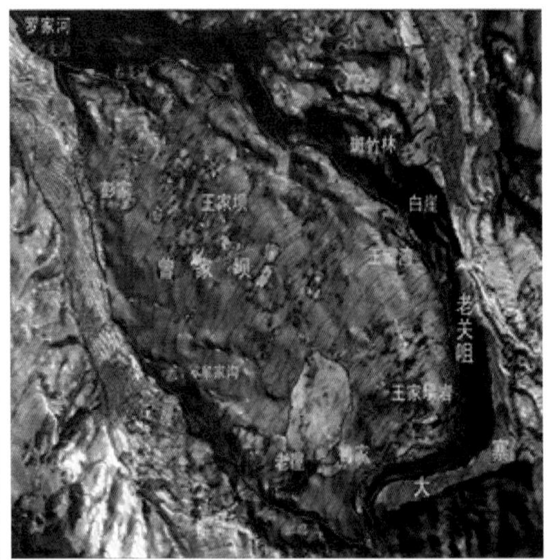


图 5.3　左：滑坡前岩门村斜坡 QuickBird 影像；右：岩门村滑坡后的 ALOS 影像

缓坡表面约 75%是以水田为主的耕地，还分布着岩门村 9 个队的村舍和小学，村舍周围及沟谷凹地中有成片树（竹）林植被。斜坡上共有 95.00～3 286.26 m$^2$ 面积的水塘 32 个，总面积达 25 887.47 m$^2$。

### 5.4.2　滑坡后岩门村斜坡的变化

图 5.3 右、图 5.4、图 5.5 为滑坡后岩门村斜坡的 ALOS 影像，虽然由于天气原因不够清晰，图像分辨率也不够高，但仍可识辨出滑坡后房屋、水塘、机耕道、植被群及地形的变化。

**1. 房屋变化**

滑坡前后房屋变化明显，滑前房屋呈深色的规则几何形态，滑后房屋已完全倒塌，成为灰白斑块，结合现场调查可将滑坡后人为推倒的部分房屋区分开。斜坡南缘的老屋和鲁家之间的 106 379.6 $m^2$ 的倒塌房屋，是斜坡上最大的一片房屋倒塌（图 5.3 右、图 5.4、图 5.5）。

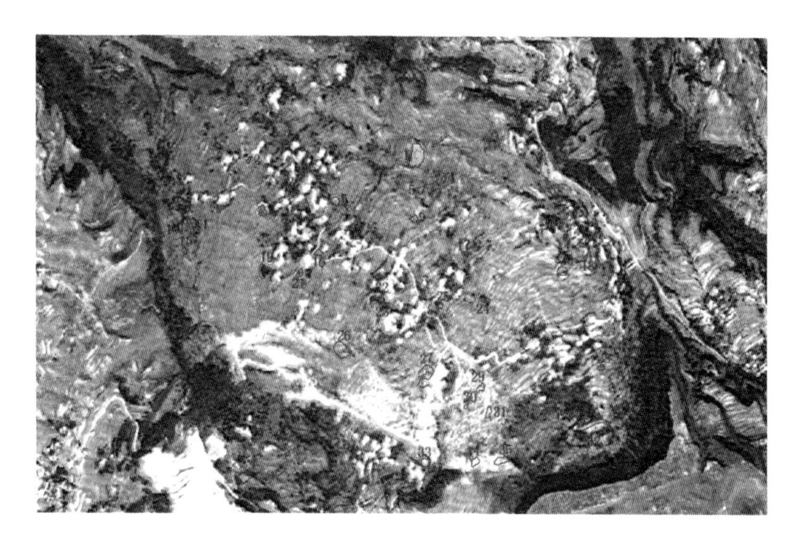

图 5.4　与滑前图像对比滑后图像上显示的滑前水塘及编号

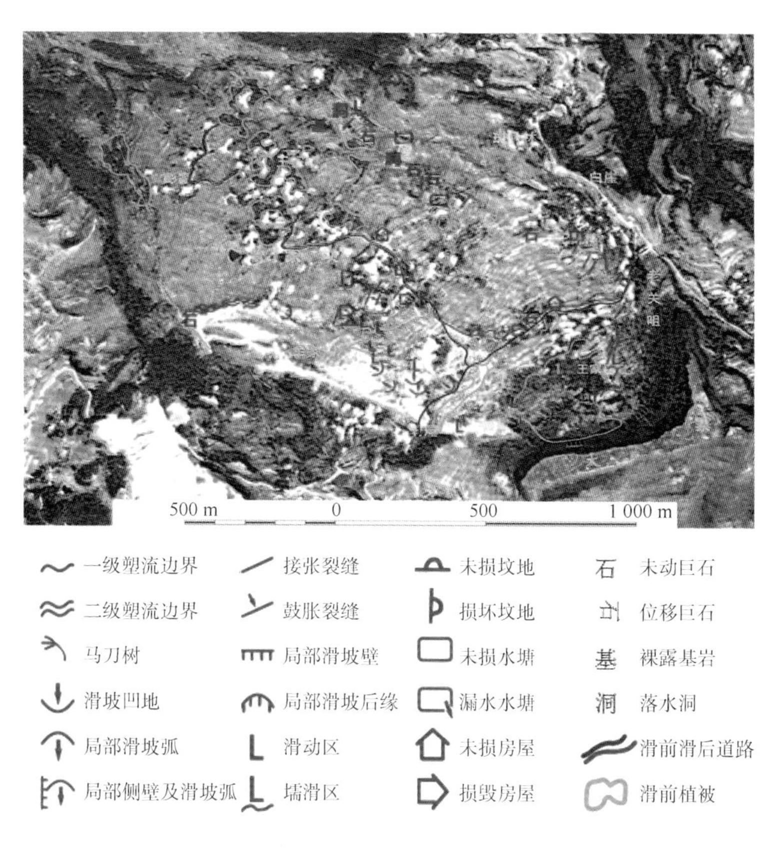


图 5.5　滑坡前后岩门村斜坡上的植被群、道路位置变化和验证特征点

### 2. 水塘变化

如图 5.4、图 5.5 和表 5.1 所示，滑坡前后岩门村斜坡上分布的水塘变化可分为 3 种情况：①滑坡发生后原水塘已完全消失，说明其位于滑坡强烈活动部位，有 11 处；②滑坡发生后原水塘形态不变，但其中的水已消失，称为“形在水渗”，该特征水塘说明所处坡体部位受挤压或拉裂，致使塘坝破裂，塘水流失，共有 7 处；③滑坡前后水塘位置及水面未发生变化，说明该处坡体未位移或形变，有 12 处。

滑坡前后水塘变化特征作为判断所在斜坡位置形变特征证据之一。

表 5.1　岩门村斜坡水塘在滑坡后的变化

| 编号 | 中心 $X$ 坐标/m | 中心 $Y$ 坐标/m | 滑坡发生前面积/m² | 滑坡后水塘变化 | 编号 | 中心 $X$ 坐标/m | 中心 $Y$ 坐标/m | 滑坡发生前面积/m² | 滑坡后水塘变化 |
|---|---|---|---|---|---|---|---|---|---|
| 1 | 449 071.06 | 3 487 997.28 | 3 286.26 | 形在水渗 | 19 | 448 506.08 | 3 487 604.29 | 1 526.81 | 存在 |
| 2 | 448 447.17 | 3 487 980.88 | 226.56 | 存在 | 20 | 449 614.20 | 3 487 608.17 | 858.00 | 形在水渗 |
| 3 | 448 579.58 | 3 487 899.70 | 169.07 | 存在 | 21 | 448 635.09 | 3 487 597.59 | 447.31 | 存在 |
| 4 | 449 171.97 | 3 487 918.42 | 289.86 | 消失 | 22 | 448 931.39 | 3 487 578.92 | 159.74 | 存在 |
| 5 | 449 083.89 | 3 487 881.83 | 573.03 | 消失 | 23 | 448 924.63 | 3 487 505.00 | 1 260.11 | 存在 |
| 6 | 448 767.10 | 3 487 841.82 | 701.54 | 形在水渗 | 24 | 449 320.06 | 3 487 510.87 | 222.87 | 存在 |
| 7 | 448 617.70 | 3 487 818.57 | 260.64 | 存在 | 25 | 449 155.08 | 3 487 488.79 | 439.61 | 存在 |
| 8 | 448 496.72 | 3 487 808.77 | 924.08 | 形在水渗 | 26 | 448 790.96 | 3 487 336.52 | 2 403.41 | 消失 |
| 9 | 449 061.05 | 3 487 783.75 | 522.29 | 消失 | 27 | 449 105.36 | 3 487 261.36 | 1 912.09 | 消失 |
| 10 | 448 194.11 | 3 487 752.82 | 365.60 | 消失（坡外） | 28 | 449 758.80 | 3 487 279.77 | 416.76 | 形在水渗 |
| 11 | 448 230.36 | 3 487 754.22 | 643.32 | 消失（坡外） | 29 | 449 310.35 | 3 487 210.17 | 550.60 | 消失 |
| 12 | 448 837.89 | 3 487 761.83 | 405.86 | 存在 | 30 | 449 255.41 | 3 487 148.64 | 151.92 | 消失 |
| 13 | 449 576.73 | 3 487 748.20 | 339.87 | 存在 | 31 | 449 340.26 | 3 487 129.41 | 569.21 | 消失 |
| 14 | 449 625.10 | 3 487 722.46 | 258.63 | 存在 | 32 | 449 733.95 | 3 487 071.71 | 2 730.23 | 形在水渗 |
| 15 | 448 206.05 | 3 487 670.22 | 273.04 | 消失（坡外） | 33 | 449 102.70 | 3 486 956.65 | 778.31 | 形在水渗 |
| 16 | 448 704.83 | 3 487 667.07 | 456.32 | 形在水渗 | 34 | 449 289.76 | 3 486 960.70 | 611.57 | 消失 |
| 17 | 449 246.09 | 3 487 664.70 | 95.31 | 消失 | 35 | 449 387.79 | 3 486 965.50 | 990.28 | 消失 |
| 18 | 449 700.42 | 3 487 655.36 | 135.67 | 消失（人为） | 36 | 449 980.82 | 3 487 441.96 | 106.69 | 存在（坡外） |

注：坡内水塘总面积为 25 887.47 m²，4 个坡外的水塘面积为 26 062.47 m²。

### 3. 机耕道（道路）变化

机耕道是岩门山斜坡上易识别的规模最大的道路。图 5.5 中的蓝线为滑前道路，红线为滑后路。岩门村斜坡上主要分布两条机耕道：一条横向的在斜坡后部；另一条纵向的在斜坡中部，如图 5.5 所示。斜坡上部横向（近北东南西）分布的滑前和滑后机耕道蓝红线在右侧边缘基本重合，说明该部位滑坡前后未发生明显位移。向左（西南）两线逐渐张开，位移（张开）距离由数米扩大到 20 m，到斜坡中部偏左位置，向 NW305°方向位移距离达 181.2 m。此点以左的机耕道完全消失，说明被全部毁坏。分布在斜坡中部和下（北东）部、总长约 1 285.7 m 的纵向机耕道，在滑坡前、后只有很小的变化。

由只有滑前道路、滑后已无道路存在的路段量测得到，滑坡造成彻底毁坏的道路总长为 693.1 m，其中纵向路毁长为 206.0 m，横向路毁长为 487.1 m。

滑坡前后机耕道位移及毁损特征也是指示斜坡位移及破坏特征的重要指标。

#### 4. 植被群分布变化

图 5.5 中由绿线围限的为植被群。由滑坡前后图像辨识植被群的范围、形态和位置变化，选取明显位移的 6 块植被进行了统计（其余植被群未见明显变化），如图 5.5 及表 5.2 所示，变化只发生在横向机耕道以上（SW）及纵向机耕道以左部位。植被群 2、3 联体的左端基本未动，以此点为轴，其右方整体向西转动，右方向位移 167.5 m。植被群 4 仅向 NW 位移约 10 m，说明坡体位移边界应在其北附近。

**表 5.2　滑坡前、后植被群位置变化**

| 编号 | 中心 $X$ 坐标/m | 中心 $Y$ 坐标/m | 面积/m$^2$ | 最大位移/m | 位移方向/(°) |
|---|---|---|---|---|---|
| 1 | 449 591 | 3 487 073 | 80 287.2 | 62.1 | 327 |
| 2 | 449 287 | 3 487 103 | 12 737.1 | 129.2 | 290 |
| 3 | 449 356 | 3 487 277 | 1 790.1 | 167.5 | 296 |
| 4 | 449 517 | 3 487 378 | 8 090.8 | 10.4 | 319 |
| 5 | 448 945 | 3 487 251 | 2 588.8 | 238.9 | 298 |
| 6 | 449 052 | 3 487 408 | 15 202.9 | 64.9 | 304 |

最大位移 180.7 m。植被群 5 位移最大，其向 298°方向的最大位移为 238.9 m。

#### 5. 地形变化

如图 5.3 左右图对比所示，总体上看，滑坡前、后三面山脊围绕的岩门山低凹缓坡地形并无明显变化。但斜坡西南部的牟家沟及其相邻的部分均表现为有双沟同源、后壁及前部堆积组成的明显滑坡地形。

图 5.6 为由滑坡前后的数字地形计算获得的滑坡前后岩门村斜坡地面高程变化。以深浅不同的蓝色表示滑后较滑前地面降低不同幅度的分布；不同深浅红色表示滑后地面不同增高幅度的位置。高程降低和增高强烈部位发生在岩门村斜坡的南西和南部的上述显示滑坡地形处。由于斜坡上大量推倒房屋，残墙断垣堆积以及误差影响，±1 m 以内的地形变化不能确定是否为滑坡影响，作为误差范围。

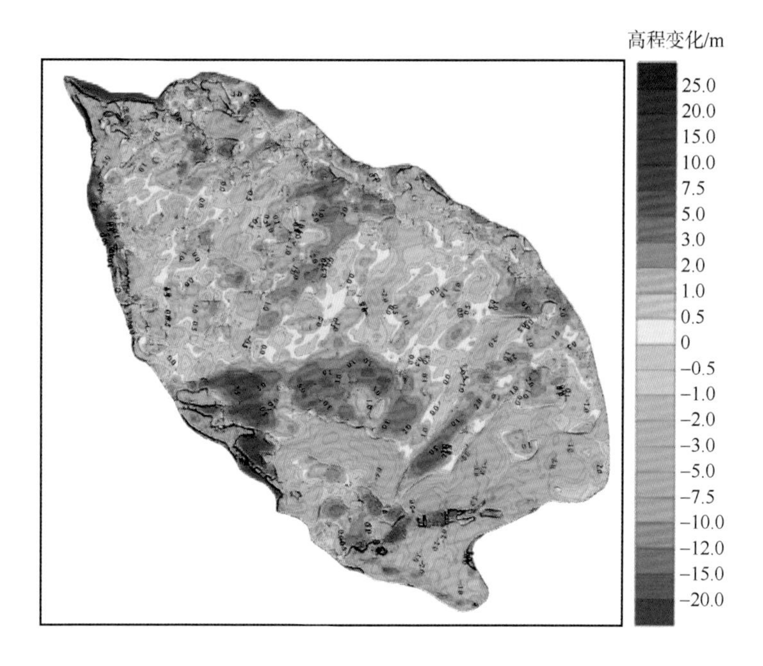


图 5.6　滑坡前、后岩门村斜坡地面高程变化

## 5.5　滑坡变形分区及各分区特征

根据滑坡前后房屋、水塘、机耕道、植被群及地形高程变化确定岩门村斜坡各部分变形特征，将其划分为主滑区、牵动滑区、强影响区及影响区 4 个部分。该结果与许强（2008）、胡瑞林等（2008）、乔建平等（2008）研究结果不同。

**1. 主滑区**

如图 5.7，斜坡西南部棕色范围为主滑区，面积约 0.146 $km^2$，主滑方向为 280°，其西侧部分滑体向左支沟滑移，称为侧向移滑区。老屋（见图 5.3、图 5.7）以下为主滑区的滑体滑走区（以下简称为滑走区），似矩形，平均长 403 m，宽 194 m。该区较滑前地面降低了 2～5 m，其上房屋等地物严重损坏并长距离位移。滑走区以下，在牟家沟周围为主滑堆积区，其地面大部较滑前升高 3.0～7.5 m，其中部分抬升了 10 m。侧滑堆积区则较滑前平均抬升了 3～15 m。堆积区内房屋、道路全损并位移，前缘呈流态平铺延伸。主滑区内可解译的最大移动距离为 238.9 m。

主滑区表现为明显的滑坡地形，由后壁及滑坡堆积组成，老屋以下为主滑后壁，似矩形，平均长 403 m，形态十分复杂，平均坡度约 15°。由于该处地面较滑前降低了 2～5 m，滑后成为一凹形坡。有上下二处侧滑后壁，滑动方向 216°侧滑后壁较滑前地面降低 2～10 m，下侧滑后壁下降更多。

图 5.7　岩门村斜坡变形分区和钻孔位置

**2. 牵动滑区**

牵动滑区位于斜坡南东部围绕主滑走区及堆积区后缘周围，也可分为滑走区及堆积区两大部分（见图 5.7）。本区机耕道、水塘、植被群向北西位移≥10 m，靠近主滑区部位位移迅速增大，最大位移为 167 m（植被群 3）和 181 m（机耕道）。牵动滑走区大部分地面较滑前降低 3～5 m，老屋–鲁家一带原陡崖位置地面降低达 10～20 m，但个别滑前的低凹处滑后地面升高。堆积区大部分地面则较滑前抬高了 2～5 m（见图 5.6）。同样，该区也有一部分滑体向左支沟侧滑。

**3. 强影响区**

强影响区是指在滑坡前、后的遥感图像上未见明显的滑走或堆积，地物无明显位移但有拉裂错位现象，如水塘“形在水渗”，机耕道位移小于 10 m。本区地面降低与升高的区域大致相当，其范围为 1～2 m，并零星分布。

**4. 影响区**

除以上 3 个分区外，岩门村斜坡北西半部为影响区，该区房屋、道路、植被、水塘在滑坡后均无明显变化，但地面验证发现有较小规模的裂缝、错位等形变现象，分析为由滑坡震动引起。

影响区边缘另有 3 个特殊部分：①左支沟中下游河谷较滑前抬升了 2～10 m；②右支沟下游有一段较滑前抬升了 2～5 m；③左右支沟下游汇合处较滑前抬升了 10～20 m，最高达 25 m。该 3 处现象是由于主、侧滑区均有部分滑坡物质流到左支沟，以及斜坡北东侧的 1 号水塘（图 5.4）的围塘土坝被拉裂，流水和泥沙向下游直接流到右支沟才大部堆积。这三个部分属于滑坡堆积区。

## 5.6　初步遥感解译结果的现场验证

在遥感解译获取滑坡前后地物及高程变化信息的基础上，通过空间分析初步确定了该次滑坡活动的变形分区及其特征后，进行了较详细的野外现场验证。在各类变形特征部位共布置了 100 个点，验证了 22 类情况，如图 5.5 所示。验证表明，遥感解译对各部分性质的判断是准确的，遥感获取的滑坡基本信息符合实际。以手持 GPS 所定的验证点位置与解译点的水平位置误差为 10 m 左右。

在以上工作基础上，进行滑坡规模、形成条件、运动方式及斜坡稳定性分析。

## 5.7　滑 坡 规 模

前期滑坡调查认为（许强，2008；胡瑞林等，2008；乔建平等，2008），岩门村滑坡体积为 $1.1\times10^7\ m^3$。本研究有不同看法。以下分 3 个方面介绍本研究结果。

### 1. 滑坡后岩门村斜坡地面上升与下降总体情况

如图 5.6 和表 5.3 所示，本研究在斜坡上共计算了 1 858 个图斑，其中高程下降（滑走，减载）和增高（地面堆积，加载）分别为 939 个图斑、880 913.8 $m^2$ 和 918 个图斑、962 083.2 $m^2$。但上升和下降≤±1 m（包括 0）的值为误差范围，只能将其视为滑坡前后未动范围，故应排除。实际滑坡活动引起的地面上升约为 0.555 $km^2$，下降约 0.465 $km^2$，共计活动区约 1.02 $km^2$，包括主滑区、牵动滑区及部分强影响区。

**表 5.3　岩门村斜坡各级地面高程变化所占面积**

| 高程升降/m | 面积/$m^2$ | 高程升降/m | 面积/$m^2$ | 高程升降/m | 面积/$m^2$ |
|---|---|---|---|---|---|
| ＞25.0 | 22.034 727 | 1.0 ～ 2.0 | 270 461.377 6 | –5.0～–7.5 | 47 993.190 85 |
| 20.0～25.0 | 1 742.438 557 | 0.5 ～ 1.0 | 213 237.72 | –7.5～–10.0 | 16 590.214 99 |
| 15.0～20.0 | 5 012.746 151 | 0.0 ～ 0.5 | 242 446.951 4 | –10.0～–12.0 | 2 813.702 925 |
| 10.0～15.0 | 6 856.889 480 | 0.0 ～ –0.5 | 210 507.317 8 | –12.0～–15.0 | 2 383.696 628 |
| 7.5～10.0 | 12 967.896 430 | –0.5 ～ –1.0 | 156 415.056 5 | –15.0～–20.0 | 1 021.390 802 |
| 5.0～7.5 | 30 303.531 430 | –1.0 ～ –2.0 | 185 261.625 7 | ＜20.0 | 255.852 685 |
| 3.0～5.0 | 96 095.278 970 | –2.0 ～ –3.0 | 103 976.796 5 | | |
| 2.0～3.0 | 131 710.39 240 | –3.0 ～ –5.0 | 104 920.897 4 | | |

注：岩门村斜坡总面积 18.43 $km^2$。

### 2. 原地面以上的滑坡方量

基于图 5.6、图 5.7 计算所得各分区的面积和该区平均上升或下降高程的积求得各分区的滑走与堆积面积及方量，见表 5.4。滑走和堆积总面积分别为 0.58 $km^2$ 和 0.60 $km^2$，滑走和堆积总方量分别为 1 326 410 $m^3$ 和 1 321 731 $m^3$。即岩门村滑坡地面以上移走方量约为 $132.6\times10^4\ m^3$，堆积方量为 $132.2\times10^4\ m^3$，约有 $0.4\times10^4\ m^3$ 物质流入河沟。

表 5.4　各滑区滑走与堆积面积及方量

| 主滑区 | | | | 侧向滑区 | | | |
|---|---|---|---|---|---|---|---|
| 滑走区 | | 堆积区 | | 滑走区 | | 堆积区 | |
| 面积/$km^2$ | 方量/$m^3$ | 面积/$km^2$ | 方量/$m^3$ | 面积/$km^2$ | 方量/$m^3$ | 面积/$km^2$ | 方量/$m^3$ |
| 0.074 | 188 405（2.54 m） | 0.072+0.038 | 233 088+226 221（4.17 m） | 0.039 | 94 385（2.42 m） | 0.023 | 126 326（5.49 m） |
| 牵动滑区 | | | | 强影响区 | | | |
| 滑走区 | | 堆积区 | | 滑走区 | | 堆积区 | |
| 面积/$km^2$ | 方量/$m^3$ | 面积/$km^2$ | 方量/$m^3$ | 面积/$km^2$ | 方量/$m^3$ | 面积/$km^2$ | 方量/$m^3$ |
| 0.220 | 721 048（3.27 m） | 0.223 | 466 738（2.09 m） | 0.248 | 322 572（1.30 m） | 0.273 | 269 358（0.98 m） |

注：括号中数据为滑后该区平均上升或下降高程。

### 3. 滑面以上的滑坡方量

为了解滑面埋深，四川省地质工程勘察院曾在斜坡上打了 4 口钻，位置如图 5.7 所示（ZK1～ZK4）。据钻探揭露，在钻孔中未见到明显的滑带擦痕、镜面和地下水异常，但见到强风化基岩以上粉质黏土呈软塑状，并有较好的连续性，从而形成一含水量高、抗剪强度低的软弱面，综合分析判定这就是滑面。

根据滑坡后钻探所得基岩面与所在地面位置的滑坡前高程，求得滑坡前地面基岩平均埋深，约为 5 m，其与主滑区、侧向滑区及牵动滑区的总滑走面积之积约为 $165\times10^4\,m^3$，即为基岩面（滑面）以上的滑坡体积。强影响区并不存在完整的滑面，以滑走方量 $32\times10^4\,m^3$ 为其活动体积，这样求得岩门村滑坡规模为 $197\times10^4\,m^3$。

前面研究以整个斜坡的面积与平均基岩面深度的积为该次滑坡体积，这显然不妥。

## 5.8　岩门村滑坡形成条件、活动机制及稳定性

### 1. 滑坡前的岩门村斜坡性质

岩门村斜坡为台状低山环绕的凹槽，平均坡度约 7°的缓坡。该缓坡是罗家河及其支沟侵蚀，大寨山及东西侧蓬莱镇组粉砂质泥岩与砂岩互层山体沿 3 组陡倾裂隙不断后退的结果。后退的主要形式为崩塌和局部滑坡，该过程还将继续下去，所以岩门村斜坡会逐渐扩大。

### 2. 滑坡形成条件

岩门村斜坡具备形成滑坡的岩性和坡体结构条件。

斜坡地表为第四系全新统崩坡积层（$Q_4^{col+dl}$）、残坡积层（$Q_4^{el+dl}$）和滑坡堆积（$Q_4^{del}$），该堆积由粉质黏土和碎块石组成。斜坡各处均分布有块径为数米至 20 m 的大块石和数

厘米至数十厘米中小块石砂岩组成的块石堆。块碎石间有粉质黏土及少量砂粒充填，透水性较好。大量黏土矿物在下渗水的作用下易在下伏基岩面富集，并形成滑动面。但是本斜坡的堆积层平均厚仅约 5 m，且地表有大量块石或块石堆隔离，难以连成整体，而只能在局部发育滑面，从而形成局部浅层堆积层滑坡。

构成岩门村斜坡下伏基岩的侏罗系蓬莱镇组（$J_3p$）砂、泥岩中共存在 4 组软弱结构面：①层面，岩层产状 320°～340°∠3°～15°，构成顺向缓坡；在砂岩中发育有 3 组陡倾裂隙；②20°∠62°～90°；③145°∠60°；④305°∠52°。再加上硬、软、厚、薄相间的岩层结构：砂岩呈厚层块状，粉砂岩呈薄–中层状，泥岩为薄层状，泥岩层面在上覆顺层中厚层砂岩、陡倾裂隙及水的作用下有可能发育成滑面，但是难以形成纵贯整个斜坡的大规模滑动面。因为岩门村斜坡虽背靠大寨山陡崖，三面临空，但前临罗家河河谷狭窄，右侧支沟谷浅且不明显，左支沟谷虽稍深，但仍无足够的滑动临空面，难以发育大型厚层滑坡，但适于局部及浅层滑坡发育。

### 3. 滑坡触发条件

降雨是岩门村斜坡发生滑坡的主要触发条件。据达县气象资料（表 5.5），滑坡前 21 天，6 月 16 日开始降雨，至 22 日连续降雨 7 天，总降雨量达 292.1 mm。连续降雨使斜坡土体饱水，并渗透到坡体内，有利于堆积层中的黏粒在坡体内富集，形成滑动面。连续降雨更降低了滑面的抗剪强度；滑坡发生前 2 天再次强烈降水，降雨量达 140.2 mm，使已经饱水的堆积层土体抗剪强度更加降低，导致滑坡发生。

坡体上存在大量水塘及水田，其长年特别是在雨季大量向坡体内渗水，也是诱发滑坡发生的重要因素。

表 5.5　滑坡前降雨量

| 日期（年-月-日） | 降雨量/mm | 日期（年-月-日） | 降雨量/mm |
|---|---|---|---|
| 2007-6-16 | 2.5 | 2007-6-29 | 7.3 |
| 2007-6-17 | 125.5 | 2007-7-2 | 0.2 |
| 2007-6-18 | 75.1 | 2007-7-3 | 9.0 |
| 2007-6-19 | 13.1 | 2007-7-4 | 13.1 |
| 2007-6-20 | 18.8 | 2007-7-5 | 75.8 |
| 2007-6-21 | 33.2 | 2007-7-6 | 64.4 |
| 2007-6-22 | 23.9 | 2007-7-7 | 1.3 |
| 2007-6-26 | 58.4 | | |

### 4. 滑坡运动方式和机制

综上分析，岩门村斜坡既不是一个整体滑坡，也不是简单的推移或后退滑动方式。在所处特定的地貌地质环境及长期降水综合作用下，斜坡不同部位发生了不同形式的位移和形变。首先，在原老滑坡部位形成（或贯通）滑面，主滑体快速向左支沟和斜坡倾向的合成方向约 280°滑动，该过程中部分滑体向左支沟沟谷侧滑，主滑区的滑体为饱水的堆积土加块石，其前部块石较少，饱和砂土的结构疏松和渗透性相对较低，在快速滑动的震动作用下造成砂土液化。砂土发生液化后，在超孔隙水压力作用下，孔隙水自下向上运动，和土混合成泥浆大面积地漫溢于地表（鲁晓兵等，2004；汪闻韶，1984；张师岸，2008；高振寰等，1982；赵成刚等，2001），这是主滑区堆积体前部呈流态覆盖的主要原因。故快速推移+前缘砂土液化和面状流动为主滑区的复合活动方式。主滑体一开始滑动，其滑走区（后壁）突然形成的质量空穴，必将牵动周围已处于饱和状态的土石堆积滑动，这便形成牵动滑区，其以牵引（或后退）为主要活动方式。

由于整个岩门村斜坡为群山环绕的封闭环境，以及长期降雨形成的地表堆积土层饱水使得斜坡各部分联系更加紧密，局部滑动必然影响周围，在斜坡中上部的滑坡区周围形成以拉张裂缝为主，包括鼓胀、剪切裂缝和局部少量位移等变形方式，这便是强影响区。

滑坡引起的强烈震动必然影响到整个斜坡，上述 3 个分区以外的斜坡下（北西）部也发生较小规模的裂缝和由此导致的水塘泄水等现象，这便是影响区。在左右支沟及斜坡北端有部分堆积归为主滑区。

**5. 岩门村滑坡稳定性分析**

由以上分析可知，岩门村斜坡的部分块体以推移+塑流状流动方式滑动，并牵引周围坡体，滑面较浅；就斜坡整体而言，该活动方式释放能量是不充分的。而整个斜坡堆积土较长时间处于饱水低强度状态，在连续降雨或暴雨情况下，牵动滑区滑坡有可能进一步下滑，其他部位也有可能发生局部滑坡，但难以发生整体大规模滑移。

## 5.9　结　　论

（1）岩门村斜坡既不是一个整体滑坡，也不是简单的推移或后退滑动方式。根据斜坡地质环境及滑坡前后地物位移及高程变化，确定斜坡不同部位发生了不同形式的运动和形变，将其划分为主滑区、牵动滑区、强影响区及影响区 4 个部分。

（2）主滑区以快速推移+前缘液化和面状流动方式活动，并牵引后部坡体、使其拉裂变形位移，斜坡其余部分受不同程度影响。

（3）原（滑前）地面以上的滑坡方量估算约为 $1.32\times10^6$ $m^3$；滑面以上滑坡规模估算约为 $1.97\times10^6$ $m^3$。

（4）在连续降雨或暴雨情况下，牵动滑区有可能进一步下滑，其他部位也有可能发生局部滑坡，但难以发生整体大规模滑移。

# 第6章　冯店滑坡地质力学模型研究

本章将主要介绍如何从滑坡形成机制出发，建立缓倾顺层滑坡地质力学模型，而后采用数字滑坡技术，结合地面调查获取模型参数，获得滑坡的临界摩擦系数，进而求取滑坡的总下滑力和总阻滑力。

## 6.1　引　言

发生在倾角≤10°缓倾顺层地层斜坡中的滑坡，称为缓倾地层滑坡，也称平推式或平移式滑坡（以下简称缓倾滑坡），是一种特殊的滑坡类型。我国的四川盆地及周边地区、三峡库区中段万州、重庆一带以及黄土高原等地均有缓倾滑坡分布。已有的勘查试验资料表明，该类滑坡的滑带土内摩擦角往往远大于滑动面倾角，理论上难以发生滑坡，但实际上大规模的缓倾滑坡并不少见，如前述第4、5章的天台乡滑坡和岩门村滑坡等。该类滑坡的成因机制及活动特征一直受到国内外学者的关注，曾用多种方法进行研究与模拟。黄润秋等（1991）、伍四明等（1994）以三峡库区典型的近水平岩层岸坡为例，基于黏弹塑性力学的有限单元法和离散单元法，对小变形、破坏后的大变形及运动过程进行模拟，从理论上阐述和证明了这类岸坡大型滑坡的形成机制；李保雄等（2004）、殷坤龙等（1998）、简文星等（2005）、王志俭等（2007）通过勘查及实验，证明了砂泥岩近水平层面斜坡中滑坡沿含蒙脱石、伊利石、绿泥石等矿物软弱夹层产生平推式滑动，软弱夹层蠕变的累积可能控制滑坡体的稳定性；刘军等（2001）综合考虑地下水因素，建立了尖点突变模型，认为地下水主要是通过物理化学作用软化了滑面带岩体，使滑面带岩体刚度比降低，从而使岩体突发失稳，地下水的力学作用表现为一种触发因素；黄润秋等（2005）指出，在超强降雨情况下，地下水在天台乡滑坡的形成过程中起到了顶托、楔裂、促动的作用；吉随旺等（2000）、范宣梅等（2006，2008）、缪海波等（2009）、胡新丽等（2001）、成国文等（2008）以冯店滑坡、天台乡滑坡、万州安乐寺滑坡等为例，通过现场调查、勘察、物理模拟和实验等研究了近水平软硬互层斜坡形成机制及数值模拟。

在国外，加拿大、意大利、美国、西班牙等国也有缓倾滑坡分布，但专门的研究报道较少。Hart（2000）对地质填图和井下大直径钻孔记录中获得的数据进行研究后认为，导致近水平层状沉积物产生滑坡的主要因素是预先存在的剪切带；Petley等（2002）研究表明，具有水平层面软弱层的山体滑坡发生在剪切面带扩展占主导地位的过程中；Jordan等（2000）采用二维边界元法研究一个活动滑坡的滑动面扩大和断裂现象，该现象在很大程度上受应力场与斜坡内软弱层所制约。

综合分析国内外学者对缓倾滑坡形成机理的研究成果，可得出以下基本共识：①斜坡内存在缓倾软弱地层，是该类滑坡滑动面发育的物质基础，其在上覆硬岩层（也可能是软岩层，如天台乡滑坡）自重应力长期作用下，软硬岩层产生差异蠕变，致使在隔水软岩层附近及硬岩层中拉应力集中，发生破坏；②在河床侵蚀（或其他因素）的侧向和垂直方向的卸荷力长期作用下软岩层裸露，发生滑坡；③降雨是诱发滑坡活动的主要因子；④大多数缓倾顺层地层滑坡后缘存在拉裂槽；⑤缓倾岩层中存在的层面剪切带和滑体内的静水压力和扬压力（托）是缓倾岩层滑坡发生的动力。

上述研究成果的不足之处主要有两点：①各种数值模型过于复杂，不易直接说明滑坡的物理意义，模拟结果不易重复；②参数过多，如有些模型引入膨胀力以及水压力、地震力等因子（成国文等，2008），这些因子不但不易获取，且人为影响较大，技术方法复杂，不易重复。这些不足之处影响了研究成果的实际应用。

本章在分析以上研究成果基础上，从缓倾滑坡基本形成条件出发，找出缓倾滑坡发育和活动的主要因子及受力特征，建立缓倾滑坡地质力学模型。以冯店滑坡为例，采用数字滑坡技术获取模型因子参数，并分析各因子参数与易滑性及稳定性的关系。

## 6.2　缓倾滑坡形成机制

缓倾滑坡发育在由近水平软硬相间地层组成的顺层斜坡。硬、软地层在滑坡发育过程中所起的作用及作用方式是不同的。其发育过程如图 6.1 所示。

### 6.2.1　硬岩层成为透水层和富水层

长期地壳抬升和河流下切侵蚀，是斜坡形成的主要地质作用。斜坡逐渐形成后，其所受的主要地质应力为：①向临空（河谷）方向的对斜坡的拉应力（卸荷力）；②斜坡的自重应力；③地下水的侵蚀及动静水压力和顶托力的作用。

在上述①②两种地质应力的作用下，斜坡中的硬层（砂岩层或其他硬岩层）相对强度大、硬度高，以脆性变化为主，即在拉应力作用下，原有的节理面松开，新的拉张裂隙产生，于是硬岩层中发育多组陡倾节理；从斜坡表部到深部，节理裂隙条数由多到少，裂隙宽度由大变小，即斜坡近地表硬岩层中的裂隙密度和宽度较深部大。地面降水沿着这些裂隙及硬岩中粗颗粒之间的空隙进入坡体，在隔水层之上储存，所以砂岩层成为透水层和富水层。

### 6.2.2　软岩层塑性变形加剧上覆砂岩产生张裂隙

同样受上述①②③三种地质应力作用，软岩层形成强度较低的隔水层面，并发生向临空面方向的塑性挤压变形，促使或加剧其上覆砂岩产生垂直泥岩层的张裂隙。具体作用过程为：地表水通过硬岩层中的陡倾裂隙及砂粒空隙渗入斜坡内，到达软岩层表面；主要由黏土矿物组成的软岩层（如泥岩层）中的黏土矿物（绿泥石、伊利石和蒙脱石等）由于亲水作用被软化、泥化而强度降低；由于泥岩层基本不透水，成为斜坡内的隔水层；斜坡中的软岩层在卸荷力、上覆岩层重力及软岩层面上的地下水长期作用下，产生向临空方向的塑性挤压变形。该塑性挤压变形也会导致其上覆砂岩产生垂直泥岩层的张裂隙，该作用的结果是：使离泥岩层愈近的硬岩层部分，裂隙宽度愈大，裂隙密度也愈大。

这样，近地表的（上）和近软岩层的（下）裂隙宽度和密度较大。

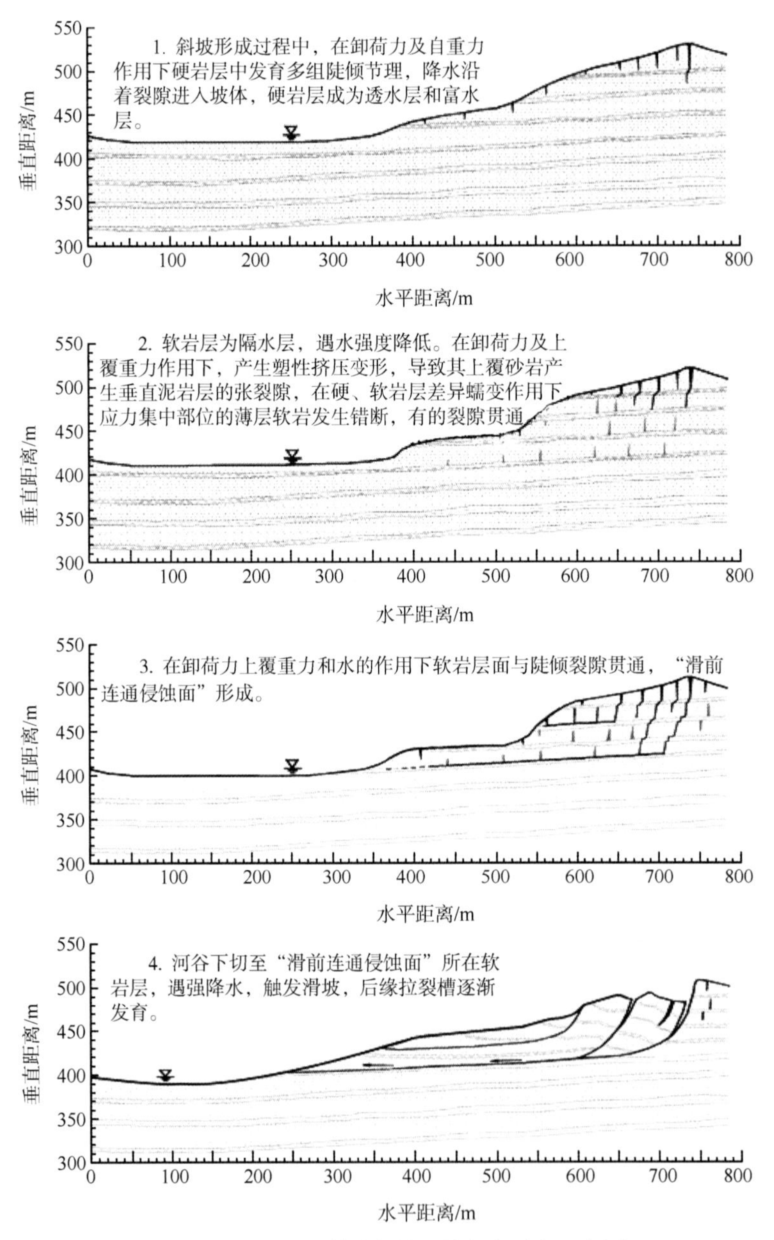


图 6.1　缓倾顺层斜坡中的滑坡发育过程示意图

## 6.2.3　两种裂隙贯通与后缘拉裂槽形成

在拉应力、自重和地表水、地下水的作用下，砂岩中的卸荷裂隙向深（下）部发展，靠近塑性挤压变形泥岩层的上覆砂岩的裂隙向地表（上）发展，某一时刻，这两种裂隙将首先在斜坡坡顶附近地下，拉断贯通。因为该部位自重力最大，受卸荷力作用时间最长，是斜坡内三种应力最集中的部位。这样，斜坡后缘将形成若干贯通至软岩面的垂直裂隙，它们大多出露地表，也可能埋在地表以下。在地下水持续作用下，这些陡倾裂隙与某一定深度的软岩层面贯通。

在地表不断抬升过程中，河流下切至某软岩层面，该层暴露在河谷临空面地表时，该连通面的前后端均与地表相连。由于此时还不一定发生滑坡，故称其为滑前连通侵蚀面。

滑前连通侵蚀面形成后，该面的上覆块体沿连通面向临空方向的蠕动更加发展，后缘形成质量空穴，强大的拉引力作用于斜坡后缘，被裂隙切割的岩层块将发生倾倒、崩落、塌陷等变形位移活动，从而形成拉裂槽。

### 6.2.4　滑 坡 发 生

降水是诱发该类滑坡发生的主要因素。由于该类斜坡由小于 10° 的缓倾地层组成，软硬岩层间有较大的摩擦力。据吉随旺等（2000）的实验，侏罗系砂泥岩内摩擦角达 27.0°～42.9°，摩擦系数 0.51～0.93，是难以形成滑坡的；在强降雨条件下，地表水经过拉裂槽及坡体上的裂缝进入滑动面，摩擦系数大大降低至 0.05～0.30，故滑坡发生。

## 6.3　缓倾顺层滑坡地质力学模型及其数学表达式

**1. 缓倾滑坡受力分析**

如前述，缓倾滑坡由软硬相间岩层组成，硬岩层为含水层和透水层，并可能首先在斜坡后缘产生拉裂槽；软岩层在卸荷力作用下呈塑性改变，与水接触后被软化、泥化，基本上不透水，形成隔水层。陡倾裂隙与缓倾软岩层面贯通后，当前方河谷下切至该贯通的软岩层时，其出露地表或水中，在强降雨作用下，形成沿泥岩层面滑动的滑坡。当强降雨导致滑坡后缘拉裂缝中积水时，滑坡体主要受到以下三种力的作用：①滑体自身的重力 $W$；②后壁受到后缘拉裂槽积水的静水压力 $P$；③当滑面上有积水时，还受到静水的上托力 $P_3$（见图 6.2）。

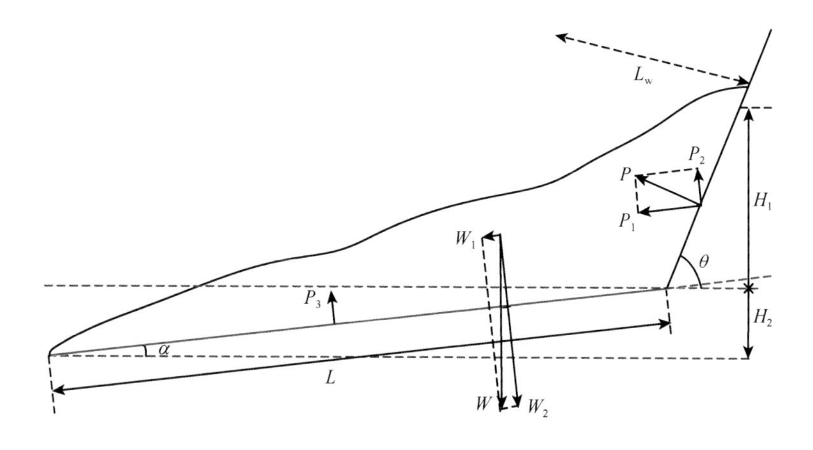


图 6.2　滑坡体受力示意图

**2. 滑坡体自身重力及分解**

设滑动面与水平面夹角为 $\alpha$，后壁与水平面夹角为 $\theta$，滑动面长度为 $L$，宽度为 $L_w$，后缘拉裂槽积水高度为 $H_1$，滑动面前后高程差为 $H_2$。

设滑坡体的质量为 $M$，它的重力 $W$ 垂直于水平面，$W$ 在滑坡方向上产生下滑力 $W_1$ 和垂直滑动面的正压力 $W_2$，其表达式为

$$W_1 = M \times g \times \sin\alpha \tag{6-1}$$

$$W_2 = M \times g \times \cos\alpha \tag{6-2}$$

**3. 滑坡后壁受到的静水压力及分解**

后槽积水对后壁的静水压力为 $P$，其在下滑方向的投影为 $P_1$，垂直滑动面方向上的投影为 $P_2$，则有

$$P_1 = P \times \sin(\theta - \alpha) \tag{6-3}$$

$$P_2 = P \times \cos(\theta - \alpha) \tag{6-4}$$

由三角关系可知，后缘拉裂槽积水与后壁的接触面积 $S_1$ 为

$$S_1 = (H_1/\sin\theta) \times L_w \tag{6-5}$$

再由水压强与压力的关系式，得到积水对后壁的静水压力 $P$ 的表达式

$$P = \frac{1}{2} \times \rho \times g \times H_1 \times S_1 = \frac{1}{2} \times \rho \times g \times H_1^2 \times L_w / \sin\theta \tag{6-6}$$

式中，$\rho$ 为水在常温下的密度，$1 \times 10^3$ kg/m$^3$；$g$ 为重力加速度，9.8 m/s$^2$。

将式（6-5）、式（6-6）代入式（6-3）、式（6-4），可以得到 $P$ 在下滑方向的分力（$P_1$）和 $P$ 在垂直滑动面方向上的分力（$P_2$），分别为

$$P_1 = P \times \sin(\theta - \alpha) = \frac{1}{2} \times \rho \times g \times H_1^2 \times L_w \times \sin(\theta - \alpha) / \sin\theta \tag{6-7}$$

$$P_2 = P \times \cos(\theta - \alpha) = \frac{1}{2} \times \rho \times g \times H_1^2 \times L_w \times \cos(\theta - \alpha) / \sin\theta \tag{6-8}$$

**4. 滑动面上积水的浮托力分析**

当滑坡后缘拉裂槽积水时，积水会渗（流）到滑动面，地表水也会通过裂缝渗入滑体到达滑动面。由于滑动面是隔水层，滞留在滑动面附近的积水，对上覆滑体有向上的浮托力，以 $P_3$ 表示。滑动面受到水浮托力的平均压强（$p$）为

$$p = \rho \times g \times \left(H_1 + \frac{H_2}{2}\right)) \tag{6-9}$$

滑动面的面积 $S_2$ 以滑动面长度 $L$ 乘以宽度 $L_w$ 表示，则 $P_3$ 表达式为

$$P_3 = \rho \times g \times \left(H_1 + \frac{H_2}{2}\right) \times L \times L_w \tag{6-10}$$

$P_3$ 的方向是垂直斜坡向上的，它抵消一部分重力的正压力，利于滑坡活动。

**5. 缓倾滑坡地质力学模型的数学表达式**

由上述滑体受力分析可知，当强降雨导致后缘拉裂槽积水时滑坡的下滑力（$F_{下滑}$）可由下式得出

$$F_{下滑}=W_1+P_1=M\times g\times\sin\alpha+\frac{\sin(\theta-\alpha)}{2\sin\theta}\times\rho\times g\times H_1^2\times L_w \tag{6-11}$$

$F_{下滑}$ 与滑坡体重量、滑动面倾角、滑坡后壁积水面积、滑动面面积及后缘拉裂槽积水深度成正比。

作用在滑动面上的总正压力 $F_{正压}$ 的计算公式为

$$\begin{aligned}F_{正压}&=W_2+P_2+P_3\\&=M\times g\times\cos\alpha-\frac{\cos(\theta-\alpha)}{2\sin\theta}\times\rho\times g\times H_1^2\times L_w\\&\quad-\rho\times g\times\left(H_1+\frac{H_2}{2}\right)\times L\times L_w\end{aligned} \tag{6-12}$$

$F_{正压}$ 是使滑坡处于稳定的力，它与滑坡体重量成正比，与滑坡后壁及滑动面面积、积水深度及滑动面倾角成反比。作用于滑动面上的正压力与摩擦系数（$f$）的乘积便是阻滑力，即

$$F_{阻滑}=f\times F_{正压}=f\times(W_2+P_2+P_3) \tag{6-13}$$

与 $F_{正压}$ 一样，$F_{阻滑}$ 与滑坡体重量成正比，与滑坡后壁及滑动面面积、积水深度及滑动面倾角成反比。

式(6-11)、式(6-12)、式(6-13)便是缓倾滑坡地质力学模型的最终数学表达式。

## 6.4　冯店滑坡模型参数获取

本研究以冯店滑坡为例，采用数字滑坡技术获取模型参数，最终完成模型计算。

### 6.4.1　自然地理概况

冯店滑坡（当地俗称垮梁子）位于四川省德阳市中江县冯店镇，距成都 77 km，成（都）南（充）高速公路从滑坡南面约 1 km 处通过，见图 6.3。

本区属中亚热带气候，由于四周有高山屏障，盆底地形闭塞，气温高于同纬度其他地区。年均温度 16～18 ℃，年降水量 1 000～1 300 mm，年内分配不均，70%～75%的雨量集中在 6 月至 10 月，最大日降水量可达 300～500 mm。涪江水系的一条支流——老鸦林沟河从滑坡前流过，在河流长年侵蚀下及地面缓慢抬升形成宽阔的河谷。

滑坡所属区域地质构造部位为扬子准地台-四川台坳-川中台拱-南充断凹，凹陷内地表褶皱宽缓，在滑坡周围 30 km 范围内没有断层分布。

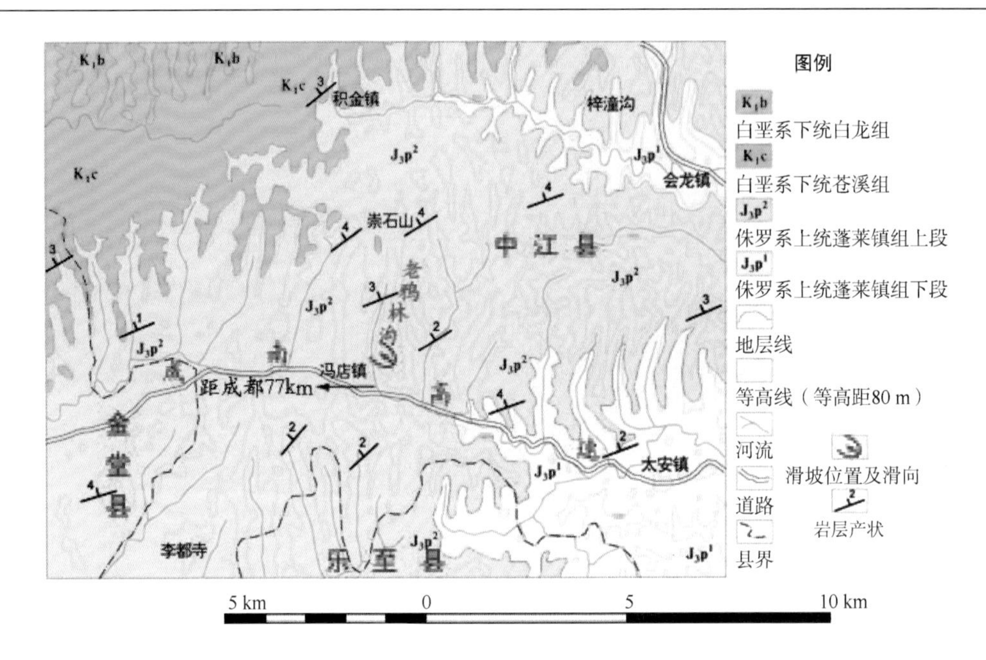


图 6.3　冯店滑坡交通位置及区域地质环境

## 6.4.2　遥感及地理控制信息源

采用 ETM、TM 和 ALOS-AVNIR-2 中等分辨率卫星数据，参考地质图，解译滑坡所在的区域地质环境，ALOS 全色和航摄数据用于滑坡高分辨率解译。研究区雾大湿重，云低阴天多，接收卫星数据十分困难，好不容易接收到一些合格数据。

冯店滑坡区域位于 1∶50 000 地形图土桥镇幅的北部和广福区幅的南部。以 1∶50 000 数字地形校正中等分辨率卫星数据，获得滑坡区域地质解译基础。

以滑坡区航摄立体像对制作 1∶10 000 DEM 和正射影像，与数字地形、地理底图一起，建立了高分辨率解译基础，进行滑坡解译，对解译结果进行了现场验证。

图 6.4　冯店垮梁子陡崖出露的砂泥岩互层

### 6.4.3　滑坡地质环境解译

图像显示，滑坡位于四川盆地中部的低缓丘陵，根据图像上不同的纹理特征，可识别本区从东南到西北分布 4 种地层，结合文献（四川地质局航空区域地质调查队，1981），它们分别为侏罗系上统蓬莱镇组下段（$J_3p^1$）、上侏罗统蓬莱镇组上段（$J_3p^2$）、下白垩统苍溪组（$K_1c$）和下白垩统白龙组（$K_1b$），如图 6.3 所示。冯店滑坡周围出露地层为 $J_3p^2$。

### 6.4.4　冯店滑坡所在斜坡的地质结构

冯店滑坡所在芳林村斜坡位于老鸦林沟左岸。该沟为涪江上游近河源的一条支流，长约 2.5 km，由 $J_3p^2$ 软硬相间的黏土岩、粉砂岩与长石砂岩、长石石英砂岩组成岸坡及河床。岩层产状：倾向北西 310°～340°，倾角 2°～3°，近于水平。斜坡上层为泥岩与薄或中层粉砂岩互层，下部泥岩与中厚层砂岩互层。粉砂岩和砂岩中近直立的陡倾节理裂隙十分发育，如图 6.4 所示。砂岩层中至少有 3 组特别发育的陡倾节理：200°～220°∠78°～86°，30°～40°∠82°～86°，270°～310°∠78°～86°。

本区第四纪以来以多阶段的水平抬升运动为主，老鸦林沟在软硬相间的泥岩和砂岩中下切侵蚀，并在斜坡重力侵蚀下形成了大致南北走向的宽缓河谷。谷岭为基岩陡崖，高程 535～510 m；谷底老鸦林沟向右岸凸成弧形，高程 408～388 m。右岸为逆层坡组成的陡岸，未见滑坡发育；左岸陡崖下为 5°～20°的宽缓斜坡，有面向老鸦林沟的宽阔临空面。

### 6.4.5　滑 坡 解 译

基于以正射航空像片、高分辨率卫星图像及 DEM 和数字地理底图组成的解译基础分析解译，发现左岸斜坡由滑坡群组成。根据上述滑坡模型，只有研究区南部紧邻麻石湾的 FD1 滑坡最典型，符合滑坡模型受力示意图（图 6.2），称其为冯店 FD1 滑坡，简称“冯店滑坡”，以其为例获取模型参数。

#### 1. 冯店滑坡结构

滑坡由主滑坡、滑坡后壁与侧壁、拉裂槽、影响区滑坡四部分组成，如图 6.5。

1）主滑坡

主滑坡整体呈上方下圆的长条形，高程 487～388 m，圈椅形态明显。自 487 m 到 455 m 为后壁，两侧壁完整，后壁、侧壁平均坡度 25°；自 455 m 到 388 m 为似椭圆形主滑体，面积 57 371 m$^2$，平均坡度 8.3°；滑体上部的滑动方向为 316°，下部略向 SW 方向偏，为 305°，总体 310°，与 $J_3p^2$ 地层的倾向一致。

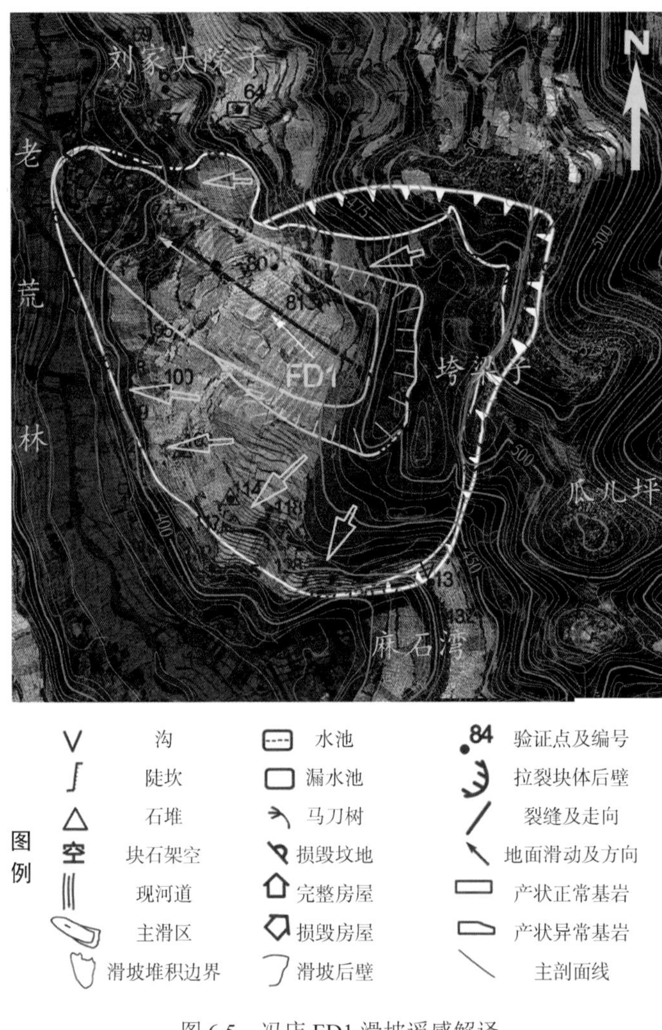


图 6.5　冯店 FD1 滑坡遥感解译

2）滑坡后壁与侧壁

后壁为北东 21° 走向、近于直立的陡崖，长 465 m，高程 450～525 m；北侧壁自 520～420 m，近东西走向，长约 370 m，平均坡度约 20°；无明显的南侧壁。

3）拉裂槽

滑坡后壁至主滑坡后壁之间为拉裂槽，北偏东走向，总长约 294 m，由两条弧形凹槽及其间近南北向的楔形岩块组成。凹槽深 10～40 m，宽 95～115 m，平均宽 100 m；楔形岩块近南北走向，长约 100 m。

4）影响区滑坡

在主滑坡周围，有 6 处明显变形滑移的坡体，如图 6.5 空心箭头所示，图像上表现为台阶状小平台，实地验证为有不同大小的农田走滑、房屋损毁、沟被填、石条拉裂等斜坡浅层位移滑动现象。影响区滑坡的方向各异，与所在局部斜坡的方向一致。分析认为，这是受主滑坡影响后期滑动的滑坡。研究缓倾滑坡的地质模型不应包括影响区滑坡，只考虑属于缓倾顺层滑坡的主滑坡。

**2. 冯店滑坡边界**

垮梁子陡崖为滑坡后缘拉裂槽边界，拉裂槽西侧陡崖为主滑坡边界，近东西走向的北侧山嘴陡坡为北侧边界，南侧边界不明显。两侧地形线方向突变处为主滑坡侧向边界。根据遥感解译及滑坡现场验证时前缘出现的大雨天冒水部位，确定滑坡前缘剪出口约在 395 m 高程处，滑坡最前端在 388 m 高程。冯店 FD1 滑坡边界如图 6.5 黄色线条所示。

**3. 冯店滑坡规模**

根据边界及滑体解译获滑坡主剖面，如图 6.6 所示，滑坡最大高差 99 m，滑距 100 m，分别求主滑坡、拉裂槽及影响区滑坡规模。

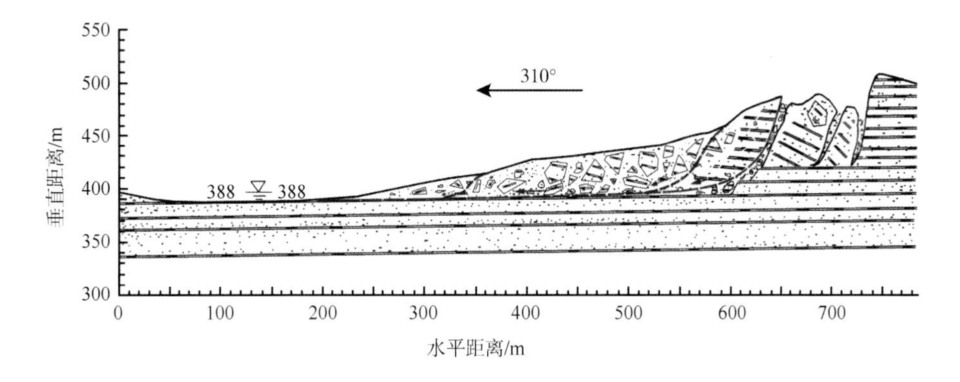


图 6.6　冯店 FD1 滑坡主剖面

1）主滑坡（FD1 滑坡）

滑体平均长 447 m，平均宽 140 m，投影面积 57 371.1 $m^2$，滑体中部厚度约 50 m，主剖面两侧逐渐减薄，故以平均厚度 40 m 计，求得主滑坡体积为 2 294 844.0 $m^3$（约为 $230\times10^4$ $m^3$）。

2）拉裂槽

拉裂槽为楔形，槽内充填了碎石、土壤及岩块和水，两槽之间的岩块明显发生过位移，计算其体积：求得其面积为 29 831.3 $m^2$，根据剖面图及现场调查，堆积物厚度约为 10～30 m，以平均 20 m 计，则拉裂槽堆积体积为 596 626.0 $m^3$（约为 $60\times10^4$ $m^3$）。

3）影响区滑坡

根据滑坡形态及实地验证，估计平均滑坡厚度为 10 m，面积为 147 869.8 $m^2$，估算影响区滑坡的总体积为 1 478 698.0 $m^3$（约为 $148\times10^4$ $m^3$）。

冯店滑坡总体积约为 $438\times10^4\ m^3$。

以上解译获得了冯店滑坡的地质环境及各项滑坡参数。根据上述滑坡形成机理分析，只有沿软弱层面滑动的主滑坡（FD1 滑坡）才符合缓倾顺层滑坡的条件，故模型计算时，应将受主滑坡影响发生的其他小规模斜坡变形排除在外，而不应如前述研究，吉随旺等（2000）等将凡是形变的部位都计算在内。

## 6.5 模型应用实例

### 6.5.1 求取冯店滑坡下滑力 $F_{下滑}$和阻滑力 $F_{阻滑}$

将冯店滑坡的规模、滑面倾角等各项参数输入式(6-11)、式(6-13)，便可求得冯店滑坡的总下滑力、总阻滑力及后壁和滑面受力情况。

**1. 冯店滑坡参数**

根据遥感解译及实地验证，获得冯店滑坡各项参数如下：主滑坡体积 $V=2\,294\,844.0\ m^3$，滑动面长度 $L=447$ m，滑动面平均宽度 $L_w=140$ m（认为滑坡体在滑动面上的投影与滑动面重合）。滑动面倾角 $\alpha=3°$，后壁倾角 $\theta=80°$。本地砂泥岩互层比重为 2.3 g/cm$^3$，故滑坡体重量为 5 278 141 t。根据实地测量及访问，强降雨时（后）冯店滑坡后缘拉裂槽积水深度约在 0～30 m 之间变化，大部分强降雨时，槽中平均积水深度约为 20 m，本节以 $H_1=20$ m 参与计算。此外，还需获取砂泥岩互层滑坡体与泥岩滑动面的摩擦系数后，才可能求得 $F_{下滑}$和 $F_{阻滑}$。

**2. 冯店滑坡的临界摩擦系数**

对于每一个滑坡而言，其未滑动时的摩擦系数是相对稳定的值，天然状态下各地野外砂泥岩的摩擦系数在 0.26～1.38（钟仕科，1982），此时的缓倾顺层砂泥岩地层是难以滑动的。遇水后摩擦系数值明显下降，黏土的摩擦系数可达 0.05（吉随旺等，2000）。所以只有滑带土与水作用后，摩擦系数大大降低，才可能发生缓倾滑坡。而临界摩擦系数 $f_{临}$，即滑坡处于稳定与滑动临界状态时的摩擦系数，正是说明滑带与水作用后摩擦系数要降低到什么程度才可能发生滑坡，$f_{临}$值代入模型，可以求得滑坡的 $F_{下滑}$和 $F_{阻滑}$。

根据极限平衡原理，当滑坡的下滑力与阻滑力相等（$F_{下滑}=F_{阻滑}$）时，滑坡处于临界状态；当滑坡的下滑力大于阻滑力（$F_{下滑}>F_{阻滑}$）时，滑坡发生运动；下滑力小于阻滑力（$F_{下滑}<F_{阻滑}$）时，斜坡稳定。

使式（6-11）与式（6-13）相等，代入以上冯店滑坡各项参数，便可求得临界摩擦系数。

$$f_{临}=\frac{M\times g\times\sin\alpha+\dfrac{\sin(\theta-\alpha)}{2\sin\theta}\times\rho\times g\times H_1^2\times L_w}{M\times g\times\cos\alpha-\dfrac{\cos(\theta-\alpha)}{2\sin\theta}\times\rho\times g\times H_1^2\times L_w-\rho\times g\times\left(H_1+\dfrac{H_2}{2}\right)\times L\times L_w} \tag{6-14}$$

由此得出冯店滑坡的临界摩擦系数（$f_{临}$）为 0.0926，由临界摩擦系数可以反推冯店滑坡滑带的内摩擦角为 5.3°。

### 3. 模型编程及冯店滑坡下滑力和阻滑力求取

对于已获得的模型表达式，利用 C# 编程语言进行编程实现。输入滑坡参数，便可通过程序运算得到滑坡体的受力情况；修改参数可得到不同结果。程序界面如图 6.7 所示（滑坡的阻滑力和总下滑力应该是相等的，但是由于临界摩擦系数只取小数点之后四位，所以它们略有差别）。

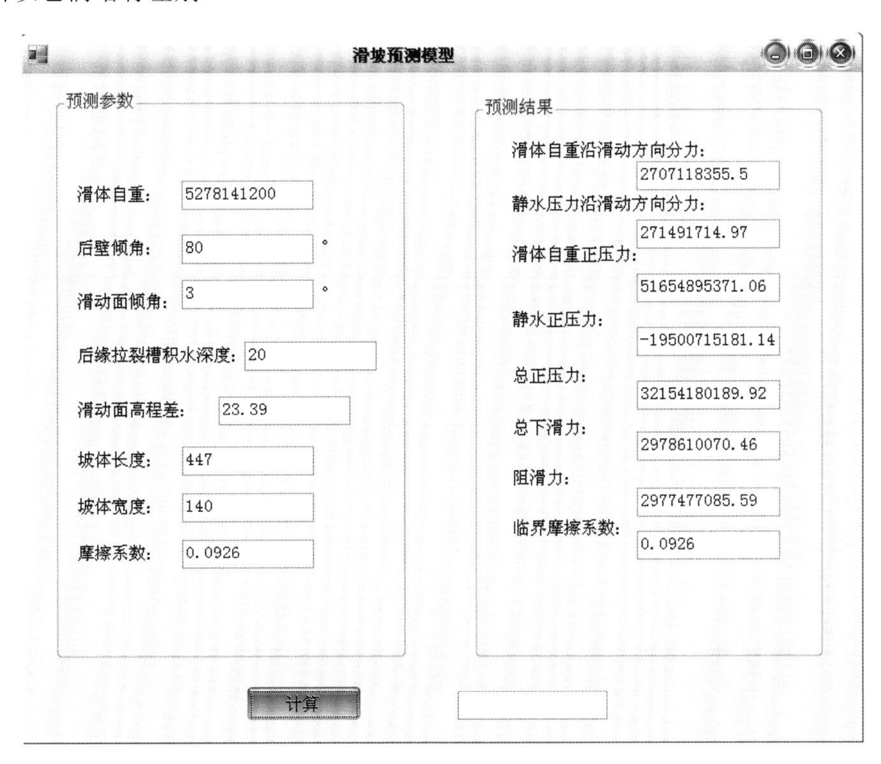


图 6.7　模型程序界面

## 6.5.2　滑坡参数变化对缓倾顺层滑坡易滑性分析

### 1. 临界摩擦系数 $f_{临}$

临界摩擦系数 $f_{临}$ 可表示缓倾滑坡的易滑性。$f_{临}$ 大，即所需下滑力大，说明滑带较不易从天然状态（摩擦系数 $f$ 大于 $f_{临}$ ）降至临界滑动状态，所以滑坡较稳定；反之，$f_{临}$ 小，滑坡较不稳定。

### 2. 滑体重量

其他参数不变，以不同的滑体重量值代入 $f_{临}$ 表达式(6-14)，计算 $f_{临}$ ，结果如表 6.1。

表 6.1　不同滑坡重量的临界摩擦系数

| 滑体重量 $W/10^9$ kg | 3 | 4 | 5 | 6 | 7 |
|---|---|---|---|---|---|
| $f_{临}$ | 0.183 6 | 0.118 2 | 0.096 4 | 0.085 4 | 0.078 8 |

计算结果表明，滑体越重，其 $f_{临}$ 越小，即越容易发生滑坡。

**3. 滑体规模**

本节中“滑体规模”指在同样重量下和同样其他参数下不同的滑体长度 $L$ 和宽度 $L_w$，分别以不同的 $L$ 和 $L_w$ 值代入式（6-14），计算 $f_{临}$，结果见表 6.2、表 6.3。

表 6.2　不同滑坡长度的临界摩擦系数

| 滑坡体长度 $L$/m | 200 | 300 | 400 | 500 | 600 |
|---|---|---|---|---|---|
| $f_{临}$ | 0.066 7 | 0.074 2 | 0.085 4 | 0.103 1 | 0.134 1 |

表 6.3　不同滑坡宽度的临界摩擦系数

| 滑坡体宽度 $L_w$/m | 100 | 200 | 300 | 400 |
|---|---|---|---|---|
| $f_{临}$ | 0.076 9 | 0.130 1 | | |

计算结果表明，滑坡规模对易滑性的影响很大。同样重量的滑坡，规模越大，越不容易滑动。

**4. 滑坡后壁倾角对缓倾滑坡易滑性的影响**

其他参数不变，以不同的滑坡后壁倾角（$\theta$）值代入 $f_{临}$ 表达式(6-14)，计算 $f_{临}$，结果如表 6.4。

表 6.4　不同滑坡后壁倾角下的临界摩擦系数

| $\theta$/(°) | 60 | 65 | 70 | 75 | 80 | 85 | 90 |
|---|---|---|---|---|---|---|---|
| $f_{临}$ | 0.092 8 | 0.092 7 | 0.092 7 | 0.092 7 | 0.092 6 | 0.092 6 | 0.092 6 |

计算结果表明，滑坡后壁倾角在 60°～90° 范围内变化时，对缓倾滑坡易滑性的影响很微弱。

## 6.6　结　　论

（1）缓倾、顺层、软硬相间岩层组成的斜坡，是缓倾滑坡发育的物质条件，当硬岩层中的陡倾裂隙与软岩层层面贯通，斜坡临空河谷已下切至软岩层出露，软岩中的黏土与水充分作用，软岩层与上覆岩层间的摩擦系数大大降低时，才可能发生滑坡。

（2）缓倾滑坡力学模型反映了缓倾滑坡受力类型及分布，只有缓倾顺层滑坡，才适用该公式。以数字滑坡技术结合现场调查求取滑坡规模、滑面倾角、后缘拉裂槽积水深度等模型参数后，便可求取滑坡的临界摩擦系数 $f_{临}$。

（3）临界摩擦系数 $f_{临}$ 可用于反映滑坡的易滑性或稳定性。缓倾滑坡滑动面与上覆滑体间遇水作用时，天然状态下的摩擦系数下降到临界值时，斜坡（或滑坡体）即处于稳定与滑动的临界状态。$f_{临}$ 大，则滑坡不易滑；反之，则容易发生滑坡。

（4）根据本章给出的滑坡力学模型表达式，当后槽积水为零、只有滑坡面上积水时，如滑面泥岩层被水泥化，也可能使得砂泥岩间的摩擦系数 $f$ 降到 $f_{临}$ 以下，产生滑坡。这与无后槽积水时也会发生滑坡的事实相符。

（5）模型计算最终结果表明，$f_{临}$ 值与滑体规模（体积）正相关，与滑体重量反相关，滑坡后壁倾角在 60°～90°范围内变化，对缓倾滑坡易滑性的影响是很微弱的。

# 第 7 章　东苗家滑坡研究

本章意在向读者介绍如何利用网络公共资源获取滑坡的图像和地理信息，利用数字滑坡技术调查研究滑坡。

在学习研究已有文献基础上，以网络下载的 2002～2016 年期间 10 景 Google Earth 高分辨率图像为东苗家滑坡的遥感图像信息源，以网络下载的 ASTER GDEM 高程数据产品为滑坡高程信息源，并加密，作为地理控制，地质环境信息源来自 1∶20 万洛阳市幅区域地质图，综合这些信息建成解译基础；采用数字滑坡技术，解译东苗家滑坡地形地貌，分析滑坡形成条件和活动特征；推测滑坡产生时代。最后，通过 10 个高分辨率图像对比，判断东苗家滑坡目前的稳定状况。

## 7.1　引　　言

自 1999 年黄河小浪底大坝蓄水以来，在该地区发现了十几处软硬交互地层顺层斜坡中的滑坡，其中以东苗家滑坡较为典型，由于其靠近大坝，滑坡性质及稳定性对小浪底水利枢纽工程及其上 4# 公路安全运行有重大影响，吸引了众多滑坡工作者的关注。

多年来，水利部黄河水利委员会勘测规划设计研究院在东苗家滑坡及周围做了大量调查勘察工作，国内其他部门学者也做了一些试验研究工作。具代表性的成果论文为 1999 年发表的，由李清波、徐国刚、应敬浩合写的《黄河小浪底东苗家滑坡稳定性分析及整治措施》（李清波等，1999）一文。该文基于地表测绘、力学试验及钻探工程等多种调查手段，查明了东苗家滑坡的变形破坏特征和成因机制，并对其稳定性进行了分析评价，认为该滑坡当时处于基本稳定状态。2012 年，清华大学水利水电工程系水沙科学与水利水电工程国家重点实验室王小波、徐文杰、张丙印和黄河勘测规划设计有限公司的应敬浩共同撰写了论文《DDA 强度折减法及其在东苗家滑坡中的应用》（王小波等，2012；Xu et al.，2014），该文在 DDA（discontinuous deformation analysis）方法以及强度折减法研究基础上，提出了 DDA 强度折减法，应用于小浪底水利枢纽近坝区的东苗家滑坡稳定性及破坏模式分析中，分析结果表明，东苗家滑坡体的稳定系数为 1.07；其可能的破坏模式为中部推移式滑动和后缘牵引式滑动的复合破坏模式，前缘滑塌体对其整体稳定性起支撑作用。该文与 1999 年文的主要不同之处是，将斜坡后部拉裂变形，改为牵引式滑动的复合破坏模式；将东苗家滑坡体前部滑塌堆积体突入黄河之中，对中后部滑体的进一步变形破坏起着限制作用，改为前缘滑塌体对其整体稳定性起支撑作用。此外，清华大学王小波等发表的 *Genesis，Mechanism，and Stability of the Dongmiaojia Landslide，Yellow River，China*（Xu et al.，2014）一文与 1999 年发表的《黄河小浪底东苗家滑坡稳定性分析及整治措施》和 2012 年发表的《DDA 强度折减法及其在东苗家滑坡中的应用》两论文基本重合，未见任何实质性的补充与创新之处。

本研究以 Google Earth 及 ASTER GDEM 数据为信息源，采用数字滑坡技术，调查研究东苗家滑坡的活动性质和活动过程，在是否可将东苗家滑坡视为只有一个滑动面而采用 DDA 强度折减法，及前缘滑塌体的性质与作用方面，与前述调查研究有不同看法。

## 7.2　东苗家滑坡的位置和地质环境

### 1. 位置

2001 年年底竣工的小浪底水利工程，位于河南省洛阳市孟津县与济源市之间，其坝址所在地为孟津县小浪底村，黄河中游最后一段峡谷的出口处（见图 7.1）。小浪底水利工程最大坝高 154 m，坝顶高程 281 m，正常蓄水位 275 m，库容 $126.5\times10^8$ $m^3$，装机容量 $168\times10^4$ kW。东苗家滑坡位于大坝下游仅 2 km 处的黄河右岸。水库正常蓄水位时，坝前的落水差达 140 m，可能对相隔 2 km 的东苗家滑坡有一定影响。

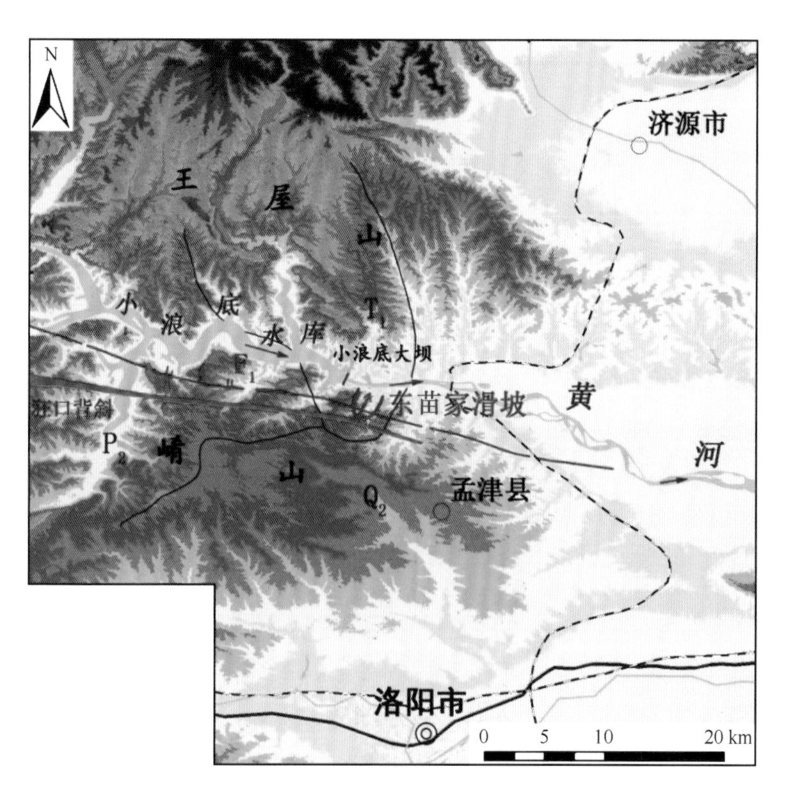


图 7.1　东苗家滑坡位置和区域环境

### 2. 地质构造

东苗家滑坡区域构造属华北地台，燕山运动和喜马拉雅运动对本区影响明显，形成了一系列褶皱和断层。区域新构造运动主要表现为大面积间歇性升降与继承性运动。

与东苗家滑坡相关的区内最重要的构造为狂口背斜，背斜轴部沿黄河右岸近东西向延伸，轴向 285°，向东倾伏。北翼倾向 NNE，倾角 10°～15°；南翼倾向 SE，倾角 8°～10°（戴其祥，1995；李志建等，2000）。东苗家滑坡处于狂口背斜东北翼，临近背斜轴部，滑床下正常岩体倾向 NE，倾角 6°～10°。

区内与滑坡关系密切的断层主要为 $F_1$ 断层，切过滑坡后部，构成滑坡后部切割分离面。$F_1$ 倾向北东，倾角 85°，垂直断距 200 m，断层带宽 1.5～2.0 m，影响带宽 10～30 m（李清波等，1999）。由于处于背斜近轴部，地层产状变化大，断层带北侧地层倾角达 45°，南侧地层倾角为 15°～20°（见图 7.1）。

#### 3. 地形地貌

东苗家滑坡位于我国第二、三地貌阶梯陡缓突变带，太行山脉南麓的王屋山、崤山中山山地向黄土丘陵平原过渡地带。区域地形西陡东缓。地貌特征表现为侵蚀堆积，经过古近纪早期的准平原化阶段，堆积了中更新统（距今 78.1 万～12.6 万年）冲积洪积层；接着受大面积升降影响，形成一级台塬和数级阶地。

#### 4. 地层岩性

构成东苗家斜坡的基岩，主要为三叠系下统 $T_1^7$、$T_1^5$、$T_1^4$、$T_1^3$ 岩组，滑体前部有三叠系中统 $T_2^1$ 分布，主要岩类为砂岩、粉砂岩及黏土岩，其中 $T_1^{7\text{-}4}$ 为黏土岩夹砂岩，$T_1^5$ 为砂岩夹黏土岩。

在滑坡体上部，广泛分布有厚 5～20 m 的黄土，黄土中含较多钙质结构，底部为沙砾石层。滑坡体的前缘部分主要为土与碎石混合、包含许多空隙的、约 20～40 m 厚的滑坡和崩塌堆积物。滑坡堆积下面是厚度超过 40 m 的古黄河冲积沙砾层。

除层面外（NE∠6°～10°），滑坡体周围岩层中主要发育有 4 组陡倾角构造节理：

（1）走向 280°～290°，倾向 NE 或 SW，倾角 84°～87°；

（2）走向 75°～87°，倾向 SE 或 NW，倾角 62°～83°；

（3）走向 157°～167°，倾向 NE 或 SW，倾角 83°～87°；

（4）走向 6°～22°，倾向 SE，倾角 80°～82°。

#### 5. 气象水文

研究区位于亚热带和温带的过渡地带，季风环流影响明显，春季多风干旱，夏季炎热多雨，年平均降水量 616 mm，主要集中在夏、秋两季。研究表明，黄河小浪底水库蓄水后，库区及周边环境气候发生变化，年降水量及暴雨日数呈明显增加趋势。

据勘探钻孔揭露（王小波等，2012），滑坡体部位地下水位一般变化在 135～180 m 间，高于同期黄河水位（135 m 左右），而低于相应部位滑面高程，表明现状条件下滑体位于地下水位以上，地下水向黄河排泄。由于滑体上部岩体破碎，降水入渗条件好，而滑体下部 $T_1^7$ 岩组透水性相对较差，且滑体内存在多层泥化层，因而降水入渗过程中滑体内易形成局部岩层上滞水，对滑坡稳定造成不利影响。

## 7.3 方法技术

利用网络公共资源获取遥感和地理控制信息源，采用数字滑坡技术，研究东苗家滑坡及其发育环境特征，基于滑坡地学原理分析滑坡发生机理，根据多时相遥感数据监测分析滑坡稳定现状。

### 7.3.1 信息源

**1. 遥感**

使用在 Google Earth 国际共享遥感信息资源平台上下载的 2002～2016 年不同季节的 10 个时相高分辨 DigitalGlobal 图像，作为遥感信息源，见表 7.1。表 7.1 中 DigitalGlobal：操纵 3 个成像卫星：WorldViewⅠ、WorldViewⅡ和 QuickBird，能提供最大尺寸、最大星载存储容量和高分辨率的图像，其空间分辨率≥1.0 m×1.0 m。

CNES/Airbus：法国航天局（CNES）授予空中客车公司（Airbus）国防和空间合同，为微型卫星（MicroCarb）设计和建造的光学仪器，该微型卫星将绘制全球二氧化碳水平。

**表 7.1　遥感信息源**

| 序号 | 遥感器类型 | 接收日期（年-月-日） | 影像特征 |
|---|---|---|---|
| 1 | DigitalGlobal | 2002-9-8 | 初秋，清晰显示滑坡各部分 |
| 2 | DigitalGlobal | 2012-6-22 | 初夏，植被覆盖，看不清滑坡特征 |
| 3 | DigitalGlobal | 2012-12-27 | 初冬，基本清楚显示滑坡各部分 |
| 4 | CNES/Airbus | 2013-3-8 | 初春，基本清楚显示滑坡各部分，分辨率较 DigitalGlobal 低 |
| 5 | DigitalGlobal | 2014-11-13 | 秋末，清楚显示滑坡各部分 |
| 6 | DigitalGlobal | 2015-3-13 | 春，雾重，图像不清 |
| 7 | DigitalGlobal | 2015-7-1 | 夏，植被覆盖，看不清滑坡细节 |
| 8 | CNES/Airbus | 2015-12-4 | 初冬，基本清楚显示滑坡各部分，分辨率较 DigitalGlobal 低 |
| 9 | DigitalGlobal | 2015-12-14 | 初冬，基本清楚显示滑坡各部分 |
| 10 | DigitalGlobal | 2016-9-29 | 深秋，植被覆盖滑坡细节 |

**2. 地理控制**

以从网络下载的 ASTER GDEM 高程数据产品为滑坡高程信息源。ASTER GDEM 是日本经济产业省（METI）和美国国家航空航天局（NASA）于 2009 年 6 月 30 日共同发布的空间地理控制数据，其空间分辨率为 30 m×30 m，数据格式为 GeoTIFF 格式，WGS-84 坐标系，在全球范围内的平均垂直精度为 20 m，水平精度为 30 m，置信度为 95%。

**3. 地质环境**

地质环境信息源来自 1∶20 万洛阳市幅[图幅号为 I-49-（11）]区域地质图及相关文献（叶金汉，1991；李清波等，1999）。

## 7.3.2　建立解译基础

本研究解译基础由研究区高分辨率滑坡影像、数字高程模型及其衍生产品组成。

### 1. 高分辨率滑坡影像及处理

用 Bigemap 软件下载表 7.1 所示 Google Earth 图像，得到研究区范围 WGS84 经纬度坐标影像。为了使解译基础统一为相同的投影方式，方便在 ArcGIS 平台处理，需将 Google Earth 图像经纬度坐标转换为投影坐标，即：将从 Google Earth 下载的不同时相的高分影像，转换为中央经线为 111°E 的墨卡托投影方式，获得带有墨卡托投影的图像，以便在 ArcGIS 平台进行处理。

### 2. 数字高程模型及其衍生产品

1）数字高程模型

网上下载的分辨率为 30 m 的 ASTER GDEM 数据 ASTGTM2_N34E112，其空间分辨率显然不能满足研究滑坡细节的需要，故在其基础上另加密为间隔 5 m的高程等值线，并根据投影处理后的 Google Earth 高分辨率图像，对地形高程细节进行修正，使其符合更为精细的高程变化特征，形成新的高程等值线数据，以此生成 TIN 文件，最终生成分辨率为 5 m 的 DEM 栅格数据。根据参考文献（李清波等，1999；王小波等，2012）中实测高程数据与 Google Earth 高程数据，判断所生成 DEM 的最大高程误差约为 5 m，如图 7.2。

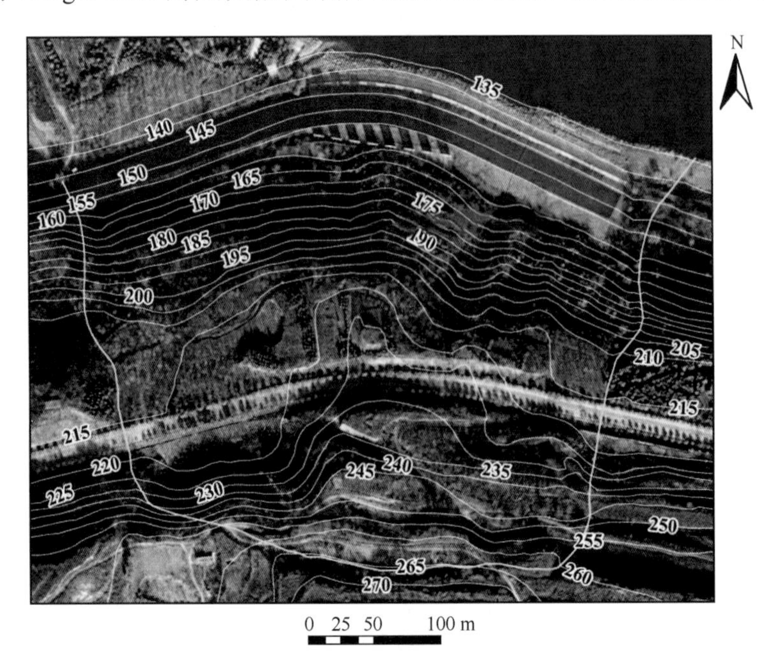


图 7.2　东苗家斜坡的 DEM

2）平面和剖面地形

基于所获DEM数据，在ArcGIS平台生成平面和剖面地形图，如图7.3所示。该图可反映滑坡地形地势，由此可以制作任意方向的剖面。

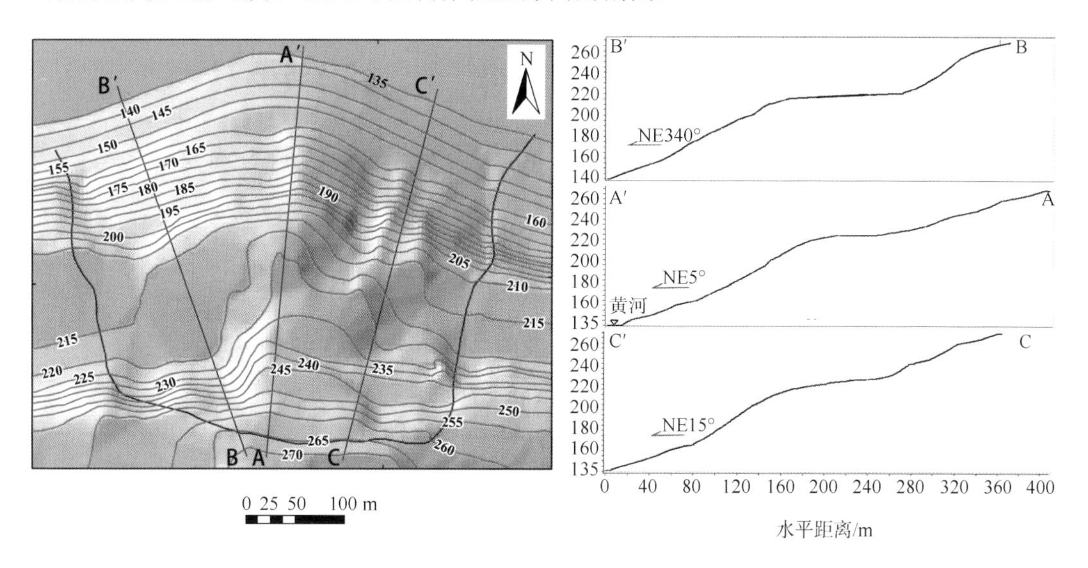


图7.3　东苗家滑坡地形平面（左）和剖面图（右）

3）滑坡坡度图

另一DEM衍生产品——坡度图，可更直观地反映滑坡地形，如图7.4所示。

校正后的高分辨率滑坡影像，数字高程模型及其衍生产品组成东苗家滑坡解译基础；基于该基础，进行滑坡特征解译。

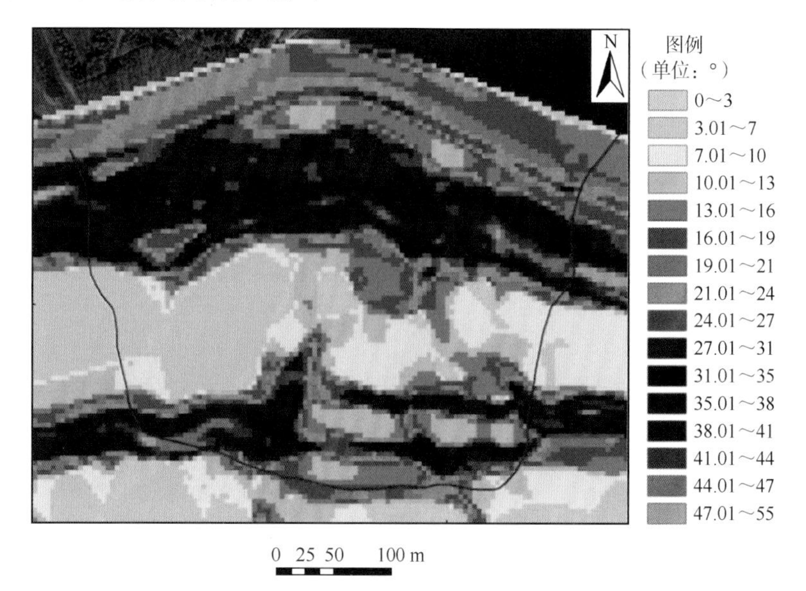


图7.4　东苗家滑坡坡度图

### 7.3.3 遥感解译

#### 1. 滑坡形态和边界

东苗家滑坡总体呈簸箕形向黄河（北）突出。图像上东侧以一明显冲沟为界，西界下部为一冲沟，上部界限滑坡内外地物有明显差异，如图 7.5 黄色点线所示；南（后缘）侧边界为一阶地平台下陡崖。滑坡跨越 135～265 m 高程，总体地形西高东低，滑坡平均宽度 350 m，平均坡长约 380 m，平面投影面积约 $13.2\times10^4$ m$^2$。

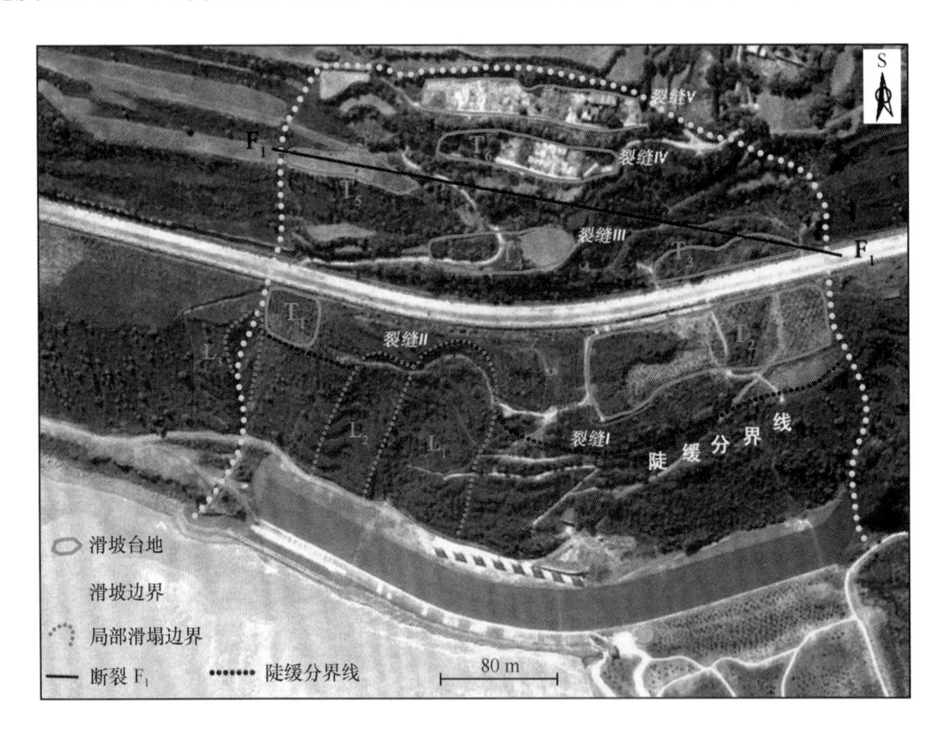


图 7.5　东苗家滑坡遥感解译

#### 2. 滑坡地形及地表覆盖

如图 7.2 至图 7.5 所示，滑坡可分为前缘陡坡和中后部缓坡平台两大部分，有明显分界。

约 210 m 高程以下至 135 m 的黄河岸边为前缘陡坡堆积，平均坡度 27.3°。最前缘是档土工程建筑，可见 4 条排水管（图上隐约的白线所示），有 3 处浅层滑塌 $L_1$、$L_2$，$L_3$，投影面积分别为 8 186 m$^2$、3 176 m$^2$ 和 1 216 m$^2$。前缘陡坡地表覆盖植被，局部有农耕地分布。

210 m 以上，至 265 m，为平均坡度≤10°的缓坡，其中 4＃公路下凹，位于 210～215 m 高程；除 4＃公路外，缓坡上约可分为四级平台夹陡坎的台阶，从下到上共分布不同高程、不同面积的 7 个平台 $T_1$～$T_7$，如表 7.2、图 7.5 所示。平台上大部为农耕地，前期 $T_7$、$T_6$ 平台上有居民住宅建筑分布，2012 年后的图像上未见成片居民点，大部被植被覆盖。

**表 7.2　滑坡体上平台的平均高程和面积**

| 编号 | $T_1$ | $T_2$ | $T_3$ | $T_4$ | $T_5$ | $T_6$ | $T_7$ |
|---|---|---|---|---|---|---|---|
| 平均高程/m | 215 | 217 | 219 | 233 | 242 | 248 | 263 |
| 面积/$m^2$ | 1 315 | 7 224 | 2 196 | 2 641 | 1 745 | 3 080 | 3 398 |

据地表测绘及勘探揭露，中上部滑体上分布有 4 条痕迹比较明显的弧形裂缝，其中Ⅰ号裂缝展布于中部滑体前缘，沿缝发育有串珠状黄土落水洞，219 m 高程黄土平台前缘以北土体曾沿此缝产生过座落位移（应该是 $L_1$ 活动所致——本文）；Ⅱ号裂缝位于 4#公路北侧，沿缝可见黄土底部沙砾石层被错断 2 m 以上；Ⅲ号裂缝位于 4#公路南侧，表现为多条产状 15°∠53°的黄土错动面（拉裂所致）；Ⅳ号裂缝基本沿东苗家移民新村中部 250 m 高程平台展布，表现为多条产状 15°∠65°的黄土错动面（拉裂所致），移民新村民房（图 7.5 中的 $T_6$）地基中也曾见有 0.2 m 宽的裂缝痕迹（李清波等，1999）。

仅根据图像上的线性地物是难以判识地表测绘及勘探揭露的裂缝的，但据李清波等（1999）描述的位置，在图像上找附近位置的线性地物，作为 4 条裂缝的位置，裂缝Ⅴ是滑坡后壁，如图 7.5、图 7.6 所示。

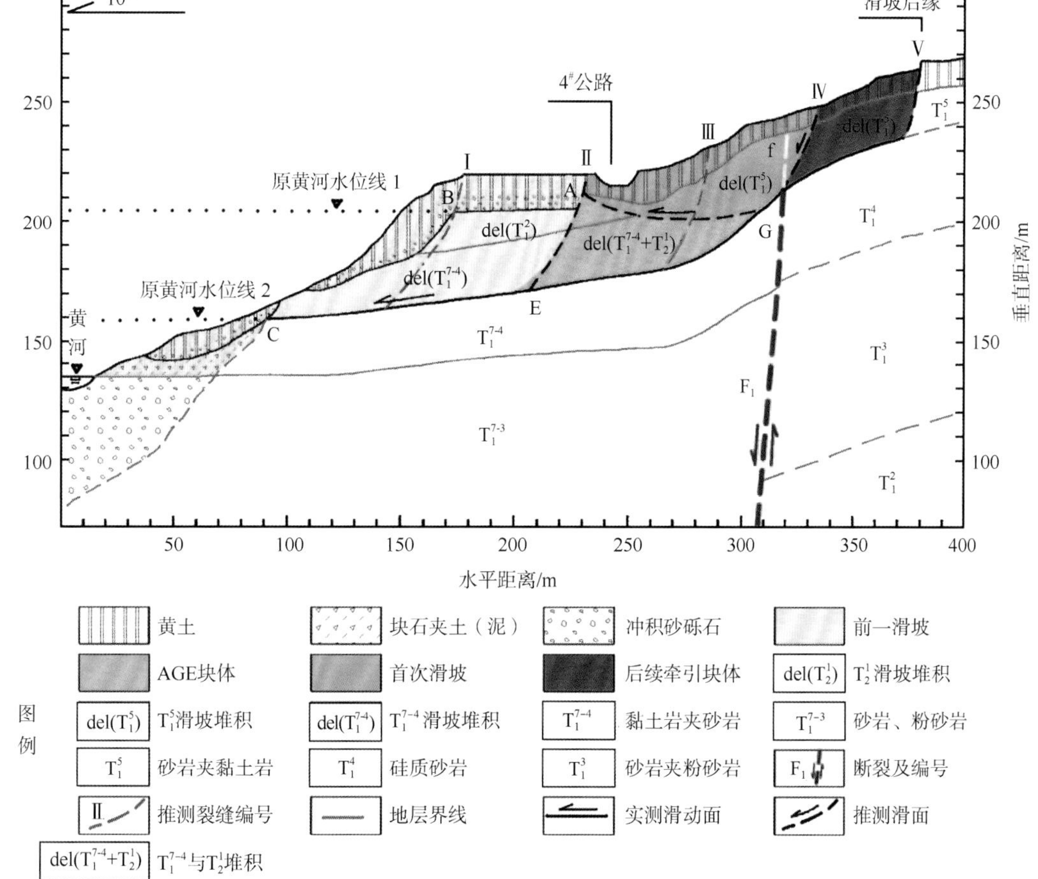


图 7.6　东苗家滑坡主剖面图

结合参考文献（李清波等，1999；王小波等，2012；Xu et al.，2014）由遥感解译改编

## 7.4 东苗家滑坡特征分析

在研究分析上述文献基础上，经遥感解译，对东苗家滑坡的发育条件、活动特征和稳定性现状有如下认识。

### 7.4.1 东苗家滑坡发育条件

斜坡发育滑坡需满足三个基本条件：①有可能发育滑动面的物质条件；②有使部分斜坡与原斜坡分割的结构条件；③有使被分割的部分斜坡可能向前（下）运动的临空面条件。再加上一定触发条件时，滑坡便可能发生（王治华，2012）。

位于狂口背斜东北翼近轴部，由三叠系下统、中统的砂岩、粉砂岩及黏土岩，硬、软岩互层组成的东苗家顺层斜坡（马国彦和高广礼，2000），完全满足了以上滑坡基本形成条件和触发条件：①主要以高岭石族、伊利石族、蒙脱石族等黏土矿物组成的黏土岩处于软硬岩互层的顺层结构时，极易在水的作用下迅速弱化泥化，发育成滑动面（带）。②斜坡位于背斜近轴部，地层产状变化大，利于斜坡发育节理构造等软弱结构面；位于斜坡中后部的高倾角 $F_1$ 正断层，其断层活动及破碎带利于斜坡横向整体变形破坏，并导致地面水进入。③大面积间歇性升降与继承性运动的区域新构造运动特征，使黄河河谷急剧下切，形成了较陡的基岩岸坡，使东苗家顺层斜坡坡岸面临宽阔的临空空间。

黄河下切侧蚀，夏、秋暴雨集中，有利于地表水向斜坡内渗入，为发生滑坡的主要触发条件。

### 7.4.2 东苗家滑坡活动特征

根据滑坡地表特征分析，东苗家滑坡的主要活动特征为不同阶段的分级、分块活动。其活动过程分析如下。

#### 1. 首次滑坡活动

东苗家滑坡的首次活动发生在目前滑坡的中后部，见图 7.6，主要表现是 del（$T_1^5$）块石堆积异常出露在 $F_1$ 断层上（北）盘。按照 $F_1$ 垂直断矩 200 m（李清波等，1999）计，$F_1$ 断层上盘的 $T_1^5$ 只可能出现在距 $F_1$ 断层下（南）盘 $T_1^5$ 地表以下约 200 m 深处，现 $F_1$ 北盘地表黄土堆积下出现的 del（$T_1^5$）块石堆积，只可能是由滑坡活动从断层南盘向北滑移的。该滑坡的剪出口，即 del（$T_1^5$）块石堆积的最前端——A 点，位于黄土下的沙砾石层之上，说明该滑坡发生在本区黄土堆积 $Q_2$ 之前、黄河沙砾石层（推断此为本区侵蚀基准约为 210 m 高程时的某一级阶地）形成之后。

由 $F_1$ 断层出露地面的位置（f）至该滑坡剪出口 A 的距离，推算该滑坡的滑动距离约为 100 m，暂称该次滑坡活动为东苗家首次滑坡。

量测得首次滑坡剖面面积为 3 463.51 $m^2$，以平均宽度 350 m 计，估算该滑坡的体积

为 $121.2\times10^4\ m^3$。

首次滑坡发生的原因分析：在 $Q_2$ 黄土堆积前，东苗家斜坡上 $F_1$ 断层南盘地面出露 $T_1^5$（紫红色钙硅质细砂岩夹粉砂质黏土岩）地层，$F_1$ 北盘地表分布 $T_2^1$。地表水容易通过 $F_1$ 断层破碎带及 $T_1^5$ 砂岩陡倾裂隙，进入坡体，见图 7.6。到达 $T_1^5$ 黏土岩夹层后，因黏土岩的隔水作用，水在黏土岩面上停滞，与黏土矿物作用。经长期侵蚀作用，在 $T_1^5$ 层陡倾裂隙及 $T_1^5$ 黏土岩层附近形成局部软弱段，侵蚀活动继续到某一时刻，各软弱段贯通，滑带发育成熟，首次滑坡发生。$F_1$ 断层破碎带是首次滑坡的后界，滑带沿着 $T_2^1$ 与 $T_1^{7\text{-}4}$ 的接触带发育。

### 2. 后续滑坡活动

首次滑坡发生后，其后部及前部后续又发生过滑坡活动。

#### 1）后部活动

首次滑坡向前（北）活动时，必然牵引后部坡体，被牵引的坡体的最大可能是沿着 $T_1^5$ 与 $T_1^4$ 之间的黏土层滑动，地面特征表现为平台，其最后一条拉裂缝V，即为该被牵引滑动坡体的后壁。暂称后壁V，V与 $T_1^5$、$T_1^4$ 分界面及与首次滑坡后界围限的部分为后续牵引块体，如图 7.6 棕色块体所示。同上计算方法估算得，其体积约为 $45.7\times10^4\ m^3$。首次滑坡活动使其下伏的 $T_2^1$ 和 $T_1^{7\text{-}4}$ 遭挤压变形破坏。

#### 2）前部滑坡活动

首次及后续后部牵引块体滑坡发生后，区域地壳经过一段稳定时期，在约 200 m 高程处，黄河侵蚀产生了平整的基座阶地和其上沙砾石层 AB。首次滑坡剪出口 A 附近（后来形成的裂缝 II）成为地表水渗入坡体的通道。而后，随着区域地壳抬升及继承性运动，黄河不断下切，当黄河下切侧蚀致使东苗家斜坡坡岸 $T_1^{7\text{-}4}$ 中的软弱层出露（C 点附近，约 160 m 高程）时，黄河水侵入坡体并在软弱泥岩层上滞留，在动静水压力作用下，沿着 $T_2^1$、$T_1^{7\text{-}4}$ 的陡倾裂隙及 $T_1^{7\text{-}4}$ 的黏土岩夹层进入坡体滞留，即从 A 点到 C 点逐渐发育为滑带，于是上覆斜坡顺层向黄河河谷滑动，前部第一个滑坡形成，称其为后续的前一滑坡，简称前一滑坡。另据前述，裂缝II贯穿滑体东西，可见产状为 30°∠60°的滑动面露头，滑动面南侧的露头是黄绿色砂岩（$T_2^1$），而滑动面的北侧是黄土，沿缝可见黄土底部沙砾石层被错断 2 m 以上，故推测II是东苗家滑坡一次较大规模滑坡的后壁，该次滑坡发生在黄土堆积层以前。量测得前一滑坡剖面面积为 5 525.90 $m^2$，以平均宽 350 m 计，估算得前一滑坡体积约 $193.4\times10^4\ m^3$。

#### 3）前一滑坡的后续活动

前一滑坡活动，必然牵引其后部坡体 AEG。AEG 坡体经首次滑坡及前一滑坡的扰动后，变形破坏，产生裂缝。同样，地表水通过裂缝渗入坡体，进入坡体的水与软弱夹层的长期作用下，使 AEG 坡体变形、错动、位移、蠕滑，这便是 AEG 块体滑动。同上方法估算 AEG 块体体积约为 $65.1\times10^4\,m^3$。

4）滑动面贯通及前缘形成崩滑堆积

上述滑坡及变形块体形成后，随着各条裂缝的发育及地表水进入，在多个软弱层面会有多次层间错动或蠕滑，其结果是从后缘V到黄河河谷的滑动面贯通，东苗家滑坡的统一滑动面（带）形成，东苗家斜坡成为向黄河河谷弧形凸出的滑坡堆积体。

由于黄河冲刷侧蚀还在不断进行中，前缘松散的滑坡堆积不断发生塌滑，在黄土堆积形成后，黄河下切到约 150～135 m 之间某高程时，滑坡前部发生过一次较大规模的塌滑，形成当时平均坡度约 27°、由块石夹泥堆积并有架空现象的陡坡。

几次滑坡体积相加，为 $425.4\times10^4\,m^3$。

### 7.4.3　东苗家滑坡发生时代

根据首次滑坡剪出口埋于黄土之下，沿II号裂缝可见黄土底部沙砾石层被错断 2 m 以上，滑坡表面覆盖黄土等推测，东苗家斜坡上的首次滑坡活动大约发生在中更新世末—晚更新世初的马兰黄土堆积前。此后，前缘有经常性的滑塌活动，如产生 $L_1$、$L_2$ 和 $L_3$ 滑塌，后部有拉裂变形活动。

### 7.4.4　东苗家滑坡目前稳定状况

基于 2002～2016 年期间 10 景 Google Earth 高分辨率图像，对比东苗家滑坡的边界、7 个台地的位置和高程、4[#]公路、前缘陡坡的 3 处滑塌 $L_1$、$L_2$ 和 $L_3$ 的边界，除上覆植被变化外，其他均无明显变化，可见滑坡整体和各局部无明显变形位移现象，状态稳定。

## 7.5　结　　语

位于黄河中游小浪底库区的东苗家滑坡，发育在狂口背斜东北翼近于轴部的顺层坡，软硬相间的砂岩黏土岩相间地层中。主要由于地表降水和河水的侵蚀作用，经多次局部变形破坏后，逐渐在斜坡中发育了贯通的滑动面，形成一次较大规模的滑动。随后，中后部多次发生局部拉裂，前缘在黄河侧蚀下多次崩滑。由此在滑坡体中后部出现了大致 3 级 7 个平台及前缘陡坡的地形地貌特征。

东苗家滑坡总规模约为 $425\times10^4\,m^3$。

由首次滑坡剪出口埋于黄土之下，滑坡表面覆盖黄土，推测东苗家斜坡上的首次滑坡活动大约发生在中更新世末—晚更新世初的马兰黄土堆积前。

9 景高分辨率图像对比表明，东苗家滑坡目前整体和各局部无明显变形位移现象（详见图 7.7）。

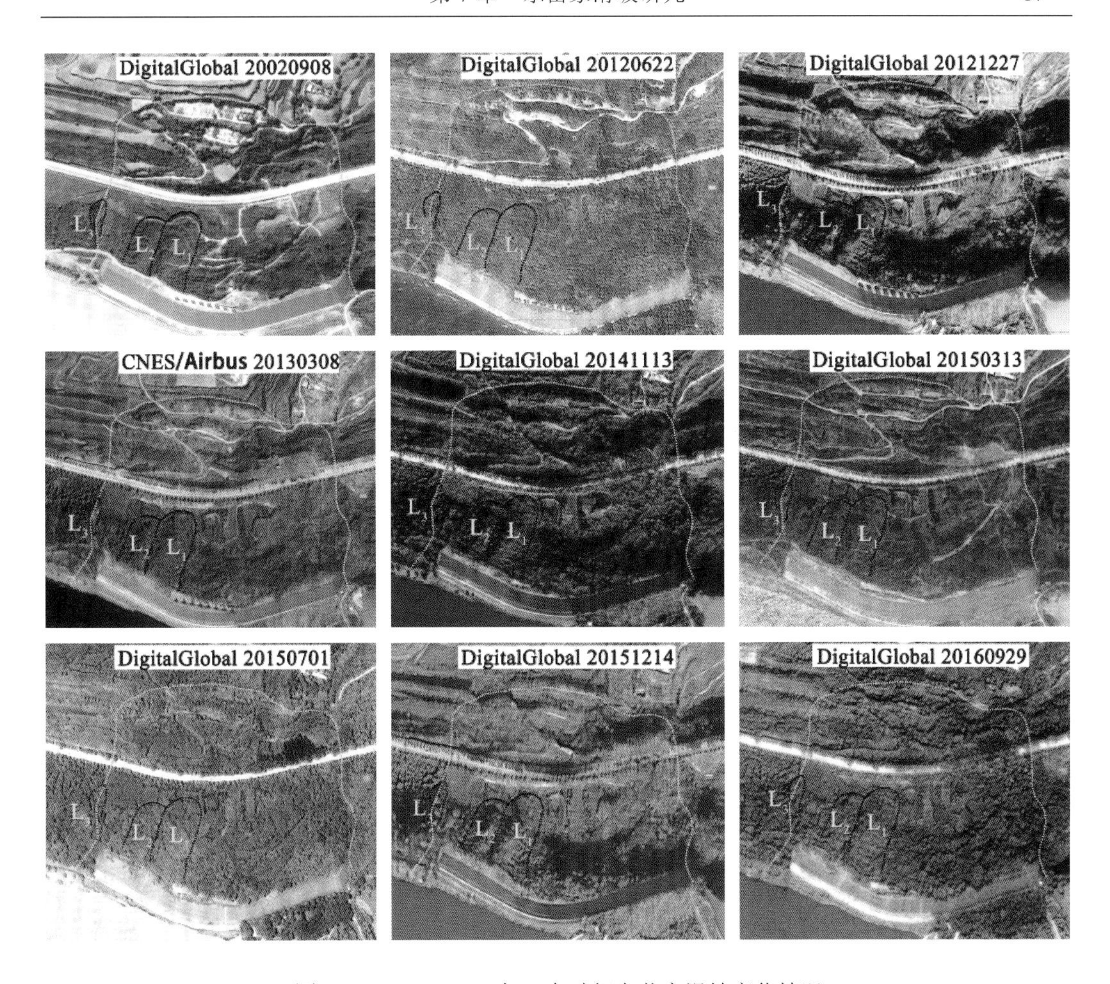


图 7.7　2002～2016 年 9 个时相东苗家滑坡变化情况

# 第 8 章　三溪村滑坡

在此仍需强调一下，本研究所指滑坡有两重含义：一是指广义滑坡，即一切斜坡坡面及沟谷变形位移的现象，包括崩塌、滑坡、碎屑流、泥石流等；二是指狭义的滑坡，即斜坡的一部分沿着斜坡内一个或数个面在重力作用下作剪切运动的现象。

2013 年 7 月 10 日上午约 10 时 30 分，四川省都江堰市中兴镇三溪村发生滑坡，滑体将下方约 500 m 处的 11 户农家乐吞噬，造成 44 人死亡、117 人失踪，大量农房受损（梁京涛等，2014）。

## 8.1　五里坡斜坡的地理环境

### 8.1.1　位　　置

三溪村滑坡位于四川省都江堰市中兴镇三溪村五里坡斜坡，在都江堰-青城山风景区内，东经 103°33′48″，北纬 30°54′55″，东南距成都 68 km，东北距都江堰市区 16 km，如图 8.1 所示。根据村名，把该滑坡命名为三溪村滑坡，滑坡所在斜坡称为五里坡斜坡。

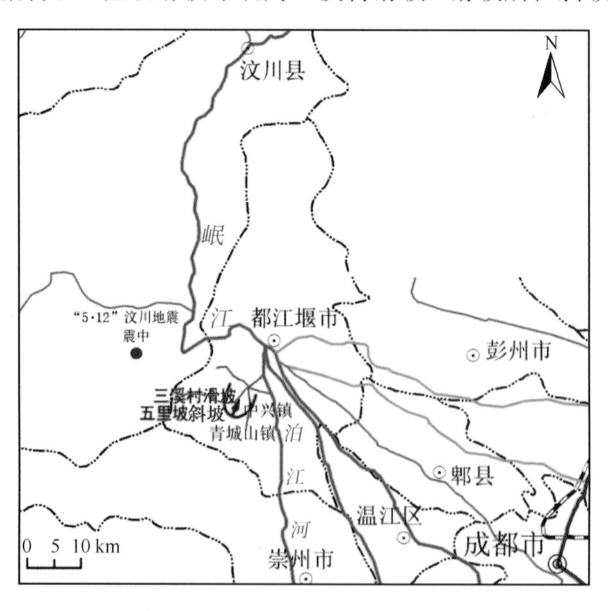


图 8.1　三溪村滑坡位置示意图

### 8.1.2　地 貌 地 形

滑坡区地处成都平原向川西高原的过渡地带，属侵蚀构造低山-丘陵地貌。三溪村滑坡所在的五里坡为该区一系列 NE—SW 走向、山脊高程 1 223～1 020 m 山体中的一个斜坡，如图 8.2 所示。五里坡西、北侧二面临空，东侧隔一狭窄的缓坡与沟谷后，即为陡崖。整个五里坡斜坡向北东倾斜，平均倾角约 25°，斜坡后壁陡崖最高海拔 1 151 m，坡底约 760 m。

图 8.2　滑坡前（上：2013-04-17）、后（下：2013-07-10）的五里坡斜坡 ETM 图像

## 8.1.3　构造与地层

三溪村滑坡所处各级构造单元由高至低分别为扬子准地台（$I_1$）、龙门大巴山台缘坳陷（$II_3$）、龙门山陷褶断束（$III_7$）、雁门凹褶束（$IV_{17}$）（四川省地质矿产局，1991）。该构造体系由一系列北北东向的褶皱、断裂及川西第四纪坳陷组成的多字形斜列构造。三溪村滑坡所处五里坡斜坡位于龙门山主山前大断裂的都江堰–汉旺–安县逆冲断裂带的江油-灌县断裂带的SE侧，神仙桥背斜的E翼，为一单斜构造山体。滑坡位置并无断层通过，但2008年“5·12”汶川大地震震源区离五里坡斜坡山体仅18.24 km，震中的北川-映秀断裂（龙门山中央断裂带）和二王庙断层（龙门山前山断裂）发生变形活动，影响研究区（图8.3）。

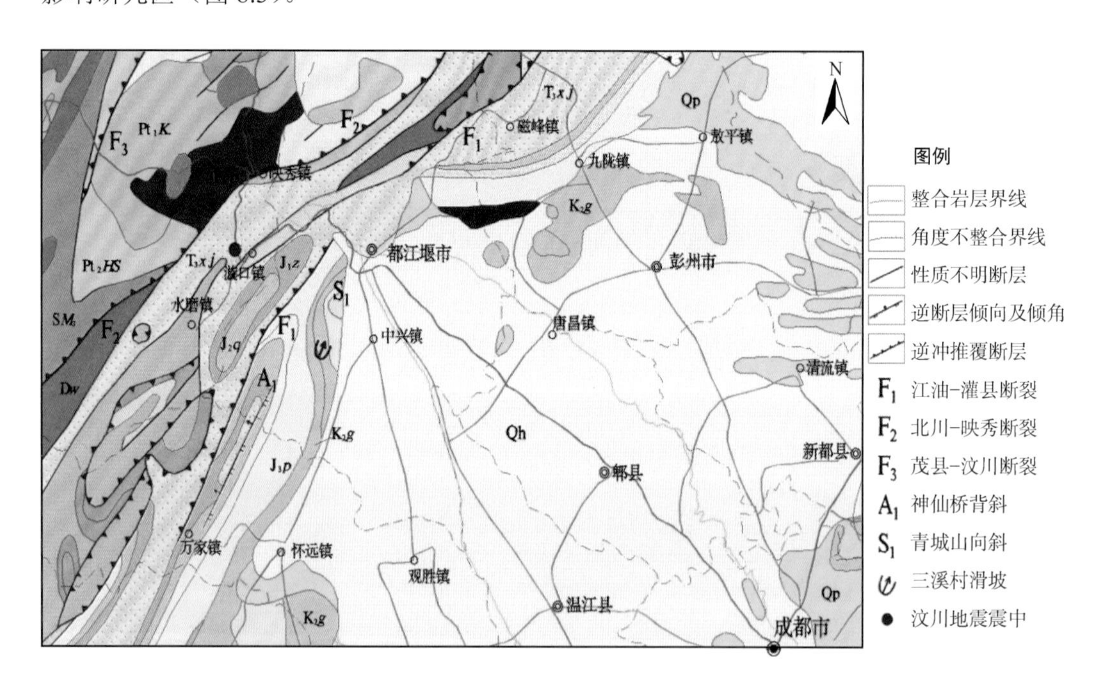


图8.3　研究区周边地质构造图

滑坡区主要出露白垩系灌口组（$K_2g$）地层，岩性由棕红、紫红色厚层砂岩、粉砂岩、砂质泥岩组成。

## 8.1.4　气 候 水 文

研究区属四川盆地中亚热带湿润季风气候区，区内降雨充沛，降雨时间集中。据都江堰市气象记录，1987年至2012年平均年降水量1 109.8 mm，5～9月降水量占全年降水量的80%，月降水平均值最多的8月降水量为242.9 mm。2013年7月8日20时起，都江堰出现区域性暴雨天气过程，这次强降雨呈现出持续时间长、影响范围广、危害性大等特点。最强降雨时段在 8 日 20 时至 10 日 20 时，都江堰 35 个点位雨量达到 250 mm 以上，12 个点位雨量达到 500 mm 以上，累计最大降雨量为 1 059 mm，雨情为历史极值，是 1954 年都江堰有气象记录以来雨量最大的一次降雨。

五里坡位于泯江支流泊江河西岸的一条次级支沟上游。

## 8.2　五里坡斜坡软弱结构面重力作用分析

### 8.2.1　软弱结构面分布

根据遥感解译及实地测量结果，五里坡斜坡地层主要有四组软弱结构面，分别命名为：岩层面 $S_1$ 及 $A_1$、$B_1$、$C_1$ 三组陡倾节理裂隙，如图 8.4 所示。各软弱结构面产状如下，同一节理有多组数据时取中值。

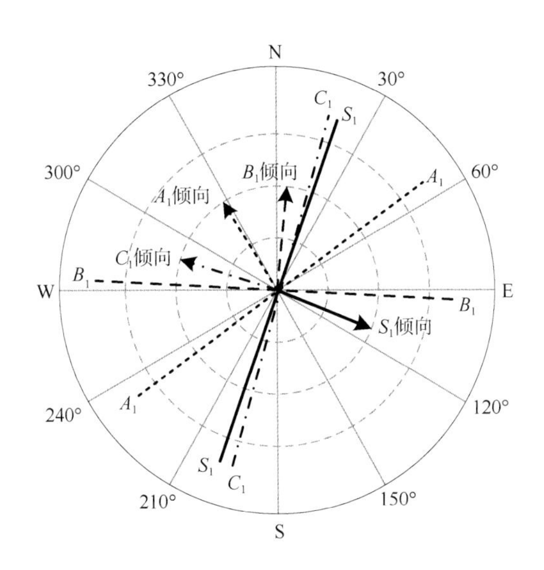


图 8.4　五里坡斜坡各软弱结构面分布平面图

岩层面 $S_1$：走向 NE20°～SW200°，倾向 SE110°，倾角∠16°，即 110°∠16°；

节理裂隙面 $A_1$：走向 NE54°～SW234°，倾向 NW，即 324°∠78°；

节理裂隙面 $B_1$：走向近 EW93°～273°，倾向近 N，倾角 86°，即 3°∠86°；

节理裂隙面 $C_1$：走向 NE18°～SW198°，倾向 NW288°，倾角 75°，即 288°∠75°。

$B_1$ 与 $C_1$、$S_1$ 近于互相垂直。

遥感解译与现场验证表明，近东西走向的裂隙 $B_1$ 最为发育，如滑前影像（图 8.2 上图）表现的斜坡后部（上部）的大规模深槽和与其平行的近东西走向槽沟分布及前缘陡坎（图 8.2）；其次为近南北走向、倾西的节理裂隙 $C_1$，图像上表现为斜坡两侧的陡崖和深沟；走向北东、南西的裂隙 $A_1$ 相对较不发育。

据梁京涛等（2014）研究，约 70%的节理裂隙长度为 10～60 m。

## 8.2.2　各软弱结构面受重力作用分析

### 1. 斜坡稳定时的下滑力、静摩擦力和静摩擦系数

斜坡稳定状态，指的是斜坡处于人体感觉没有任何形变与位移的稳定静止状态，不包括自然界永恒的微动。

假设五里坡斜坡各软弱结构面上覆岩石质量均为 $m$，且均匀分布，受力均为 $mg$。作用在各软弱结构面上的重力如下：在岩层面 $S_1$ 上的重力可分解为沿岩层真倾向（N110°E）、岩层面倾角（$\theta_1=16°$）的下滑力 $F_{s_1\mathrm{x}}$，和垂直于岩层面 $S_1$ 的正压力 $F_{s_1\mathrm{n}}$［图 8.4（a）］。

$F_{s_1\mathrm{x}}=mg\sin\theta_1=0.28\ mg/\sin110°$，$F_{s_1\mathrm{n}}=mg\cos\theta_1=0.96\ mg/\sin110°$，同时存在与 $F_{s_1\mathrm{x}}$ 大小相等、方向相反的静摩擦力 $F_{s_1\mathrm{o}}$。$F_{s_1\mathrm{o}}=\mu_{\mathrm{o}s_1}\cdot F_{s_1\mathrm{n}}$，式中 $\mu_{\mathrm{o}s_1}$ 为岩层面 $S_1$ 的静摩擦系数。

由此可获得，当岩层面 $S_1$ 上覆岩体稳定时，作用于岩层面上的下滑力、静摩擦力和静摩擦系数：

$$F_{s_1\mathrm{x}}=F_{s_1\mathrm{o}}=0.28\ mg=\mu_{\mathrm{o}s}\times 0.96\ mg,\quad \mu_{\mathrm{o}s_1}=0.29 \tag{8-1}$$

同样求得重力在裂隙面 $A_1$、$B_1$、$C_1$ 上的下滑力、静摩擦力和静摩擦系数：

$$F_{a_1\mathrm{x}}=F_{a_1\mathrm{o}}=0.98\ mg=0.21\ \mu_{\mathrm{o}a_1}\ mg,\qquad \mu_{\mathrm{o}a_1}=4.67 \tag{8-2}$$

$$F_{b_1\mathrm{x}}=F_{b_1\mathrm{o}}=0.998\ mg=0.07\ \mu_{\mathrm{o}b_1}\ mg,\qquad \mu_{\mathrm{o}b_1}=14.26 \tag{8-3}$$

$$F_{c_1\mathrm{x}}=F_{c_1\mathrm{o}}=0.97\ mg=0.26\ \mu_{\mathrm{o}c_1}\ mg,\qquad \mu_{\mathrm{o}c_1}=3.73 \tag{8-4}$$

$\mu_{\mathrm{o}s_1}$、$\mu_{\mathrm{o}a_1}$、$\mu_{\mathrm{o}b_1}$、$\mu_{\mathrm{o}c_1}$ 为斜坡稳定时，阻止 $S_1$、$A_1$、$B_1$、$C_1$ 层面和裂隙面上覆岩层沿层面或陡倾裂隙面下滑摩擦力的静摩擦系数（图 8.5 所示）。

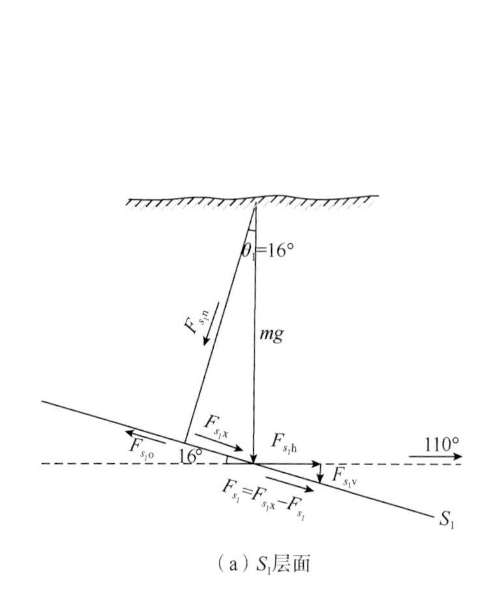

（a）$S_1$层面

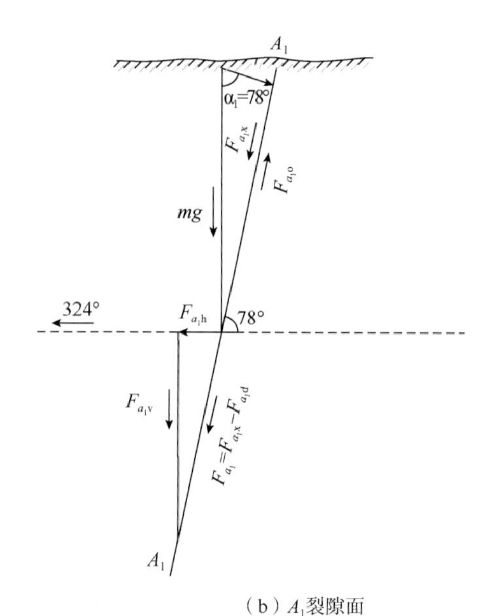

（b）$A_1$裂隙面

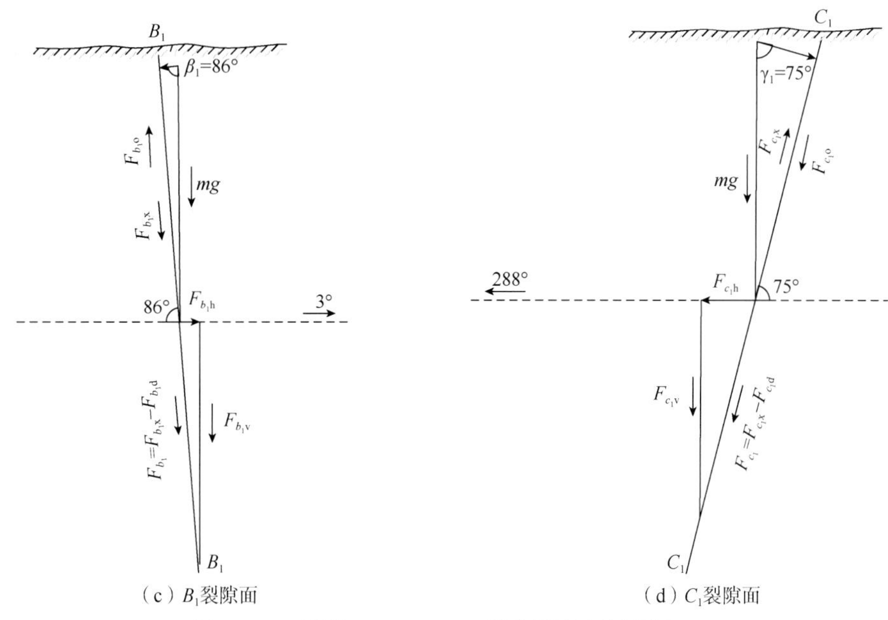


（c）$B_1$裂隙面　　　　　　　　　　　　（d）$C_1$裂隙面

图 8.5　$S_1$ 层面、$A_1$、$B_1$、$C_1$ 裂隙面受力剖面图

**2. 斜坡变形时的下滑力、动摩擦力和动摩擦系数**

遇水时，上覆岩层（石）在重力作用下，当沿各软弱结构面的下滑力大于静摩擦力（$F_x>F_o$）时，斜坡开始变形甚至位移，此时的静摩擦力 $F_o$ 变为动摩擦力 $F_d$，静摩擦系数则成为动摩擦系数。

斜坡变形，也即 $F_x - F_d>0$，求重力沿各软弱结构面的下滑力：

$$F_{s_1}=F_{s_1x}-F_{s_1d}>0，即\ mg\sin\theta_1-\mu_{ds_1}\ mg\cos\theta_1=0.28\ mg-\mu_{ds_1}\quad 0.96\ mg>0 \tag{8-5}$$

$$F_{a_1}=F_{a_1x}-F_{a_1d}>0，即\ mg\sin\alpha_1-\mu_{da_1}\ mg\cos\alpha_1=0.98\ mg-\mu_{da_1}\quad 0.21\ mg>0 \tag{8-6}$$

$$F_{b_1}=F_{b_1x}-F_{b_1d}>0，即\ mg\sin\beta_1-\mu_{db_1}\ mg\cos\beta_1=0.998\ mg-\mu_{db_1}\quad 0.07\ mg>0 \tag{8-7}$$

$$F_{c_1}=F_{c_1x}-F_{c_1o}>0，即\ mg\sin\gamma_1-\mu_{dc_1}\ mg\cos\gamma_1=0.97\ mg-\mu_{dc_1}\quad 0.26\ mg>0 \tag{8-8}$$

由此求得，只要各软弱结构面的动摩擦系数 $\mu_{ds_1}<0.29$，$\mu_{da_1}<4.67$，$\mu_{db_1}<0.14.26$，$\mu_{dc_1}<0.29$，斜坡便开始变形位移。实际工作中，摩擦系数是通过试验获取，或由大量试验数据统计分析得出的表格查得。本研究是从网上查取同类岩石的摩擦系数。

根据百度网数据（2014-11-27，http://www.zybang.com/question/fdfc2a8406fbad62be29441480b9ee35.html），水湿润和泥湿润砂岩摩擦系数是不同的，层面 $S_1$ 有砂质泥岩夹层，所含黏土矿物遇水时强度变化较大，随着水与泥岩的作用渐渐充分，泥岩夹层从水湿润变为泥湿润，其摩擦系数在 0.25～0.12 范围内变化。如果有水长期、充分与层面泥岩层作用，即当 $\mu_{ds_1泥}=0.12$，层面的摩擦系数 $\mu_{ds_1}\ll 0.29$，可以沿层面发生变形、蠕动、位移。

陡倾裂隙面 $A_1$、$B_1$、$C_1$ 两侧砂岩接触面的变形（错动等）应属水湿润，其动摩擦系数在 0.20～0.40。对于裂隙面 $A_1$：$\mu_{da_1}<4.67$，所以满足条件，其可能发生变形位移现象。但如前述，北东—南西走向的裂隙 $A_1$ 分布密度及发育程度较低（裂隙分布较少，

较短），所以对五里坡斜坡的稳定性影响甚微。

结构面 $B_1$ 需满足 $\mu_{db_1}$ <0.1426 才会发生变形位移，虽然裂隙 $B_1$ 非常发育，宽度和长度都大，但只有当其中充满水或泥浆时，才可能使 $\mu_{db_1}$ <0.1426，从而沿此裂隙发生各种变形位移。

同样，当裂隙 $C_1$ 中充满水或泥浆时，才能使 $\mu_{dc_1}$ < 0.29 。

上述分析表明，当五里坡处于干燥状态时，虽各软弱结构面受重力影响，但是不易发生变形位移；但当与大量水作用时，斜坡可能失稳。

### 3. 重力作用于各软弱结构面的合力

如果取 $\mu_{ds_1泥}=0.12$，$\mu_{d砂}=0.30$（该岩类摩擦系数统计值的中值）分别为泥岩层和砂岩各裂隙的动摩擦系数，代入式(8-5)～式(8-8)，求得沿各结构面的下滑力，分别为：$F_{s_1}=0.16\ mg$，$F_{a_1}=0.92\ mg$，$F_{b_1}=0.98\ mg$，$F_{c_1}=0.89\ mg$。

由于使岩层变形破坏的主要作用力来自下滑力的水平分力，同时也便于计算合力，现求重力沿各软弱结构面下滑力的水平分力：

$$F_{s_1\mathrm{h}}=F_{s_1}\cos\theta_1=0.16\ mg\times0.96=0.15\ mg/110° \quad (8\text{-}9)$$

$$F_{a_1\mathrm{h}}=F_{a_1}\cos\alpha_1=0.92\ mg\times0.21=0.19\ mg/324° \quad (8\text{-}10)$$

$$F_{b_1\mathrm{h}}=F_{b_1}\cos\beta_1=0.98\ mg\times0.07=0.07\ mg/3° \quad (8\text{-}11)$$

$$F_{c_1\mathrm{h}}=F_{c_1}\cos\gamma_1=0.89\ mg\times0.26=0.23\ mg/288° \quad (8\text{-}12)$$

主要由这些水平分力，使五里坡斜坡沿各软弱结构面分割破坏。

采用矢量求合力方法求得：

$$\boldsymbol{F}_{s_1a_1b_1c_1\mathrm{h}}=0.30\ mg/323°$$

所以，重力作用于五里坡斜坡各软弱结构面的合力是指向北西的，详见图 8.6。即使形成了与斜坡分离的块体，也难以沿产状为 110°∠16°的岩层面位移，发生滑坡。那么五里坡斜坡的变形破坏是如何发生？有什么特征呢？以下以遥感方法为主进行调查研究。

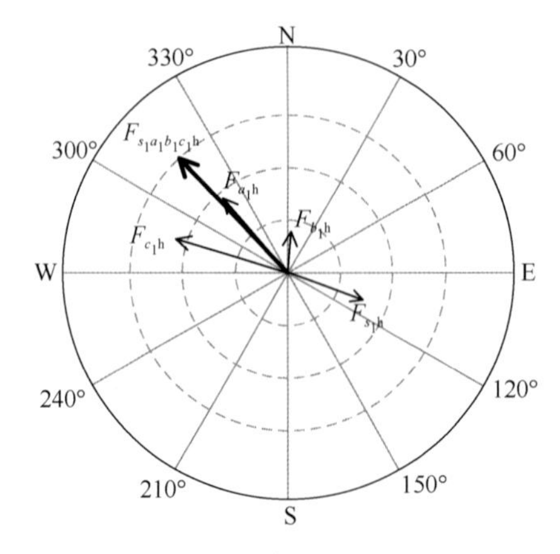


图 8.6 重力作用于五里坡各裂隙的力的合力

# 8.3　三溪村五里坡斜坡的遥感解译

## 8.3.1　信　息　源

**1. 遥感**

本研究以卫星数据与无人机航摄数据图像为遥感信息源。2013 年 7 月 10 日发生滑坡，在发生后的第 30 天，即 2013 年 8 月 9 日，四川省地质调查院无人机航摄组对滑坡区及周边进行了高分辨率彩色无人机航摄，并制作了正射影像，作为本研究使用的主要滑后遥感数据源。收集的卫星数据有：美国 WorldView-2 及 ETM 卫星影像等滑坡前、后遥感信息源，如表 8.1 所示。

**表 8.1　遥感信息源**

| 数据名称 | 空间分辨率 | 成像时间 | 数据特征 | 功能 |
| --- | --- | --- | --- | --- |
| 美国 ETM<br>卫星数据 | 15 m | 2013 年 4 月 17 日<br>2014 后 12 月 7 日 | 全色、多光谱<br>真彩色融合数据 | 滑坡前后五里坡环境解译 |
| WorldView-2<br>卫星数据 | 0.45 m | 2011 年 4 月 26 日 | 全色、多光谱<br>真彩色融合数据 | 滑前五里坡详细解译 |
| 无人机<br>航空影像 | 0.2 m | 2013 年 8 月 9 日<br>（滑后 30 天） | 真彩色 | 滑后三溪村滑坡解译 |

**2. 地理控制**

以滑坡前五里坡周围 1∶5 万地形数据为灾害前调查区的地理控制。四川省地质调查院遥感中心于滑坡后一个月，采用 1954 年北京坐标系和 1985 年国家高程基准，按照 1∶2 000 的精度要求，测量了 13 个航空像片像控点，并制作 1∶2 000 数字高程模型，本研究以此为滑后地理控制。

**3. 地质环境**

参照研究区 1∶20 万地质图及四川省地质志。

## 8.3.2　建立遥感解译基础

遥感解译基础，即用于识别滑坡，能定位、定量获取滑坡及其发育环境信息的，由多层图像、图形构成的组合。它将滑坡调查区所有的遥感与非遥感信息源整合成一个数字的、精确几何校正的，相关信息在同一地理坐标控制下配准的数据集合，以实现定位、定量的精细滑坡遥感解译及时空分析。如图 8.7 为三溪村崩塌滑坡碎屑流全景 3D 图。根据收集的研究区地理控制和滑坡前后的遥感数据，制作了五里坡斜坡遥感解译基础，包括滑坡前后地形、滑坡前后高程升降（见图 8.8）、ETM 正射影像、灾区 1 m 分辨率正射影像等。

图 8.7　三溪村崩塌滑坡碎屑流全景 3D 图像

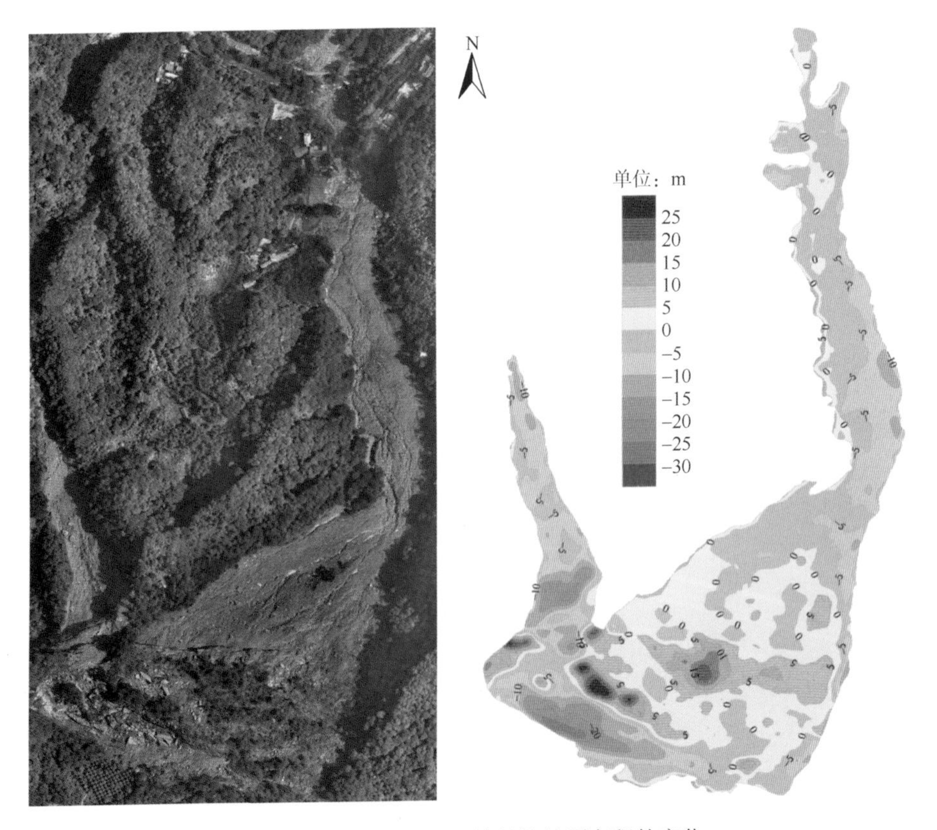


图 8.8　滑坡前、后五里坡斜坡地面高程的变化

### 8.3.3 遥感解译

#### 1. 五里坡斜坡地表环境

由于北半球的卫星图像呈现的是反地形，故本节中凡卫星图像均表示为下北上南，以显示正地形。

15 m 分辨率的 ETM 图像可以清楚地反映三溪村滑坡所在五里坡斜坡及周围地表环境，见图 8.2 上下图。结合图 8.3 可见，五里坡为神仙桥背斜东翼一系列 NE-SW 走向山体中的一个斜坡，斜坡地表虽被浓密的树木覆盖，但地貌地形清楚。五里坡整体呈顶点在下、底边在上的钝角三角形；西侧是三角形的长边，为陡崖；东侧跨过狭窄的缓坡及沟谷后，便为陡崖。顶部为高程 1 223～1 020 m、SE 走向的弧形山脊，顶部有多处明显崩塌壁残余。坡面整体向北东倾斜。从上至下，由大到小，三角形斜坡大致可分为三级陡崖与缓坡相间的地形，最上部面积最大的缓坡称为滑前缓坡平台，简称为滑前平台，这是三溪村滑坡启动的部位，也是本章重点研究部位。

#### 2. 灾害前后滑前平台的变化

如图 8.2 上图及图 8.9 所示，灾害前滑前平台为五里坡斜坡陡崖 1 以上的缓坡，其高程约在 1 140～980 m，地表以平均坡度约 20°向北东倾斜。平台的东西两部分有明显差异：东部树木相对稀疏，间有草灌分布，未见明显裂隙分布，地表较凌乱；西部林木茂密，可见数条 NW-SE 裂隙分布。通过滑坡前后 1 m 分辨率解译基础中的图像、地形、坡度、坡向及高程变化等对比，该平台可分为 6 个不同形态、不同稳定状况的地块，分别命名为：地块 1、地块 2、…、地块 6。

图 8.9　2013 年 7 月 10 日灾害前的滑前平台分块影像

以下参照图 8.10，分别解译。

图 8.10　2013 年 7 月 10 日灾害后滑前平台分块 3D 影像

（1）地块 1。平台西北角，似三角形，面积约 2 332 $m^2$，地表向北倾斜，滑前已显示向下坐落，离开平台地面（图 8.9）。其西侧为 45°～60°陡崖，南侧、东侧为陡壁。2013 年 7 月 10 日灾害（以下简称“7 • 10”灾害）后，仅留弧形后壁，林木消失，残留着被刮铲的基岩陡坎及碎石堆积，灾后地面较灾前降低 15～20 m，见图 8.8。地块 1 应为下坐式垮塌，或崩塌。

（2）地块 2。地块 1 以南，似五边形，与地块 1 相邻，面积约 5 068 $m^2$，被多条裂隙割裂，外（西）侧为约 60°陡崖，内（东）侧为 15°～30°低缓坡。地表林木茂密，树冠清楚。“7 • 10”灾害时，北部与地块 1 相交部分向北西陡崖下崩落，其余大部向东崩落，有石块堆积，掩埋树木。中部偏南侧成块林木仍保留。地块 2 以垮塌为主。

（3）地块 3。滑前平台西南，与地块 4、地块 2 相邻，面积约 10 424 $m^2$。被裂隙切割成不规则多边形，地表林木较密，树冠清楚。可见数条近东西和 NW–SE 走向裂隙，缓坡与陡坡相间地形。灾害后地表较滑前大幅降低 10～25 m，见图 8.8，成为凹槽，槽内堆积了大量数米至数十米甚至近百米长的条状块碎石，大部树木被毁并掩埋，本块崩塌牵引后缘表层滑塌。地块 3 为沿裂隙崩塌。

（4）地块 4。滑前平台中偏西部，地块 3 下面（北），地块 1、地块 2 以东，面积约 9 148 $m^2$。缓坡与陡坡相间地形，倾向北东，滑前地表林木茂密，但大部树冠不甚清楚。“7 • 10”灾害后，前缘崩滑，从陡崖 1 跌落下。由于后面地块 3 崩塌在此堆积，故中后部较滑前高出 5～20 m，见图 8.8，有一条块树林残留。前部崩滑，后部堆积。

（5）地块 5。滑前平台中部偏东，面积约 12 188 $m^2$。林木茂密，树冠清楚，近南北向延伸，为滑前平台东、西部的分界带。“7 • 10”灾害时，前缘呈碎片状滑塌，被冲刷至陡崖 1 直落坡下，并牵引上部坡体，地块 5 呈现 3 级平台与陡坡相间地形。灾后，最下一级前缘的地表为以土为主的土石堆积，中后部较滑前抬高 5～20 m，植被虽受损，但保留在地表，说明是部分整体滑移活动所致。地块 5 是牵引式三级滑坡。

（6）地块 6。滑前平台东部，面积约 26 845 $m^2$。从下至上还大致可分为 3 个次级缓坡与陡坡，树木与浅灌或草地相间的四小地块：6-1、6-2、6-3、6-4。

6-1：滑前平台东北角，弧形后壁前含松散堆积的浅层小滑坡。大部为灌林木覆盖，树冠清楚。

6-2：位于地块 6-1 的西侧，浅层滑塌，上部较陡，浅灌为主，下部为土石滑坡堆积。“7 • 10”灾害时，地块 6-1、地块 6-2 合成一个滑坡，前缘土石向下冲泻，有基岩裸露。滑坡并牵动上部坡体，使大部树木倾倒或被毁。地块 6-1、地块 6-2 同为浅层滑塌。

6-3：位于地块 6-1、地块 6-2 的上部，“7 • 10”灾害时，受地块 6-1、地块 6-2 滑坡影响，有表层扰动，林木倾倒或毁损，地表高程基本不变。表层滑塌。

6-4：滑前平台的东南部，受地块 6-1、地块 6-2 滑坡牵引影响，有表层垮塌，地表高程降低 0～5 m，其余地表变化微弱。树木稍有受损。地块 6-4 的表层活动也影响上面局部坡体。表层垮塌。

### 3. 灾害前后滑前平台以下斜坡的变化

（1）地块 7。滑前平台北侧临空面下。灾前，如图 8.2 上图，三级陡坎将斜坡划分为三级缓坡，林木茂密，树冠清楚。“7 • 10”灾害时，大量雨水和地表水与滑前块体发生的崩塌、滑坡碎屑堆积形成的土石混合，成为碎屑流。快速流动的碎屑流还刮铲地势较高处及东侧山坡，刮铲最强烈处地势较灾前降低 10 m，大部降低 5 m 左右，形成长约 969 m、面积约为 0.1 $km^2$ 的碎屑流堆积（与泥石流堆积无明显差异）。未遭受刮铲处堆积物厚度与灾前植被高度相当，故“7 • 10”灾前后地表高程无明显变化（图 8.8）。

（2）地块 8。地块 1、地块 2 以下（西北）沟内，灾前陡崖下沟内林木茂密，树冠清楚。灾后形成与地块 7 相似的碎屑流堆积，但该堆积中含大块石较多，大部沟内地势较灾前低。碎屑流堆积长约 351 m，面积约为 0.02 $km^2$（图 8.8）。

### 4. 规模

经对“7 • 10”灾害区地理坐标配准及几何校正，量测到的投影面积为：①滑前平台的投影面积为 66 053 $m^2$；②陡崖 1 下地块 7 面积为 91 199 $m^2$；③地块 8 面积为 18 298 $m^2$。崩塌、滑坡、碎屑流灾害区合计投影面积约为 175 549 $m^2$≈0.18 $km^2$。

根据滑坡前后地形高程变化计算，灾害规模为 $62\times10^4$ $m^3$。由于侧蚀、扰动，灾害前后地面高程变化近于 0 等区域未能计算在内，“7 • 10”灾害的实际规模应大于该值，大约近 $1.0\times10^6$ $m^3$。

## 8.4 现场验证

完成遥感解译后，本研究与四川遥感中心梁正京等一起，对五里坡各灾害地块的活动方式、堆积情况及影响区等解译结果进行了现场验证。

**1. 地块1、地块2**

灾前图像（图8.2上）显示，“7·10”以前地块1已坐落。灾后实地验证如图8.11所示，地块1已经全部崩落，并牵动部分地块2向北和向东崩落。堆积物显示为基本无分选、无磨圆的大小石块杂乱堆积，未见细小石粒及土。

**2. 地块3、地块4**

现场访问与调查发现，最南端的杀人槽大沟早在300多年前的明末已经存在（传说是张献忠杀人抛尸地之一），“7·10”灾害正是由此沟槽为界，实际量测杀人槽沟宽约10 m，深约25 m，见图8.11。沟南侧为未动山体，杀人槽以北所有裂隙均已发生拉裂、崩塌和倾倒，如图8.13～图8.15所示。地块3的多条近东西走向的裂隙分布明显可见，条状大块石大多呈NW–SE走向分布，地面有大量崩塌堆积，虽以石块为主，也出现了夹层土，有架空现象及局部顺层滑塌，如图8.12～图8.15。

**3. 地块5、地块6**

地块5及以东，未见裂隙分布，有局部顺层滑塌，堆积物中的小块石及土明显增多，灾后有较多植被残留（图8.16～图8.17）。

地块6滑前为三级平台与2级陡坡相间地形，平台上有较茂密的灌林树木覆盖，陡坡上则以浅草灌为主。滑后，阶梯状地形仍保留，平台上的林木损毁较多，前缘有浅层滑坡现象，多处可见局部滑动面，这些滑面的范围约在数十到数百平方米，由黏土富集并遇剪切力及高压形成，其下并不是基岩，而是各类块石夹土等风化坡积物，如图8.18所示。

**4. 地块7**

陡崖1下的地块7，除崖下上部有零星分布的大块石外，其余均为以小块石与土为主的碎屑流堆积，大部堆积物表面较平坦，如图8.19所示。碎屑流中下部显示，曾为含较多水的流动体，如图8.20所示则为土夹小碎石堆积，及损毁房屋的碎砖泥灰堆积。

**5. 侧融**

五里坡斜坡是整体向东北倾斜的，所以高速流动的碎屑流会刮铲东侧山坡，造成滑塌，并牵引上面的坡体损毁道路和破坏植被，如图8.21所示。图中显示，五里坡上山坡路、台阶滑塌被拉裂、破坏情况。

图 8.11　地块 1、地块 2 的崩塌和堆积

图 8.12　杀人槽实况

图 8.13　后缘倾倒和拉裂

图 8.14　后缘拉裂槽和崩塌堆积

图 8.15　杀人槽大沟北壁倾倒崩塌堆积，南侧沟未动

图 8.16　地块 5 上的土夹碎石堆积

图 8.17　地块 6 堆积的土更多

图 8.18　地块 6-1、地块 6-2 的局部滑面

图 8.19　地块 7，陡崖 1 下的堆积有较多大块石，其余为以小块石为主的碎屑流堆积

图 8.20　中下部含水较多的流态堆积（左）和以建筑碎砖为主的毁房堆积（右）

图 8.21　东侧斜坡被刮铲，产生塌滑，行人道路遭破坏

图 8.22　后缘影响区植被损毁和浅层滑塌

**6. 影响带**

在滑前平台的后缘，可见斜坡浅层被牵引拉裂破坏情况，有树木倾倒，地面出现裂缝，如图 8.22 所示。据访问，“7 • 10”灾害刚发生时，后缘山坡并未发生浅层滑塌，灾后逐渐出现后缘斜坡影响区被破坏。图 8.22 是滑坡发生 3 个月后实地验证时的情况。除后缘外，在平台东侧也受滑坡影响有浅层滑塌及道路、植被被损毁现象。

## 8.5　三溪村滑坡机理研究

了解了五里坡斜坡的自然地理环境、斜坡地质结构、重力作用于斜坡各软弱结构面力的计算分析、“7 • 10”灾害前后遥感解译、时空分析及现场验证结果后，下面对斜坡进行滑坡机理研究。

### 8.5.1　五里坡斜坡具备斜坡失稳的地质结构

由白垩系灌口组（$K_2g$）厚层砂岩、粉砂岩夹薄层砂质泥岩组成的五里坡斜坡，厚层砂岩与富含黏土矿物的薄层泥岩相间，泥岩中的黏土矿物具亲水性，即其吸水膨胀、失水收缩，易风化为土。土具易压缩、颗粒间易发生相对剪切位移，从而易造成岩土体破坏位移。厚层砂岩与薄层泥岩相间是斜坡失稳的物质条件；其层面（110°∠16°）、节理裂隙 *A*（324°∠78°）、*B*（3°∠86°）、*C*（288°∠75°）四组软弱结构面切割斜坡，其中 *B* 组裂隙最为发育，在斜坡上形成三级陡崖，在滑前平台西部出露多条 NW-SE 走向的裂隙沟，所以斜坡具有易被分割的结构面条件；滑前平台斜坡地表以平均约 20°向北东倾斜，北、西及北西侧三面临空，斜坡具备向该三个临空方向崩塌、滑落的临空面条件，但三方临空面均与岩层面 $S_2$ 相切，与最大临空的北向差别大于 100°，岩层倾向正是东侧的陡崖，所以不具备沿岩层面滑移的条件。

### 8.5.2　滑坡触发因素

**1. 降雨是最重要的触发因素**

2013 年 7 月 10 日 8:20 时起，五里坡斜坡经历了 48 小时的连续强降雨，区域最大累计降雨量达 1 059 mm。降雨的触发作用主要有四方面：①强降雨使构成斜坡的土体被泥化、软化，从而使强度大大降低，难以支撑上覆岩体，发生崩塌和倾倒；更严重的是充满杀人槽等裂隙沟谷的雨水，其下隔水层也被泥化、软化，使破坏和变形位移向深处发展。②通过各类裂隙进入斜坡内的地下水，除使泥岩强度降低外，还会产生静水压力，加速斜坡失稳。③强降雨有利于软化土体在移动过程中包裹块石，向坡下流动。④丰沛的降雨使五里坡斜坡地表植被茂密，林木终年葱葱郁郁，植被根系深入地下，对土地的侵蚀十分明显。组成斜坡的砂岩和泥岩已强烈风化，从杀人槽的深度和陡崖 1 的高度估计，斜坡平台风化深度超过 25 m。地下水活动使此深度以上的某些部位的不同层面富集黏土，在上覆土石压力作用下形成局部滑动面。

**2. 汶川地震的影响**

汶川大地震震源区离五里坡斜坡山体仅 18.24 km，震中附近的江油-灌县断裂及其分支断层均有强烈变形活动，处于断裂带 SE 侧的五里坡斜坡节理裂隙进一步发育，岩体更加松散破碎，更易失稳，地表裂缝与节理裂隙扩大变形，有利于雨水下渗。

### 8.5.3 五里坡斜坡破坏方式和活动过程

**1. 破坏方式**

综上所述，“7 • 10”发生在五里坡斜坡的灾害，主要是在强降雨触发下突发的多种斜坡破坏位移方式组成的复合型地质灾害。滑前平台以分块、分级的崩塌和浅层滑坡为主，陡崖 1 和西侧陡崖以下为碎屑流活动区。全部破坏方式可以简称为三溪村崩塌-滑坡-碎屑流。

如前述，虽然构成五里坡斜坡的岩层被层面和 3 组软弱结构面切割，但重力作用于五里坡斜坡各软弱结构面的合力是指向西北的，即使形成了与斜坡分离的块体，也不可能产生沿产状为 110°∠16°岩层面的位移，发生滑坡。且遥感＋GIS 的数字滑坡技术分析表明，经精确几何校正及地理坐标配准（误差±1 m）的滑坡前后图像对比（图 8.7）表明，平台前陡崖 1 的位置没有变化，只是斜坡风化层有位移。所以滑前平台并未发生过以岩层面为滑动面的大规模滑动活动。

**2. 滑坡活动过程分析**

自 2013 年 7 月 10 日 8:20 时起，连续 48 小时的强降雨，使五里坡斜坡所有的沟谷裂隙及低洼处灌满水，泥土处于饱水状态。处于不稳定状态的地块 1（图 8.8、图 8.9）两侧被裂隙切割，一侧临空，早已失稳下坐，首先向崖下崩落，崩落时碰撞、刮铲其下基岩，产生巨大振动。其崩落也牵动相邻地块 2 和地块 4。几乎同时，处于水饱和状态的地块 5 下部和地块 6-1、地块 6-2 分别发生了向北和或偏北东的浅层滑坡，并牵引地块 5 上部和地块 6-3、地块 6-4。在地块 1、地块 6 活动引起的振动和牵引力的激发下，滑前平台西侧地块 3、地块 4 分 2 级发生大规模崩塌和倾倒，成为滑前平台最剧烈的活动部位。

饱水状态的、以土为主、包裹碎块石的崩塌滑坡堆积在强降水驱动下，顺斜坡到达约 25 m 高的陡崖 1 和北西侧陡崖时，高速坠落，与强烈冲刷的地表水汇合，成为两股碎屑流，分别向东、西两侧凹谷及北侧陡坡奔泻而下。碎屑流在高速流动过程中，所向披靡，摧毁一切拦挡之地物，掩埋良田、树木和建筑，刮铲侧岸斜坡。

## 8.6 结　　论

（1）五里坡斜坡“7 • 10”发生的灾害为复合型地质灾害，简称三溪村崩塌-滑坡-碎屑流。

（2）“7 · 10”地质灾害在下游产生了严重灾害。

五里坡滑前平台上分级分块发生的斜坡变形破坏活动堆积物在强降雨浸泡与驱动下，向北和西临空方向的陡崖坠落成为高速碎屑流，在下游产生严重灾害。

（3）滑前平台并未发生过以岩层面为滑动面的大规模滑动活动。

经精确几何校正及地理坐标配准（误差±1 m）的滑坡前后图像对比（图 8.9、图 8.10）表明，平台前的陡崖 1 的位置没有变化，只是斜坡风化层有位移。

（4）强降雨及“5 · 12”地震触发了“7 · 10”灾害。

在长期风化及强降雨作用下，加之受“5 · 12”汶川大地震影响，岩层会沿着最发育的裂隙碎裂，向临空方向倾倒崩塌；也会在风化泥岩或坡积物表面某些位置发育倾向临空方向的滑动面，产生局部滑坡或浅层滑塌。

如重力作用于五里坡斜坡各软弱结构面分析，无强降雨作用，五里坡难以发生大规模的地质灾害。

（5）五里坡上与斜坡母体分离的块体难以整体沿产状为 110°∠16°的岩层面发生滑坡。

由白垩系灌口组（$K_2g$）厚层砂岩、粉砂岩夹薄层砂质泥岩组成的五里坡切层斜坡，被岩层面及 3 组软弱结构面切割，并三面临空。但重力作用于五里坡斜坡各软弱结构面的合力是指向北西（山体内）的、与斜坡母体分离的块体难以整体沿产状为 110°∠16°的岩层面位移，发生滑坡。

# 第 9 章　鸡尾山滑坡研究

## 9.1　鸡尾山滑坡基本地理环境

### 9.1.1　地 理 位 置

鸡尾山滑坡位于重庆市武隆县城西南约 33 km，铁矿乡以南偏东约 1.9 km。其西距重庆南川区 34 km，距重庆市城区 94 km。南面接近贵州边界，如图 9.1。滑坡中点坐标：29°14′16.35″N，107°26′0.84″E。

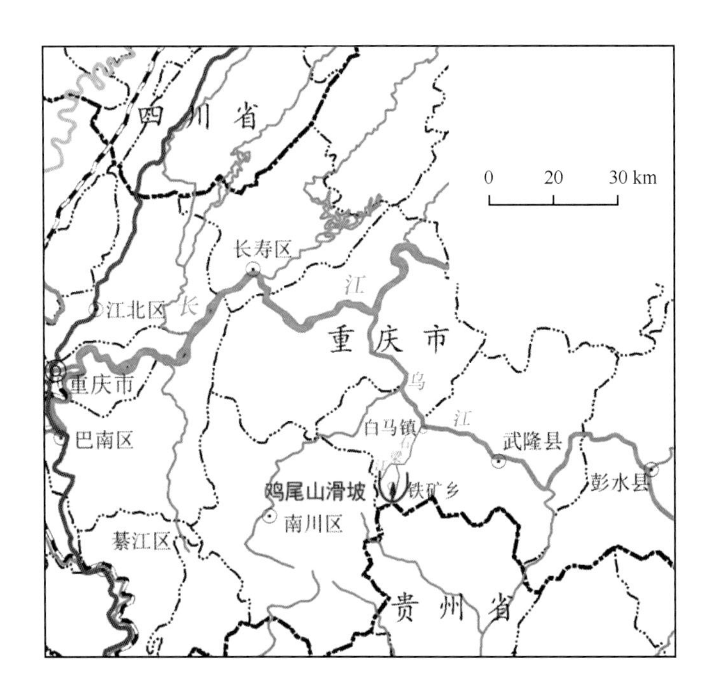


图 9.1　鸡尾山滑坡位置示意图

### 9.1.2　地 质 环 境

**1. 构造与地貌**

鸡尾山位于川东褶皱带和黔东北隔槽式构造带交界处的赵家坝背斜北西翼，为单斜构造。山体呈南北向展布，山顶最高点标高 1 600 m，最低点铁匠沟标高约 1 000 m，属中山地貌。鸡尾山斜坡为一 50～150 m 落差、东侧临空的陡崖。滑坡所在山体斜坡西南

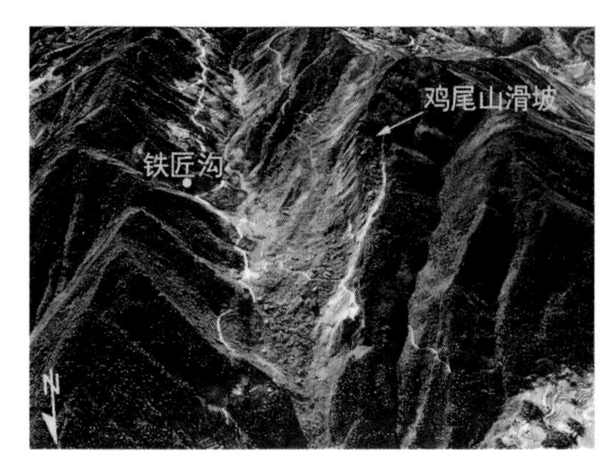

图 9.2　鸡尾山滑坡区域地质环境

高、东北低，滑体后侧山体可见阶梯状。隔铁匠沟对岸为顺层坡（图 9.2）。

**2. 地层结构**

斜坡由二叠系下统厚层硬质灰岩夹炭质、钙质页岩软弱薄层构成，底部为志留系。自上而下出露地层为：二叠系下统茅口组（$P_1m$）、二叠系下统栖霞组（$P_1q$）、二叠系下统梁山组（$P_1l$）、梁山组下伏志留系中统韩家店组（$S_2h$）页岩。

山体顶部的茅口组（$P_1m$）为灰白色厚层状微晶灰岩，坚硬，该地层中岩溶作用强烈，溶洞、岩溶管道、落水洞和溶蚀裂缝发育。其下为栖霞组（$P_1q$）主要为深灰色、灰色中厚层状含沥青质灰岩，含泥质灰岩和炭质、钙质页岩夹层，据许强等（2009），栖霞组（$P_1q$）又可根据强度、颜色等特征划分为三段，即上段 $P_1^3q$、中段 $P_1^2q$ 和下段 $P_1^1q$（图 9.3）。$P_1^1q$ 为灰色灰岩，层厚约 90～95 m，强度较高，构成山体中下段陡崖。$P_1^2q$ 为深灰色灰岩，层厚约 40 m，该段岩层强度相对较低，构成斜坡中部较平缓的斜坡面，坡面上植被发育，其顶部为含炭质和沥青质页岩软弱夹层。$P_1^3q$ 为深灰色灰岩，层厚约 20 m，其强度比上覆茅口组（$P_1m$）灰岩要软，但又比下伏 $P_1l$ 梁山组页岩、炭质泥岩等夹层强（图 9.3）。

二叠系下统梁山组（$P_1l$），层厚 10.1～14.3 m，主要岩性为灰色、黑色黏土质页岩、炭质泥岩、铝土岩、黏土岩夹铁矿层，构成陡崖坡脚的平缓斜坡地带，开采中的平均层厚 1.12 m 的铁矿层位于该层的中部。

岩层产状 345°∠20°～32°，倾向山内。岩层中主要发育两组陡倾结构面。一组为走向近 SN 的陡倾结构面，倾向 75°～110°，倾角 79°～81°。该组结构面贯通性好，构成鸡尾山山体的东侧陡崖及（滑坡后的）西侧陡坡。另一组为走向近 EW 的陡倾结构面，倾向 170°～190°，倾角 75°～81°。上述两组近于正交的陡倾结构面与岩层面的组合，将岩体切割成积木块块状（图 9.3）。另从图 9.2 滑体的北端三角形可见一 NE-SW 走向的陡倾裂隙。

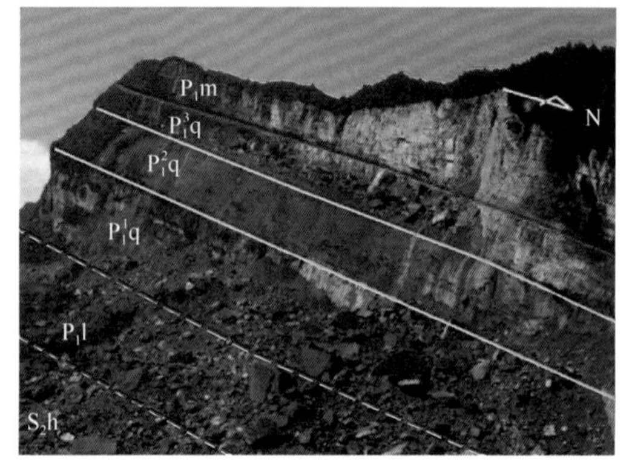

图 9.3　滑坡后的出露地层（许强等，2009）

## 9.1.3　气象水文及采矿活动

**1. 气象**

鸡尾山所在的重庆市武隆区属亚热带季风气候区，气候温湿，多年平均气温为 17.9 ℃，降水丰沛，多年平均降水量在 1 000～1 200 mm，各季节降雨不均匀，4～9 月降水占全年总降水量的 78.75%。降水是鸡尾山斜坡失稳最重要的触发因素。

**2. 水文**

鸡尾山斜坡东临铁匠沟，该沟为乌江次级支流，铁匠沟以下左侧枇杷沟后称为和平沟（下游又称为羊石岩沟），向下汇入大洞河（下游称石梁河），最后汇入乌江。

铁匠沟流域径流由降雨形成。据四川省水文手册查得，该区域多年平均径流深 780 mm，多年平均径流量 $3.98\times10^6\ m^3$，流域洪水全部由暴雨形成，降雨对本区侵蚀有重要作用。

**3. 采矿活动**

鸡尾山斜坡底部采矿活动是触发斜坡失稳的另一因素。据调查，自 20 世纪 20 年代起，当地在鸡尾山开采 $P_1l$ 中的铁矿层以来，从未间断。采矿活动自南向北不断扩展，已形成超过 $5\times10^4\ m^2$ 的采空区。尽管矿层平均厚仅 1.2 m，且离上覆软弱层有约 150 m 距离，但长期的、与开采有关的爆炸与振动以及在坡脚山体内形成的大面积采空区，对上覆山体应力变化及变形具有一定的影响。

### 9.1.4　鸡尾山斜坡地理环境与滑坡

**1. 形成滑坡的基本地质环境因素**

笔者在 2012 年出版的《滑坡遥感》中指出，滑坡发育的斜坡基本地质环境条件有三：①具备能发育滑动面（带）的物质（地层、风化岩体、堆积）；②能使部分斜坡与山体分离的软弱结构面（带）；③与山体分离的部分斜坡可能向前运动的临空面。简言之，斜坡物质、软弱结构面、临空面条件是滑坡发育的基本地质环境条件。从鸡尾山斜坡基本地质环境可见，由厚层坚硬灰岩夹薄层软弱岩层构成的鸡尾山斜坡具备产生滑坡、发育滑坡面的物质（$P_1^2q$ 顶部的含炭质和沥青质页岩软弱夹层）条件、分割斜坡的结构面条件及高陡临空面条件。但其斜坡临空面与产状倾向山内的岩层的组合如何能使鸡尾山部分被切割的斜坡切层向临空面运动，正是本章研究的内容。

**2. 触发滑坡因素**

降水是触发鸡尾山斜坡失稳、发生滑坡的最重要触发因素。每逢降雨，雨水便从地面沿着鸡尾山斜坡积木块状岩块之间的缝隙渗流，进入裂隙，直达 $P_1^2q$ 岩层顶部的含炭质和沥青质页岩软弱夹层构成的隔水层。水对鸡尾山斜坡的作用主要有四方面：①进入裂隙的水，通过渗透、淋滤、流动等活动的物理作用，使裂隙不断扩大；②经过裂隙的水，特别是通过 $CaCO_3$ 纯度很高的茅口组（$P_1m$）厚层微晶灰岩和栖霞组灰岩时，水中 $CO_2$ 与岩石中 $CaCO_3$ 结合，使 $CaCO_3$ 溶解为 $Ca(HCO_3)_2$，发生强烈的溶融作用和钙华堆积，发育岩溶管道和溶蚀裂缝，即岩溶作用强烈；③由于 $P_1^2q$ 顶部的含炭质和沥青质页岩软弱夹层-隔水层阻挡，通过裂隙、岩溶管道和溶蚀裂缝到达该层面的水滞留，与该层所含蒙脱石、伊利石等亲水矿物作用，使岩层软化、泥化，从而减小摩擦力，强度降低，加速上覆岩层沿层面的蠕滑；④当岩层软化、泥化后，其渗透系数变小，压缩性变大，当山体应力调整、发生缓慢变形时，将所含水挤出，产生超孔隙水压力，对上覆岩层起到浮托作用（陈仲颐等，1994）。所以，在地下水的长期作用下，炭质和沥青质页岩软弱夹层强度不断降低。但是无论该软弱夹层的强度如何低，由于其倾向山内，只能是加速层间蠕滑。

鸡尾山斜坡的基本地质环境因素和触发因素并不能说明如何使部分被切割的斜坡克服岩层内倾的摩擦力，向临空方向滑出。以下结合斜坡地层结构，研究其所处力学环境如何使切层滑坡发生。

# 9.2　鸡尾山斜坡受力分析

## 9.2.1　结构面分布

如上述，鸡尾山斜坡地层内主要有三组软弱结构面：岩层面 $S_2$（strutum）及二组陡倾节理裂隙 $A_2$ 和 $B_2$。另有一组在影像上确定的仅存在于滑体北部的结构面 $C_2$。为分析方便，根据本研究实地测量，结合前面研究（许强等，2009）的数据，取中间值为该四组结构面的产状数据。

图 9.4 为平面坐标系，N、E 为正，S、W 为负。

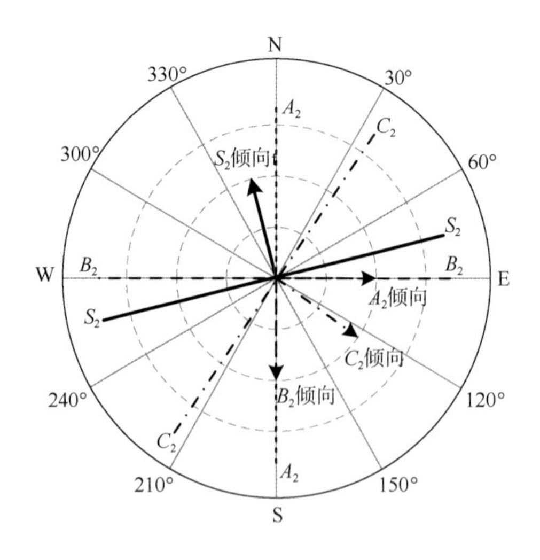


图 9.4　鸡尾山各软弱结构面平面分布

岩层面 $S_2$ 产状：走向 255°～75°，倾向 345°，倾角∠26°（20°～32°），255°～75°/345°∠26°（$\theta_2$），如图 9.4（$S_2$）及图 9.5（a）所示。

二组陡倾节理裂隙的产状：$A_2$ 组，走向近 SN 的陡倾结构面，0°～180°/E∠80°（$\alpha_2$），如图 9.4（$A_2$）及图 9.5（b）所示。$B_2$ 组，走向近 EW 的陡倾结构面，90°～270°/S∠78°（$\beta_2$），见图 9.4（$B_2$）及图 9.5（c）所示。

$C_2$ 组：走向 35°～215°，倾向 SE，倾角 70°，35°～215°/SE∠70°$\gamma_2$。

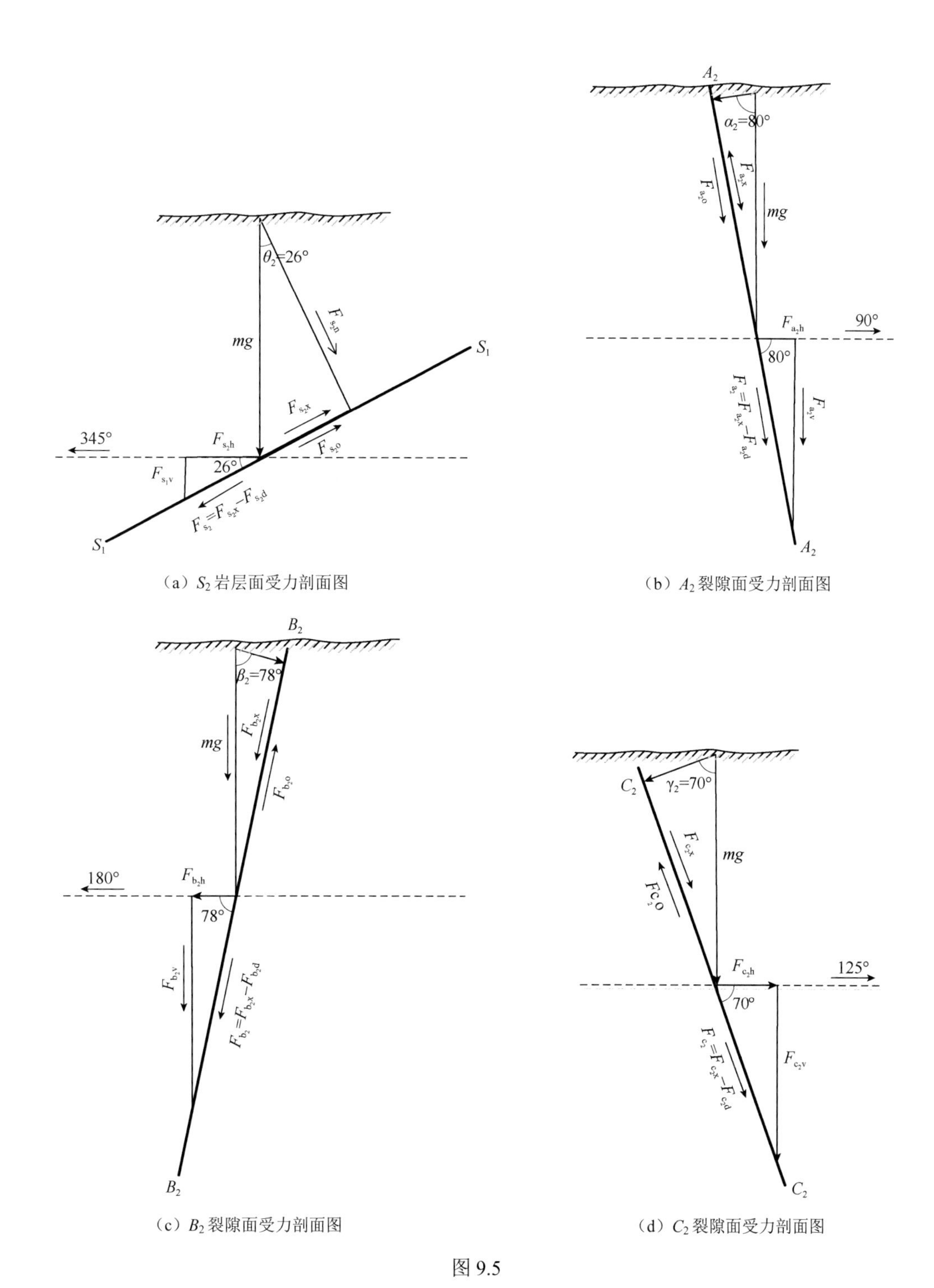


（a）$S_2$ 岩层面受力剖面图

（b）$A_2$ 裂隙面受力剖面图

（c）$B_2$ 裂隙面受力剖面图

（d）$C_2$ 裂隙面受力剖面图

图 9.5

图 9.5（a）、（b）、（c）中横坐标分别指向 $S_2$、$A_2$ 和 $B_2$ 结构面倾向。

### 9.2.2 各软弱结构面在不同斜坡状态时的受力情况

假设斜坡只受重力作用，忽略其他力的作用，且各软弱结构面为均匀平面，计算重力作用于山体各软弱结构面的情况。

**1. 斜坡稳定时**

此处的“斜坡稳定”，意思是斜坡处于没有任何形变与位移的稳定静止状态。

在自然条件下，重力是作用于山体的恒定的力，$S_2$、$A_2$、$B_2$各软弱结构面两边均为直接接触的岩石面，由于$S_2$、$A_2$、$B_2$均为斜面，受重力作用其接触面上覆岩层有沿斜面向下滑动的趋势，但也存在阻碍上覆岩层向下滑动的摩擦力。先以岩层面$S_2$为例，说明软弱结构面受力情况。如图9.5（a），当斜坡稳定时，即$S_2$面上下岩层保持相对静止时，重力$mg$作用在$S_2$面上的力，可以分解为沿着$S_2$面向下的力$F_{s_2\mathrm{x}}$和垂直于$S_2$面的力$F_{s_2\mathrm{N}}$。斜坡稳定时，沿层面向下运动的力$F_{s_2\mathrm{x}}$与阻碍其运动（或运动趋势）的静摩擦力$F_{s_2\mathrm{o}}$相等，即$F_{s_2\mathrm{x}}=F_{s_2\mathrm{o}}$。

$$F_{s_2\mathrm{x}}=\sin\theta_2\,mg=0.44\,mg$$

式中，$m$为$S_2$上覆岩石的质量（假设各软弱结构面上覆岩石质量均为$m$，且均匀分布），$\theta_2=26°$，$g$为重力加速度。

$$F_{s_2\mathrm{o}}=\mu_{\mathrm{os}_2}\cdot F_{s_2\mathrm{N}}$$

式中，$\mu_{\mathrm{os}_2}$为层面$S_2$的静摩擦系数，它只跟岩石特性、接触面粗糙程度及湿度等有关；$F_{s_2\mathrm{N}}$为重力作用于$S_2$面上的正压力，$F_{s_2\mathrm{N}}=mg\cos\theta_2$；$F_{s_2\mathrm{o}}$为静摩擦力，$F_{s_2\mathrm{o}}=\mu_{\mathrm{os}_2}\times0.90\,mg$。

使用Matlab软件进行计算。

斜坡稳定时，$F_{s_2\mathrm{x}}=F_{s_2\mathrm{o}}=0.44\,mg=\mu_{\mathrm{os}_2}\times0.90\,mg$，$\mu_{\mathrm{os}_2}=0.49$　（9-1）

同样求得重力在$A_2$、$B_2$裂隙面上的下滑力、静摩擦力和静摩擦系数[见图9.5（b）、（c）]。

$$F_{a_2\mathrm{x}}=F_{a_2\mathrm{o}}=0.98\,mg=0.17\,\mu_{\mathrm{oa}_2}\,mg,\quad \mu_{\mathrm{oa}_2}=5.67 \tag{9-2}$$

$$F_{b_2\mathrm{x}}=F_{b_2\mathrm{o}}=0.98\,mg=0.21\,\mu_{\mathrm{ob}_2}\,mg,\quad \mu_{\mathrm{ob}_2}=4.70 \tag{9-3}$$

值得注意的是，这不是平面或缓倾面上的静摩擦系数，而是阻挡高陡斜坡面上覆岩石，在重力作用下沿软弱结构面下滑的静摩擦系数，所以$\mu_{\mathrm{oa}_2}$和$\mu_{\mathrm{ob}_2}$远大于$\mu_{\mathrm{os}_2}$。

**2. 斜坡变形时**

此处的“斜坡变形”，意指斜坡软弱结构面上覆岩层有蠕滑、层间错动、变形等现象，但无局部或整体斜坡位移。

对于任一斜坡，只有使静摩擦系数$\mu_{\mathrm{o}}$减小，才可能使软弱结构面的摩擦力减小，相对重力沿软弱结构面下滑的分力$F_{s_2\mathrm{x}}$、$F_{a_2\mathrm{x}}$、$F_{b_2\mathrm{x}}$加大，斜坡才有可能变形或蠕动。而作用在$S_2$、$A_2$、$B_2$面上的重力$mg$是不变的，但当岩层中加入水的作用时，静摩擦系数

$\mu_o$ 会迅速变小，当其减小至 $F_x > F_o$ 时，上覆岩层沿各软弱结构面发生蠕动或错动。此时，静摩擦系数 $\mu_o$ 变为动摩擦系数 $\mu_d$，$F_d$ 则为动摩擦力。

斜坡变形时，也即 $F_x - F_d > 0$ 时，求重力沿各软弱结构面的蠕滑力：

$$F_{s_2} = F_{s_2x} - F_{s_2d} = mg\sin\theta_2 - \mu_{ds_2} mg\cos\theta_2 = mg(\sin\theta_2 - \mu_{ds_2}\cos\theta_2) > 0 \quad (9\text{-}4)$$

$$F_{a_2} = F_{a_2x} - F_{a_2d} = mg\sin\alpha_2 - \mu_{da_2} mg\cos\alpha_2 = mg(\sin\alpha_2 - \mu_{da_2}\cos\alpha_2) > 0 \quad (9\text{-}5)$$

$$F_{b_2} = F_{b_2x} - F_{b_2d} = mg\sin\beta_2 - \mu_{db_2} mg\cos\beta_2 = mg(\sin\beta_2 - \mu_{db_2}\cos\beta_2) > 0 \quad (9\text{-}6)$$

鸡尾山斜坡各类软弱结构面遇水时，摩擦系数 $\mu_d$ 的减小是不同的，层面 $S_1$ 为含炭质和沥青质页岩软弱夹层，其中的黏土矿物有亲水作用，遇水软化，强度变弱，当泥质页岩呈泥浆湿润状态时其摩擦系数 $\mu_{ds_2}$ 可达 0.11～0.13（2014-11-27，下载文档，百度网，http://www.zybang.com/question/fdfc2a8406fbad62be29441480b9ee35.html），取中值 $\mu_{ds_2}=0.12$；水在灰岩裂隙面 $A_2$、$B_2$ 上的作用并不如 $S_1$ 面上那样明显，据《岩石坚固系数与摩擦系数》（www.doc88.com/p-2496…2012-06-08）干燥灰岩的摩擦系数为 0.35～0.40，水湿润灰岩的摩擦系数为 0.33～0.38，相差不大。现取中值，$\mu_{da_2}=\mu_{db_2}=0.35$。将 $\mu_{ds_2}$、$\mu_{da_2}$ 和 $\mu_{db_2}$ 值分别代入式(9-4)、式(9-5) 和式(9-6)，求得重力作用在 $S_2$、$A_2$ 和 $B_2$ 面上的、减去摩擦力后的下滑力：

$F_{s_2}=0.33\ mg$/NW345°（力的大小/力的方向，下同）；

$F_{a_2}=0.92\ mg$/ 90°；

$F_{b_2}=0.91\ mg$/180°。

所以，当有水作用时，在重力及 $S_2$、$A_2$、$B_2$ 软弱结构面的反作用力长期持续作用下，山体沿着各软弱结构面逐渐张开，形成以岩层面为底，以 $A$、$B$ 为四边的近似长方体，鸡尾山斜坡则由这些长方体积木块状的碎裂岩块组成。下面计算这 3 组力的合力。

由于主要是水平分力对岩层变形破坏起作用，并考虑到方便计算合力，求取 $F_{s_2}$、$F_{a_2}$ 和 $F_{b_2}$ 的水平分力：$\vec{F}_{s_2h}=\vec{F}_{s_2}\cos\theta_2=0.30\ mg$/NW345°，图 9.5（a）；

$\vec{F}_{a_2h}=\vec{F}_{a_2}\cos\alpha_2\approx 0.16\ mg$/90°，图 9.5（b）；

$\vec{F}_{b_2h}=\vec{F}_{b_2}\cos\beta_2\approx 0.19\ mg$/ 180°，图 9.5（c）。

重力作用在 $S_2$、$A_2$、$B_2$ 各软弱结构面的力是相互作用的，当力的方向相同时力会叠加，相反时力会减小（抵消）。用矢量相加的方法求得 $F_{s_2}$、$F_{a_2}$、$F_{b_2}$ 水平分力的合力（图 9.6）：

$$\vec{F}_{s_2a_2b_2h}=\vec{F}_{s_2h}+\vec{F}_{a_2h}+\vec{F}_{b_2h}=0.13\ mg/\text{NE}40° \quad (9\text{-}7)$$

该合力为一使岩层向北偏东方向变形位移的较微弱的力。

### 3. 鸡尾山斜坡发生滑坡的必要力学及结构条件

鸡尾山斜坡要发生滑坡，至少还须有以下力学及结构条件：①足够大的、指向临空方向的合力；②形成可能与山体分离的部分斜坡块体。

（1）$C_2$ 裂隙面出现——指向临空方向合力的形成。在长期降水和强烈的岩溶作用下，除了层面蠕滑加剧，沿着 $A_2$、$B_2$ 裂隙发育大量岩溶管道和溶蚀裂缝外，在斜坡的某一部位（滑前块体前部）发育了 35°～215°/SE∠70°（$\gamma_2$）的陡倾裂隙面，称其为 $C_2$ 裂隙，见图 9.5（d）。

$C_2$ 裂隙生成后，在水的作用下，重力沿 $C_2$ 面的下滑力为：$F_{c_2\text{x}}=F_{c_2\text{x}}-F_{c_2\text{d}}=mg\sin\gamma_2-\mu_{\text{dc}_1}mg\cos\gamma_2=mg(0.94\sim0.35\times0.34)/125°=0.82\ mg/125°$。同样，力 $F_{c_2}$ 可分解为 $F_{c_2\text{h}}$ 和 $F_{c_2\text{v}}$，现只考虑 $F_{c_2\text{h}}$。$\vec{F}_{c_2\text{h}}=\vec{F}_{c_2}\times\cos\gamma_2=0.28\ mg/125°$，现求重力作用在 $S_2$、$A_2$、$B_2$ 和 $C_2$ 各软弱结构面作用力的合力，见图 9.6（两种合力），求得：

$$\vec{F}_{s_2a_2b_2\text{h}}=0.32\ mg/\text{SE}101° \tag{9-8}$$

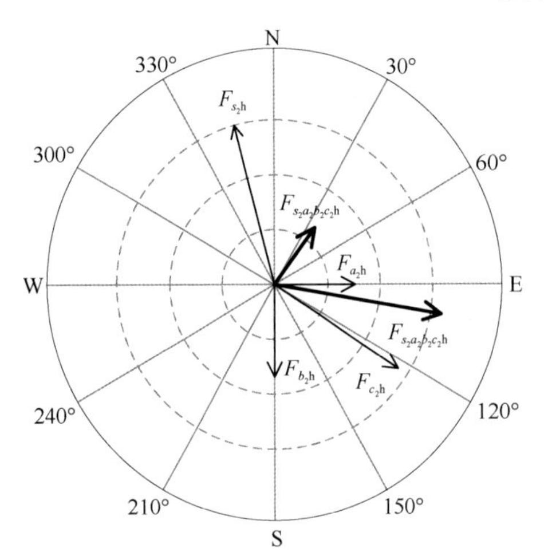

图 9.6　鸡尾山斜坡各软弱结构面在重力作用下的合力

对比 $F_{s_2a_2b_2\text{h}}=0.13\ mg$/NE36°可知，$C$ 裂隙出现后，重力作用在鸡尾山斜坡各软弱结构面的力的合力的大小由 0.13 $mg$ 增加到 0.32 $mg$，力的方向由 NE36°转为 SE 的 101°，大大利于部分被切割的斜坡向临空方向运动。

（2）可能与山体分离的部分斜坡块体形成。由图 9.2、图 9.3 可见，鸡尾山斜坡南高北低，向北倾斜。重力作用于 $S_2$、$A_2$、$B_2$ 各软弱结构面的力的合力 $F_{s_2a_2b_2}$ 指向 NE36°（图 9.6），受倾南东的 $C_2$ 裂隙面的阻挡，会产生反射、折射力的叠加等，从而使受 $C_2$ 影响的部分斜坡与周围斜坡的应力状态发生明显差异，该应力差异使部分斜坡内部微观组织发生不均匀变化，从而形成以 $S_2$、$A_2$、$B_2$、$C_2$ 结构面与临空面组成的多面体 $S_2A_2B_2C_2$（图 9.7）与周围坡体的分离。

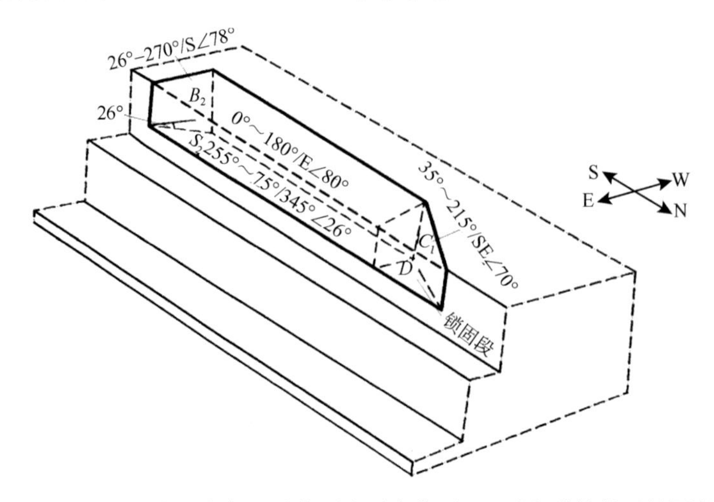

图 9.7　鸡尾山斜坡各软弱结构面在重力作用下形成部分块体及锁固段

作用于 $C_2$ 裂隙面的合力 $F_{s_2a_2b_2}$/NE36°，受到 $C_2$ 的阻挡，在 $C_2$ 附近形成一应力集中区——$D$ 区（似三角体部分），该区成为阻挡块体 $S_2A_2B_2C_2$ 向北东方向运动的锁固段。

## 9.3　鸡尾山斜坡灾害孕育过程及活动方式

### 9.3.1　灾害孕育过程

鸡尾山滑坡灾害的发生，从斜坡的形成、斜坡软弱结构面形成、被侵蚀、产生崩塌到滑坡发生，经过了漫长的孕育过程。

**1. 鸡尾山斜坡的形成**

据程裕琪等（1994），鸡尾山地区所属区域构造单元上扬子地块是华南地块的稳定核心，为地壳稳定区，第四纪以来以整体抬升为主，区内各地层呈整合接触。地质构造相对简单，区内活动断裂不发育，历史上从未发生过破坏性地震，未发现断层。据《中国地震动参数区划图》（GB18306—2015），该区地震基本烈度为 VI 度。所以就区域地质构造环境而言，不属于易发育灾害的地区，鸡尾山斜坡的形成只是自然地质环境的正常演化，即随着地壳的不断抬升，乌江及其支流石梁河、铁匠沟下切，逐渐形成鸡尾山斜坡。

**2. 鸡尾山山体软弱结构面及积木块形成**

构成鸡尾山山体岩层中厚、薄相间的层理 $S_2$ 和两组大致互相垂直的陡倾裂隙 $A_2$、$B_2$ 结构面，是在区域成岩过程中自然形成的，是鸡尾山山体的自然属性。自节理形成起，首先是出露地表的部分受到水蚀和风蚀作用，侵蚀作用逐渐向山体内部深入，直到抵达隔水层层面（主要是 $P_1^3q$ 底与 $P_1^2q$ 顶的接触面）停留。这三组软弱结构面不断被侵蚀，在重力及侵蚀作用下，斜坡被切割成积木块状。

**3. 崩塌的发生**

三组软弱结构面被不断侵蚀形成积木块状斜坡后，在地下水作用下，下伏软弱层强度不断降低，在北东向合力的作用下，靠近临空面的某些部分上覆厚层块体会首先克服静摩擦，向临空面方向倾倒、崩塌。鸡尾山斜坡形成过程中及形成后，不同规模的崩塌会时常发生。

**4. 滑坡发生**

如鸡尾山这类切层缓倾厚层硬质灰岩下伏软弱夹层并具有至少二组陡倾裂隙面切割的岩性结构的斜坡，即使有强烈的水活动，一般不易形成滑坡。为什么会发生滑坡呢？如上分析，主要是在斜坡的适当部位出现了另一斜向裂隙 $C_2$，$C_2$ 裂隙面的出现，使重力对各软弱结构面作用力的合力加大，并指向临空面，受其影响的部分斜坡应力状态及微观组织与未受影响部分的斜坡产生差异，并在软弱结构面发生突变，使斜坡被切割，自成一多面体 $S_2A_2B_2C_2$，并在 $C_2$ 附近形成锁固段。当 $S_2A_2B_2C_2$ 的合力足以克服层面上的摩擦力及锁固段的阻力时，便可能发生滑坡。什么样的斜向裂隙可能导致如此岩层结构的斜坡发生滑坡呢？①该裂隙有适当的位置及产状，即裂隙走向须位于沿层面真倾向下滑力（最大下滑力）方向与临空面朝向之间，且倾向偏临空方向；②该裂隙应有足够长的尺度，因为该裂隙面为应力集中部位，需要承受足够大的应力，如鸡尾山斜坡的 $C_2$ 裂隙，在正射遥感图像上量测长约 255 m；③须有一个可能成为完整块体的力作用于该裂隙面，鸡尾山斜坡的南高北低，且 $C_2$ 位于多面体 $S_2A_2B_2C_2$ 南部位置，该裂隙面可能成为该多面块体位置最低的一个周边界（注意不是底层面），正好满足该条件。

此外，需再次强调，发生滑坡的一个重要条件是软弱夹层（岩层面）上有长期、充足的水作用，在上覆厚层岩石压力及地下水作用下，软弱的泥页岩夹层才可能处于水和泥湿润状态，上覆块体与软弱夹层之间的摩擦力才可能大大降低，部分块体才可能克服静摩擦力及锁固段的阻力，发生偏向临空方向的整体滑动。

### 9.3.2　鸡尾山切层滑坡活动特征

基于以上切层滑坡形成条件和孕育过程，该类滑坡应有以下特征：①规模巨大，一般在百万立方米以上，鸡尾山滑坡为约 $5.0\times10^6\ m^3$。如前所述，没有相当的规模，难以对 $C$ 裂隙面产生足够的推力，使该面成为应力集中部位，从而产生足够大的朝临空面方向的力，克服地层视倾方向的摩擦力。②高速，瞬间发生，该类滑坡速度一般为高速滑坡，因为要使该类滑坡启动，指向临空面的力，需要克服多边形块体沿岩层视倾向的摩擦力，$E = MV^2$，只有高速滑坡才可能产生足够大的向临空面滑动的动能。③发生在高陡临空面，只有在高陡临空面斜坡孕育的切层滑坡，才可能有较大规模。④常伴随高速碎屑流，大规模、高速滑坡在剪出临空方向的瞬间，跌落成为碎屑流，如碰撞对岸岩壁，则会获得更大动能，滑体破碎，随地形改变移动方向，在沟谷中高速流动，瞬间覆盖大范围地表。⑤灾害严重，如此瞬间发生的大规模，高速滑坡，如在居民区、农田或道路、桥梁、矿山等建筑区，必然产生人员伤亡和巨大的经济损失。

## 9.4　早期征兆及识别

在确认由切层缓倾厚层硬质岩夹软弱夹层结构斜坡后，可能发生滑坡的前兆主要有两点：①存在斜向“$C$”裂隙，并以此为一边的多边形块体的各边界裂隙逐渐贯通；②小规模崩塌频繁发生。

## 9.5　讨　　论

重力作用于各软弱结构面的分力，减去与其方向相反的摩擦力后计算的合力，是否还须克服视倾方向的岩层摩擦力才能发生滑坡运动呢？不需要！因为在计算合力 $\vec{F}_{s_2a_2b_2h}$ 前的各分力已经减去各软弱结构面摩擦力了，无须重复减摩擦力。

切层缓倾厚层硬质岩与软弱薄层相间并具有至少二组陡倾裂隙面切割的斜坡岩层结构，即使有强烈的水活动，一般不易形成滑坡。为什么会发生滑坡呢？主要是在斜坡的适当部位出现了另一斜向裂隙。该裂隙须有如下条件：①适当的位置及产状，即裂隙走向须位于沿层面真倾向（下滑力）方向与临空面朝向之间，且倾向偏临空方向；②该裂隙应有足够长的尺度，因为该裂隙面为应力集中部位，须承受足够大的应力；③须有一个可能成为完整块体的力作用于该裂隙面，才可能形成锁固段，发生应力突然释放，发生滑坡。

# 第10章　三峡新滩滑坡

1985年6月12日新滩滑坡（以下简称为“6·12”新滩滑坡）发生后次日，笔者带领小组即赶到现场，在湖北省岩崩调查处同行的陪同下考察了滑坡现场及附近。经分析研究，形成了论文《秭归新滩大滑坡》，发表在1986年的《自然科学年鉴》上（王治华，1986）。

自1974年起，西陵峡岩崩调查工作处（湖北省岩崩滑坡研究所的前身）对广家崖-姜家坡-新滩斜坡进行每月一次、每次 7～15 天的密集监测。正是由于十余年的严密监测，以及对调查及监测数据的科学分析，才在新滩滑坡发生前 11 个小时，及时、准确地预报了新滩大滑坡的发生，使滑坡灾害造成的经济财产损失减到最少，滑坡区各类人员1 371人得以安全转移，无一人伤亡，成为我国滑坡预测预报、抢险救灾工作的一个范例（王尚庆等，2008）。

自从新滩滑坡发生后，国内外科技工作者进行了大量的考察研究，先后有中国科学院地质研究所、山地灾害与环境研究所、地矿部水文所等单位，以及水利部长江流域规划办公室及中国香港、台湾的地学专家参加考察。国外也先后有加拿大、美国、捷克、法国、日本、以色列、伊拉克等国以及联合国等机构派出的专家去滑坡现场考察。

关于新滩滑坡，国内已有近百篇论文发表，对滑坡的灾害灾情、活动历史、活动特征、成因等以及监测预警情况进行了研究。如王尚庆（2008）根据数年累积的监测数据制作的蠕变曲线特征分析，将新滩滑坡发育过程分为初始蠕变→均速蠕变→加速蠕变→急剧变形至最终破坏四个阶段。王承辉（1990）根据新滩滑坡的主要地质地貌特征，分析其变形方式、机理和成生联系，认为新滩滑坡变形的主要影响因素为西缘和北缘陡壁岩崩物对滑体上段的加荷，地下水导致的静水和动水压力，新构造运动和地应力的影响等。夏元友等（1996）在现场地质调查与综合分析基础上，进行了竖井勘探和力学试验，从而对新滩滑坡进行稳定性评价与滑动机理探讨，认为新滩滑坡为一沿基岩面黏土层滑动的整体式堆积层滑坡，水对滑移层黏土的软化作用是新滩滑坡 1985 年滑动的主要触发因素。殷坤龙等（2002）基于非连续变形分析的基本原理，分析了新滩滑坡的工程地质特征和发展变化特征，并用非连续变形分析的方法对该滑坡运动的全过程进行了数值模拟，模拟结果显示，中部的姜家坡先发生滑动，继而对上部古滑体产生牵引作用，对下部古滑体产生推挤作用，导致新老崩积堆积区、毛家院和柳林地区的失稳，造成整体滑动。

以往国内工作虽见少数模拟文献（高杨等，2016），但主要是地面考察、测绘监测辅以勘探工程；相对而言，使用现代信息技术较少。在国外学者的滑坡研究中，意大利、荷兰、日本等国学者使用了多种新技术，从而较为深入地认识滑坡。意大利帕多瓦大学 Teza 等（2008）设计的滑坡预警系统，包含一个接收站和一个转换站，采用智能控制开关，融合了先进的网络技术和计算机技术，利用地音探听器采集滑坡数据，通过数据采集程序监控滑坡，用网络照相机获取滑坡影像，保证了不同气候下的监控可信度，具有低成本、简单化、遥控性和以及获取降水、流动高度、碎屑流等基础数据的优势。意大利 Salciarini 等（2006）通过多时相分析识别滑坡配合现场调查，通过航空像片提取滑坡碎屑流体，分析滑坡的演化倾向，以识别东翁布里亚河谷滑坡碎屑流诱发因子。荷兰 van Westen 等（2000）以 GIS 技术作为基本工具分析滑坡诱发因素，制作了三类滑坡灾害图：直接勘查数据图、定量敏感度图和大比例尺滑坡图。在正确理解并模拟触发机制的前提下，以水文和斜坡稳定性等模型，使用影像等资料，综合多元数据统计、二元经验统计、概率论等方法，模拟预测滑坡并制图。通过 GIS 内外部环境的对比研究指出，发挥专家知识和经验及 GIS 的双重优势以取得更佳效果。

在学习和分析以上工作文献基础上，本研究旨在探索采用数字滑坡技术，辅以力学分析，以更广阔的时空视野，更准确的地理配准及更直观清晰的表达方式，更深入的地学理解，再次宏观分析“6·12”新滩滑坡发生的力学环境、滑坡活动特征及规律。

# 10.1　姜家坡-新滩斜坡基本地理环境

## 10.1.1　地 理 位 置

“6·12”新滩滑坡所在姜家坡-新滩斜坡，位于长江三峡之一的西陵峡上段，兵书宝剑峡出口处的北岸，下距三峡大坝坝址 26 km，隶属湖北省秭归县屈原镇（图 10.1）。

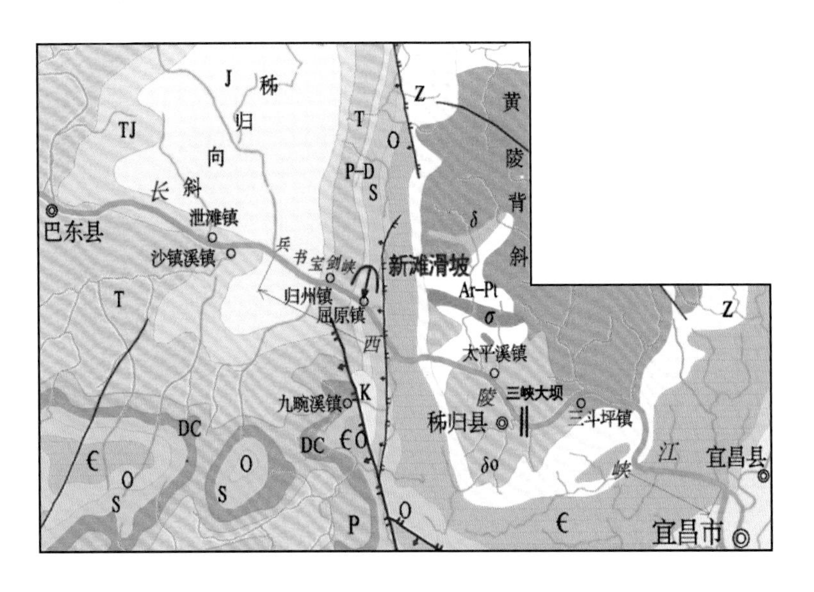


图 10.1　新滩滑坡所处位置及其地质环境

## 10.1.2　“6 • 12”新滩滑坡区域地质环境

### 1. 地质构造

新滩滑坡所在区域构造部位为华南板块的扬子陆块北缘黄陵背斜西翼，西接秭归向斜。

自白垩纪末-古近纪初的燕山运动造成三峡地区的隆升，自此地壳大面积间歇性抬升，期间经鄂西期、山原期两次地壳相对稳定，至三峡期，地壳又强烈隆起，长江迅速下切，形成二级夷平面（2 000～1 700 m 和 1 500～1 200 m）、一级侵蚀面（1 000～800 m）和 1～7 级河流阶地，造成相对高差 1 000 余米的山高谷深的峡谷形态（谢世友，2000；沈玉昌，1986）。广家崖-新滩斜坡就是此时形成的高陡边坡。该边坡位于北西向的仙女山断裂和北北东向的九湾溪断裂之间，见图 10.1。本区地震活动较微弱，附近于 1972 年 3 月 13 日发生过 3.6 级地震。

### 2. 地层

本区主要地层由老至新（分布由东至西）有：

奥陶系（O）：灰岩；

志留系（S）：粉砂岩、钙质页岩、黏土页岩互层；

泥盆系（D）：厚层石英砂岩，下部紫红色页岩；

石炭系（C）：厚层粗粒结晶灰岩及白云质灰岩；

二叠系（P）：中厚层坚硬、次坚硬燧石灰岩硅质结核灰岩与泥灰岩互层，底部夹薄层泥岩、炭质页岩夹煤层。

研究区长江段 NWW-SEE 走向。受黄陵背斜西翼产状控制，以上地层呈单斜倾向长江上游且偏北岸，形成切层坡。志留系岩层 $S_3$ 走向 NE 20°～200°，倾向西偏北，倾角 31°（25°～38°）。岩层中陡倾裂隙发育，按裂隙面产状可分为四组（取中值）：

$A_3$ 走向 75°～255°，倾向南东，倾角 78°；

$B_3$ 走向 345～165°，倾向北东 $B_{3a}$ 和南西 $B_{3b}$，倾角 70°；

$C_3$ 走向南北，倾向东 $C_{3a}$ 或西 $C_{3b}$，倾角 73°；

$D_3$ 走向 325°～145°，倾向北东，倾角 64°。

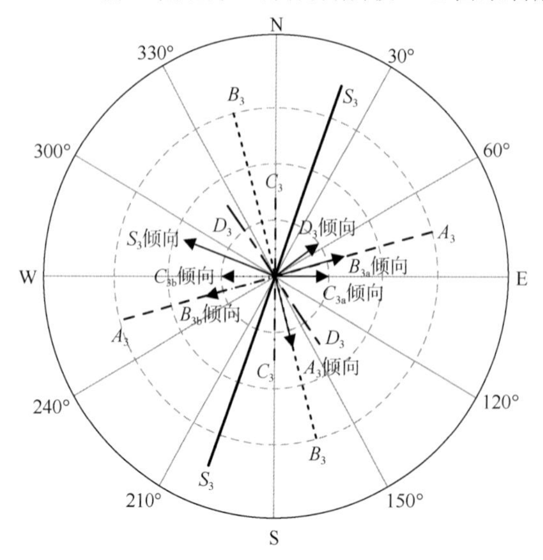

图 10.2　黄崖-新滩斜坡各软弱结构面的产状

如图 10.2，图中各产状走向线长度示意层面或裂隙发育程度。以 A、B 近于互为垂直的两组最为发育，往往成为长大裂隙，与层面一起将斜坡切成破裂块体。除以上陡倾裂隙外，在志留系页岩中还发现一些缓倾裂隙。

区内第四系地层有两套：①河流冲积层：壤土夹钙质结核、半磨圆的砂砾石夹块碎石及钙质胶结砾石层（江北砾石层），可见厚度约为 2～3 m，分布在斜坡前缘东侧及中侧残留不全的 1～3 级阶地上。②崩坡积及滑坡、泥石流堆积，主要分布在斜坡前缘及西侧三游沟内。

### 3. 地形地貌

斜坡地形地貌是所处地质构造类型、部位和构造活动特征，地层岩性和产状及侵蚀方式等自然因素的综合反映。本区地处黄陵背斜西翼，地壳长期抬升，经受外力侵蚀与剥蚀作用。研究区的地貌可概括为两山夹一坡：西侧，为由黄陵背斜西翼的泥盆系石英砂岩、石炭系和二叠系灰岩组成的黄崖山体（包括广家崖、黄崖和鲤鱼山），海拔 300～1 332 m，平均坡度约 60°，山体岩性坚硬，以溶蚀及崩塌作用为主，北西-南西弧形走向。黄崖山体岩脚在二叠系底部煤系及泥盆系顶部泥页岩夹层处形成狭带状缓坡。黄崖山体以东，本区中部，从约 1 000 m 以下到 60 m（江边），由志留系粉砂岩、钙质页岩、黏土页岩互层构成缓坡。其抗风化能力弱，软硬不一，形成相对低缓、陡缓相间、临空长江的斜坡。可分为东西两部分：西部，紧邻黄崖山体的志留系缓坡，由于接受了广家崖不断崩落的岩块土石，成为堆积坡。堆积坡的范围以黄崖山体崩塌物所达到的位置及后期活动到达的部位为边界。东部，志留系缓坡为总体走向与黄崖山体相似的弧形斜坡，由表层风化的砂页岩基岩坡构成。

东侧，为奥陶系灰岩构成的近南北走向、平均坡度约 30°的较规则的顺层坡——笔架山，海拔 300～992.50 m，笔架山西坡下为四条基岩垄脊与沟谷相间，上部北西南东走向，中下部近南北走向的基岩斜坡（图 10.3）。

图 10.3　“6 • 12”新滩滑坡前的黄崖-新滩-笔架山“两山夹一坡”地形示意图

### 10.1.3 气象水文

本区位于鄂西山地暴雨中心，多年平均降雨量约 1 100 mm，雨量集中在 6～8 月，多暴雨。1935 年 7 月 3 日至 7 日出现过 5 天总降雨量 1281.8 mm，1975 年 8 月 9 日出现过 12 小时降雨量为 545 mm 的强降雨天气。

姜家坡-新滩斜坡地下水主要为堆积物中的孔隙水，受大气降水及灰岩溶洞裂隙水补给。据钻孔资料，地下水只在砂页岩构成的坳槽内蓄积，以页岩或黏土为隔水层。斜坡中上部，地下水在粗大岩块孔隙中运行，有良好的径流排泄条件，一般无地下水蓄存；斜坡下部，地下水在坡脚、三游沟、新滩、柳林一带集中成泉群涌出，排入长江。

## 10.2 方法技术

在滑后地面考察基础上，另主要采用两种方法：①力学分析，计算重力作用于各软弱结构面的合力的大小与方向，分析斜坡变形失稳的动力学特征；②数字滑坡技术，以遥感获取“6 · 12”新滩滑坡前后各部位地面特征信息，进行时空分析，了解该类切层滑坡活动特征，获取预警因素。

### 10.2.1 力学分析

采用与上述五里坡斜坡及鸡尾山同样的方法，计算重力作用于各软弱结构面的下滑分力之合力的大小与方向，此处不再赘述。但为新滩滑坡提供主要物质来源的黄崖山体有两点特殊情况：①黄崖山体中上部（*A*）与底部（*B*）所含夹层岩性不同，所以其摩擦系数不同，所求下滑力也不同。山体中上部（*A*）由泥盆系、石炭系和二叠系的坚硬石英砂岩、白云岩、灰岩与软弱的泥页岩互层；山体底部（*B*）则夹薄层炭质页岩及煤层。所以需分别求下滑力。参考 2012-09-04 百度网发布的原始网页 http：//www.soowen.com/wendao/wendao-471832086.html 提供的“不同岩石和岩石不同状态下的岩石摩擦系数”数据。当有水的作用时，泥润泥岩的摩擦系数为 0.13～0.11，取 $\mu_{ds_3}(A)=0.12$；炭质页岩的摩擦系数为 0.15～0.20，取 $\mu_{ds_3}(B)=0.17$，分别求取这两种情况下的沿层面下滑力。②黄崖山体斜坡陡倾裂隙 $B_3$ 和 $C_3$ 各有 2 个方位的倾向：$B_3$ 走向 345°～165°，倾向北东 $B_{3a}$ 或南西 $B_{3b}$，倾角 70°；$C_3$ 走向南北，倾向东 $C_{3a}$ 或西 $C_{3b}$，倾角 73°，如图 10.4。所以对黄崖山体中上部 $S_3$（*A*），求合力时有 4 种情况，如式（10-1）～式（10-4）所示。

$$F_1 = F_{s3Aa3b3ac3ad3} = 0.538\ mg/60° \tag{10-1}$$

$$F_2 = F_{s3Aa3b3ac3bd3} = 0.268\ mg/357° \tag{10-2}$$

$$F_3 = F_{s3Aa3b3bc3ad3} = 0.141\ mg/331° \tag{10-3}$$

$$F_4 = F_{s3Aa3b3bc3bd3} = 0.563\ mg/282° \tag{10-4}$$

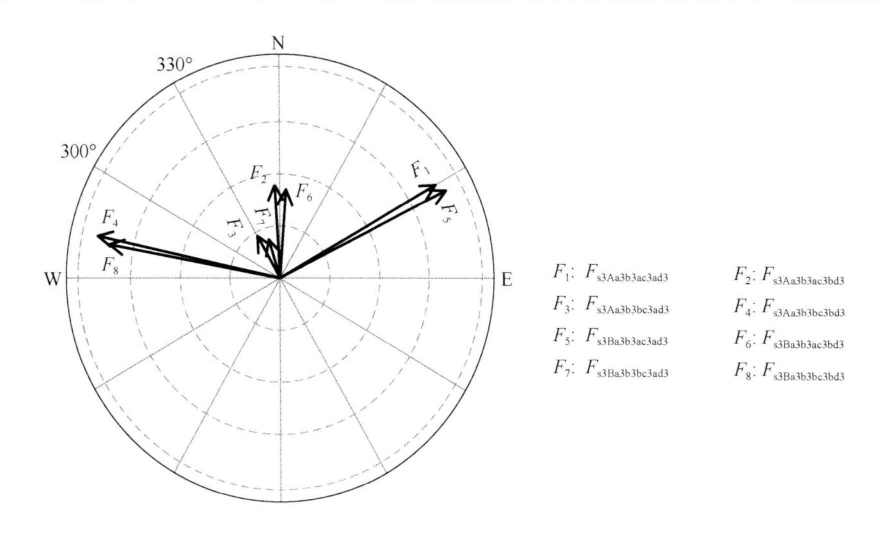


图 10.4 重力作用于各产状软弱结构面力的合力分布

同理，对于黄崖山体底部 $S_3(B)$，也有 4 组合力，如式(10-5)～式(10-8) 所示：

$$F_5 = F_{s3Ba3b3ac3ad3} = 0.562\ mg/63° \tag{10-5}$$

$$F_6 = F_{s3Ba3b3ac3bd3} = 0.256\ mg/4° \tag{10-6}$$

$$F_7 = F_{s3Ba3b3ac3ad3} = 0.117\ mg/343° \tag{10-7}$$

$$F_8 = F_{s3Ba3b3ac3bd3} = 0.528\ mg/282° \tag{10-8}$$

分析式 (10-1) 至式(10-8)及图 10.4，有如下认识：①$F_1$、$F_2$、$F_3$、$F_4$ 分别与 $F_5$、$F_6$、$F_7$、$F_8$ 相应，各对合力大小/方向相似，也即泥岩夹层与炭质页岩夹层对重力作用于各软弱结构面的合力没有明显区别。②$F_1$、$F_5$ 合力方向指向北东，$F_4$、$F_8$ 的合力方向指向北西，差别最大，从各自式中可见，它们的差异主要是 $B_3$ 裂隙的不同倾向引起的，说明 $B_3$ 对黄崖山体的变形有重要影响。③重力作用于黄崖山体斜坡各软弱结构面的合力的方向为北西、北和北东，与斜坡向南和东南的临空面逆向或相切，不利于产生沿岩层面的变形滑动。姜家坡-新滩斜坡地层产状相似，所以黄崖山体和姜家坡-新滩斜坡难以发育沿岩层面变形位移的滑坡。前者必然以崩塌活动为主，与其相邻的后者接受了大量崩塌堆积后，当然以堆积层滑坡为主要变形位移方式。

## 10.2.2 数字滑坡技术方法

### 1. 建立解译基础

解译基础，即用于识别滑坡，能定位、定量获取滑坡及其发育环境信息的，由多层图像、图形构成的组合。它将滑坡调查区所有的遥感与非遥感信息源整合成一个数字的、精确几何校正的，相关信息在同一地理坐标控制下配准的数据集合。以此为基础可实现定位、定量的精细滑坡遥感解译及时空分析。解译基础由遥感、数字摄影测量、地理信息系统技术整合形成，是数字滑坡技术最基础的部分。本研究需建立新滩滑坡前和后两类解译基础。前者由在同一地理坐标控制下严格配准的滑前航摄图像、地形等高线、坡度图和坡向图构成；后者由在同一地理坐标控制下严格配准的滑后航摄图像、地形等高线、坡度图和坡向图构成。

1）收集信息源

（1）遥感图像。以 1984 年 12 月滑前半年的航摄图像为滑前信息源。以 1985 年 6 月 26 日航摄图像为滑后信息源，也参考 Google Earth 2003 年到 2015 年的滑后卫星影像。

（2）地理控制。以 1958 年测绘制作的 1∶50 000 新滩幅纸质地形图为滑前地理控制信息源。

以下载自地理空间数据云网站（www.gscloud.cn）的 ASTER GDEM 数字高程数据产品为滑后地理控制数据源。ASTER GDEM 是日本经济产业省（METI）和美国国家航天局（NASA）于 2009 年 6 月 30 日共同发布的数据。

2）构建数字高程

（1）构建滑前数字高程。构建滑前数字高程步骤：①滑前地形数字化，在新滩幅纸质地形图上划定包括“6 • 12”滑坡及其附近区域的研究区，以 300 dpi 扫描该图成栅格（实际地面/栅格或像元为 4.25 m）形式的电子文档，采用的坐标系及投影参数为北京 1954 坐标系，6°分带的高斯-克吕格投影，19°分度带。②滑前地形几何校正，在 ArcGIS 软件平台上，根据扫描地形图的坐标系和投影参数，利用 GeoReferencing 工具，先在整幅地形图四周选择 4 个点，进行整幅粗校正，然后对滑坡及周边区域进行加密控制，均匀选择 50 个控制点。利用方里网交点进行配准，实现细致的地形校正，使用二次多项式进行投影变换，获得几何校正及地理配准的滑前数字地形。③滑前数字地形矢量化，在 ArcMap 软件平台上对研究区地形图等高线进行矢量化，得到 20 m 间隔滑前等高线矢量文件。④构建滑前数字高程模型，以矢量化的等高线文件，构建研究区域数字高程不规则三角网模型（TIN），然后利用 ArcGIS 3D 分析中 TIN 转 RASTER 功能，构建滑前 DEM（数字高程模型）。

（2）构建滑后数字高程。获取滑后地形是难度大、花费昂贵的工作。通过 Internet 公共平台获取的地形数据，往往难以满足滑坡调查研究的精度要求，须采取一些处理方法，部分弥补该缺陷。

本研究通过 Internet 获取的滑后地形数据是 ASTER GDEM，GeoTIFF 格式，WGS-84 坐标系，在全球范围内的平均垂直精度为 20 m，水平精度（空间分辨率）为 1 弧秒×1 弧秒（约 30 m×30 m），置信度为 95%。该数据的山区垂直精度低于平原地区，且由于没有进行内陆水域掩蔽，导致绝大多数的内陆湖泊河流高程数据不稳定。所以对于未受滑坡影响地区，直接采用滑前 1∶5 万地形高程数据。

构建滑后数字高程步骤：①网上下载及坐标转换，下载一景研究区 ASTER GDEM 数据-ASTGTM2_N30E110，将坐标系统转换成为北京 1954 系坐标系，高斯-克吕格投影，19°带投影参数；②裁剪，依照滑前研究区 DEM 范围裁剪滑后 ASTER GDEM 数据，使滑坡前后 DEM 位置范围相同；③校正，研究区滑前地形图得到的 DEM 高程范围是 60 m

到 1 240 m；同范围滑后 ASTER GDEM 的高程范围是 80 m 到 1218 m。参考滑后航摄影像和 Google Earth 上 2003 年到 2008 年卫星影像数据，在 ArcGIS 中运用栅格计算器，对 ASTER GDEM 中的高程值进行修正。由于研究区内的最大高程位于未受滑坡影响区域，所以参照滑前的地形图高度，将研究区滑后 GDEM 的最高值修改为 1 240 m。最终得到的滑后 DEM 数据高度范围为 60 m 到 1 240 m。并在 ArcGIS 软件中提取滑后 20 m 高程间隔等高线。

3）航摄图像处理

（1）滑前影像处理。在 ENVI 软件平台，以校正好的地形图为基准图像，对 1984 年滑前航摄影像进行几何校正，使两者精确匹配，得到校正后的滑前影像，最大校正误差为 3 个像元。

（2）滑后影像处理。在 ENVI 软件平台，利用 1985 年 6 月 26 日航摄影像自带飞行参数（航空摄影机型号、数字、焦距、像图、视场角、最大光圈、最大畸变差、框标数据、镜头解像力-线数/mm 等）及滑后 DEM，同上投影参数，均匀选择控制点对其进行正射校正，获取校正后的滑后影像，由于缺乏地面控制点数据，最大校正误差为 5 个像元。

为了尽可能地利用原有的分辨率，滑坡前后图像的地面分辨率统一采样为 0.42 m。由于滑坡前后的地理控制精度相对粗糙（分辨率约 30 m），校正误差在 3 个像元内，所以实际误差约 90 m。

**2. 其他数字产品制作**

对滑坡分析有用的地势、坡度、坡向等是 DEM 的衍生产品。在 ArcGIS 软件中，利用上面步骤得到滑前和滑后 DEM 数据，生成滑前、滑后的地势图、坡度图和坡向图等，如图 10.5 所示。

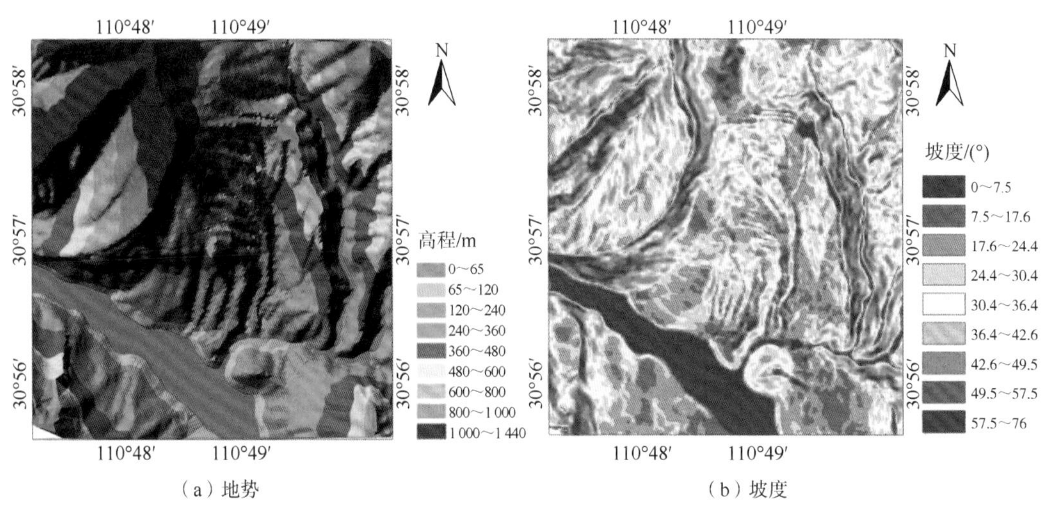


（a）地势　　（b）坡度

图 10.5　黄崖-新滩-笔架山“两山夹一坡”地势与坡度

## 10.3　获取“6 • 12”新滩滑坡特征信息

“6 • 12”新滩滑坡前后的遥感解译基础完成后，便以此基础获取滑坡活动前后的斜坡环境信息，了解新滩滑坡发育的地质环境和滑坡后的地面信息，以认识新滩滑坡的活动特征。

### 10.3.1　滑坡前的广家崖-姜家坡-新滩斜坡

基于已建立的滑前解译基础，在 Photoshop 和 ArcGIS 软件平台进行人机交互解译，并进行现场验证。

如图 10.3 所示，西邻黄崖山体的广家崖-姜家坡-新滩斜坡在滑前图像上表现为分段（级）分区（块）的堆积坡，大致分为三段 11 块。①上段-Ⅰ：可分为广家崖陡崖 $Ⅰ_1$ 及其下的堆积锥 $Ⅰ_2$ 两部分。$Ⅰ_1$ 为崩塌残留的不规则基岩陡崖，可见中部三面悬空、仅一面贴在陡壁上的危悬岩体；$Ⅰ_2$ 为图像上表现为不同色彩亮度及不同颗粒大小、以岩块为主的堆积，反映该段不同时间发生的不同规模的崩塌堆积。Ⅰ段总面积约 0.12 km$^2$。②中段-Ⅱ：该段为老和古滑坡（以下统称老滑坡）堆积，可分为 $Ⅱ_1$～$Ⅱ_6$ 六个次级老滑坡块体。每个次级滑坡又都有各自的后缘陡坡、中部滑坡平台、前缘陡坎，滑动方向明显，总面积 0.28 km$^2$。③下段-Ⅲ：江岸以上、Ⅱ段以下老滑坡及残坡积区，分为西-$Ⅲ_1$、中-$Ⅲ_2$ 和东-$Ⅲ_3$ 三部分，总投影面积约 0.29 km$^2$。

综上，在“6 • 12”新滩滑坡前，广家崖-姜家坡-新滩斜坡上部为崩塌堆积，中下部主要为滑坡堆积。

### 10.3.2　“6 • 12”新滩滑坡活动特征及时空分析

基于滑坡前、后解译基础，在 Photoshop 和 ArcGIS 软件平台对比解译，并进行时空分析，获“6 • 12”新滩滑坡主要活动特征，具体如下：①“6 • 12”滑坡是分段分区（块）活动的；②“6 • 12”新滩滑坡至少有三级驱动及两级剪出口；③基岩 *A*、*B* 裂隙对滑坡有一定控制作用；④滑坡活动将持续间断地发生。如图 10.6 所示，以下分别介绍。

**1. “6 · 12”滑坡的分段分区活动**

遥感解译“6 • 12”新滩滑坡前后各段各区块的部位、高程、面积及滑坡前后变化，如图 10.6 及表 10.1 所示。

1）Ⅰ段

据不同部位的活动特征，Ⅰ段可分为 $Ⅰ_1$ 和 $Ⅰ_2$ 两个区块：$Ⅰ_1$ 区以崩塌活动为主，“6 • 12”滑坡后，残留基岩后壁，三面悬空的危悬岩体仍然存在；$Ⅰ_2$ 区为崩塌堆积，滑坡后原岩锥堆积已大部向南偏东滑移，堆积物较滑前减少。

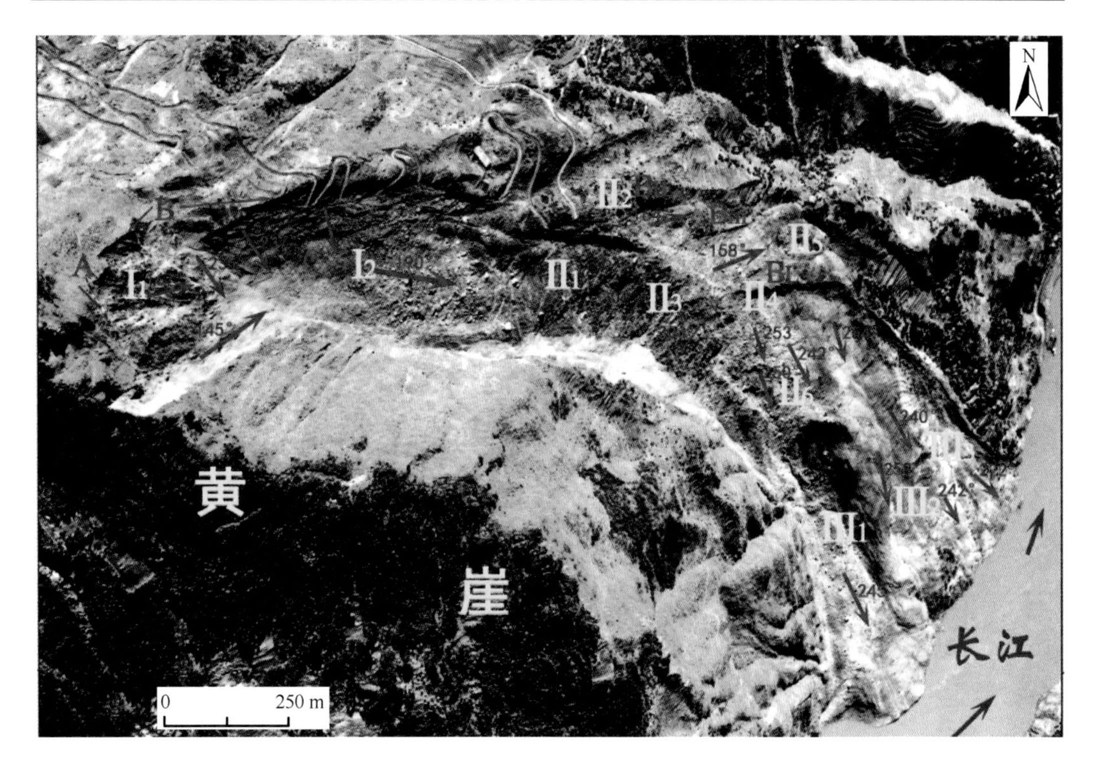


图 10.6　“6 • 12”新滩滑坡航摄影像解译

2）Ⅱ段

姜家坡至新滩以上，以滑坡活动为主，据不同位置、不同滑移方向及距离等，共划分为 6 个区块。

$\mathrm{II}_1$ 区：由滑坡前后平台基本形状未变及植被残留判译，原位于 670～580 m 高程的姜家坡平台，现已滑至 620～500 m 高程，整体滑移距离约 230～370 m，为姜-新堆积斜坡最大规模的深层滑移。自约 500 m 高程起部分堆积冲入西侧三游沟，加入泥石流活动；另一部分则向南偏东冲泻。

$\mathrm{II}_2$ 区：滑坡前后基本未变，不在滑坡范围，其西界为“6 • 12”滑坡边界。受影响局部有碎屑堆积。

$\mathrm{II}_3$ 区：“6 • 12”滑坡时，大部分堆积物冲入三游沟加入泥石流活动。

$\mathrm{II}_4$ 区：滑前为老滑坡堆积，有滑塌后壁。“6 •12”滑坡时前缘向南偏西滑了 132 m。

$\mathrm{II}_5$ 区：“6 • 12”滑坡的边缘，仅有浅层滑动或扰动。

$\mathrm{II}_6$ 区：“6 • 12”滑坡时部分冲入三游沟加入泥石流，部分滑向江岸。

3）Ⅲ段

Ⅱ段以下至江边，原新滩镇及坡上。

$\mathrm{III}_1$ 区：泥石流活动，形成伸入长江 90 余米的泥石流扇形堆积。

$\mathrm{III}_2$ 区：原高家岭及新滩镇，滑坡有受阻现象，起伏大，有基岩垄脊突出及残余植被、房屋出露。

$III_3$区：滑坡活动东南缘，东侧受阻成一突起梗，薄土石覆盖，有零星植被出露。

**表 10.1　“6 · 12”新滩滑坡前后地面高程、平均坡度及地面变化**

| 位置及面积 | “6 · 12”滑坡前（1984 年 12 月） | | “6 · 12”滑坡后 | | 滑坡前后地面变化 |
|---|---|---|---|---|---|
| | 高程/m | 平均坡度/(°) | 高程 / m | 平均坡度/(°) | |
| 广家崖危岩$I_1$ 43 232.7 $m^2$ | 1120～820 | 44.0 | 1 120～820 | 44.5 | 高程范围基本未变。滑后沿 $A_3$、$B_3$ 裂隙发生崩塌后的岩壁明显 |
| 广家崖下堆积岩锥，$I_2$ 73 039.1 $m^2$ | 820～670 | 24.0 | 840～630 | 21.9 | 滑坡后岩锥上界抬高 20 m，下界下移 40 m，崩塌堆积范围扩大，但堆积物明显减少 |
| 姜家坡与新滩之间斜坡II，$II_1$ 61 817.4 $m^2$ | 670～580 | 15.0 | 620～500 | 10.0～15.0 | $II_1$ 整体下移 50～80 m 高程，以其平均坡度约 12.5°计，滑移距离约 230～370 m。自约 500 m 高程起分成两部分：一部分向西偏南进入三游沟；一部分向南偏东冲去 |
| $II_2$ 15 765.3 $m^2$ | 630～340 | 21.0 | 630～340 | 21.0 | $II_2$ 滑坡前后未动，划出“6 · 12”滑坡范围，西侧边界为滑坡边界，局部表层有碎屑堆积 |
| $II_3$ 44 954.8 $m^2$ | 580～500～420 | 27.6 | 580～470 | 23.9 | $II_3$ 大部分土石向西偏北入三游沟 |
| $II_4$ 10 2931.1 $m^2$ | 500～480，为滑塌后壁；480～280，为滑坡堆积 | 后壁 30.8°，堆积 21.7° | 后壁：500～450 堆积：450～220 | 后壁：28.1° 堆积：22.7° | 滑后，后壁呈弧形，后缘位置大致未变，滑体向南偏西运动，堆积较滑前下降约 50 m，此处坡度以 22.2°计，滑前堆积滑动距离约 132 m |
| $II_5$ 29 740.4 $m^2$ | 620～340，长条形堆积 | 25.1 | 620～340 | 24.5 | 620～520 m 表层有碎屑覆盖，520 m 以下至 340 m 止，有向南偏东的浅层滑动，属滑坡东南缘扰动区 |
| $II_6$ 85 866.8 $m^2$ | 420～260 | 22.3 | 340～220 | 27.1 | 西部 280 m 高程以上少量向西偏北滑向三游沟，大部向西南冲滑 |
| 三游沟$III_1$ 112 496.1 $m^2$ | 260～60，三游沟 | 20.4 | 260～60 | 18.9 | 在约 260～300 m 高程处，滑体好像突然脱落，部分向西冲去，进入三游沟，前端形成扇形堆积，中部向南偏西推动前部滑前堆积 |
| 高家岭及新滩镇$III_2$ 143 130.3 $m^2$ | 260～60，农田、乡镇，有一基岩岭脊 | 21.6 | 120～220 m 高程位置有基岩垄脊 | 10～21.4 | 中部有基岩垄脊出露；滑后堆积的表面起伏，前缘有残余植被、房屋和出露 |
| 东部高梗地$III_3$ 37 273.5 $m^2$ | 260～60，农田、乡镇 | 21.6 | 260～60 | 10～21.6 | 滑坡东南边界，有突起梗，薄土石碎屑堆积覆盖，有零星植被残留 |

注：“6 · 12”滑坡堆积面积 691 345.3≈0.69 $km^2$（减去非滑坡区的$II_2$-15 765.3 $m^2$ 及广家崖崩塌壁面积 43 232.7 $m^2$）。

**2. 分区段多级驱动**

看似整体活动的“6 · 12”新滩滑坡，时空分析发现，各区段块体活动表现出受多级驱动：① $I_2$驱动$II_1$，$I_2$受到$I_1$崩塌活动的冲击，并接受来自$I_1$段的崩塌堆积，当堆积坡度超过重力侵蚀的临界坡度（胡世雄等，1999），或下伏黏粒富集形成局部滑面时，$I_2$堆积发生向 190°方位的大规模滑移，见图 10.6，加载和冲击$II_1$，激发$II_1$区块活动，导致其坡内的老滑动面贯通和恢复，发生整体滑动。② $II_1$驱动$II_3$、$II_4$，整体高速深层滑动的Ⅱ$_1$约在 500～520 m 高程附近剪出，受地形控制，该处滑体形态和滑动方向改变，滑体分为两部分：一部分推动Ⅱ$_3$向西偏北高速滑入三溪沟；另一部分向南偏东冲滑，并推动其下的Ⅱ$_4$区块，使其下降了约 50 m，前缘向南偏西滑了 132 m。③ Ⅱ$_4$驱动Ⅱ$_6$和 III，Ⅱ$_6$和 III 区块是被动的，在约 300 m 高程，Ⅱ$_4$区块部分剪出，进入三游沟，形成向长江冲击最远的扇形堆积 III$_1$；部分推动其下的Ⅱ$_6$区块及高家岭、新滩向江岸滑移，形成 III$_2$、III$_3$堆积。

综上，本研究认为，“6·12”滑坡在海拔 670 m、500 m、300 m 附近有三处较大规模的剪出口，自这三处驱动下部堆积物的活动。

**3. 基岩 *A*、*B* 裂隙对滑坡有一定的控制作用**

“6·12”新滩滑坡是堆积层滑坡，但基岩裂隙对滑坡有一定的控制作用，主要表现在两方面：①控制发生崩塌的部位，如图 10.6 北中部所示，在Ⅰ段，北面、西面的广家崖和东面的志留系（580～780 m 高程范围）都发生了部分斜坡沿着 *A*（75°～255°/165°∠78°）和 *B*（165°～345°/255 和 75°∠70°）裂隙走向破裂，并分别向各自倾向方向崩塌。②控制部分滑块的方向和边界，如图 10.6 中部，II 段至少 3 处显现与 *B* 走向相似的裂隙，分别称其为 $B_u$、$B_m$ 和 $B_L$。$B_u$ 和 $B_m$ 成为“6·12”滑坡堆积的部分东侧边界。过 $B_u$、$B_m$ 后，部分Ⅱ$_1$向北西滑入三游沟，部分Ⅱ$_1$快速向南偏东滑动。$B_L$ 则成为滑坡由南偏东转向西偏南运动的分界。

**4. 新滩滑坡活动预测**

姜家坡-新滩斜坡滑坡活动将持续间断地发生，难以完全停止。由于黄崖山体斜坡结构、产状及受力特征，加之处于鄂西山地暴雨中心，所以其沿 *B*、*A* 陡倾裂隙被拉裂，沿层面破坏，向东向南崩塌的活动不会停止，直至黄崖山体夷平。由于姜家坡-新滩斜坡不断接受岩块、土石的冲击和加载，一段时间后，加载和冲击作用到一定程度，姜家坡-新滩斜坡便会发生滑坡活动。据历史记载，公元 100～1542 年新滩江段共发生过滑坡 10 次，其中间隔最长为 649 年（公元 377～1026 年），最短间隔仅 3 年（1026～1029 年）。在本区域地壳抬升、黄崖山体形成过程中，崩塌滑坡活动从未停止，只是分为间歇期和活跃期。

### 10.3.3　新滩滑坡的预警

由泥盆系、石炭系和二叠系组成的质坚性刚的黄崖切层高陡斜坡，本身不易发生向长江临空面的大规模崩塌。由质软性柔的志留系组成的陡缓相间的姜家坡-新滩低缓切层斜坡，向斜坡内平均倾角达 32°，也不易发生向长江临空面的滑坡。但是它俩相邻，由于黄崖山体长期间断地向姜家坡-新滩斜坡提供以块石为主的土石堆积和冲击力，致使姜家坡-新滩斜坡接收了最厚达 110 m（王尚庆等，2008）、多达数千万方的堆积，又位于鄂西山地暴雨中心，地表水及地下水活动促进黏粒在地下富集形成滑动面，所以姜家坡-新滩成为能被外力触发发生大规模灾害性滑坡的切层堆积坡。基于遥感技术早期识别，即预警该类滑坡的主要工作方法是：

（1）详细调查滑坡所处地质环境，包括区域构造类型、所处构造部位、构造活动、斜坡结构、软弱结构面产状、与相邻斜坡的关系等。

（2）监测主要物质来源的崩塌活动及其下堆积的变化。确定滑前崩塌堆积的预警（最大）面积，当崩塌堆积超过此面积时，即预警。由于滑坡前后的地形精度过低，本研究难以得出准确的预警面积。

（3）监测各段各区块活动，特别是驱动区块的活动。由3段11个区块组成的“6·12”新滩堆积层滑坡，运动方式复杂，多级驱动。监测驱动区块的活动尤为重要。

（4）监测堆积坡上显示的基岩裂隙变化。“6·12”新滩滑坡是堆积层滑坡，但是基岩的主要裂隙不但控制了基岩的崩塌活动，还影响了部分区块滑坡的范围和运动方向，所以监测坡体裂隙变化至关重要。

（5）长期监测。新滩滑坡的历史活动记载及本研究证明，姜家坡-新滩斜坡所处地质环境必将会长期间断地发生崩塌滑坡，不会停止，务必长期监测。

### 10.3.4 初步结论

基于数字滑坡技术，结合力学分析，对不同活动类型的切层滑坡进行研究，可得出以下初步结论。

（1）有2组或更多陡倾裂隙切割由质坚性刚的厚岩层与质软性柔的薄夹层相间组成的切层斜坡时，陡倾裂隙面和岩层面成为斜坡的软弱结构面，这些结构面在长期流水侵蚀或震动等因素作用下，将斜坡切割成破裂块体。

（2）只有重力作用于斜坡各软弱结构面的力的合力方向指向临空面，合力大小足以克服锁固段的静摩擦力时，才可能发生切层滑坡。脱离斜坡的破裂块体因不同的斜坡结构会有不同的变形位移方式。当合力能使被割裂的部分斜坡块体克服锁固段的阻力并沿层面向临空方向滑移时，发生滑坡运动，如鸡尾山滑坡；当重力作用于斜坡各软弱结构面的合力方向背离斜坡临空方向时，有两种情况：①在强降水或强震或兼而有之情况的触发下，斜坡发生以崩塌为主的变形位移，及局部滑坡，如五里坡斜坡灾害；②当较软弱的切层缓坡与质坚性刚的切层坡陡崖相邻相接时，大量切层坡陡崖的崩塌物堆积在缓坡上，堆积层随着其下伏基岩的陡缓相间而厚薄不均，堆积到一定程度，在强降水或崩塌冲击触发下，会发生分级分块的滑动，各级各块可能分别活动，也可能在多级驱动下同时整体活动，如新滩滑坡。所以，所谓的“切层滑坡”指广义的滑坡，包括狭义的滑坡、崩塌、崩滑、碎屑流及泥石流。

（3）切层滑坡整体活动时需克服一级（鸡尾山）或多级（新滩滑坡）“锁固”，所以必然有相当长的孕育期，一旦启动，则是高速大规模活动，并带来严重灾难。

（4）由质坚性刚的厚岩层与质软性柔的薄夹层相间组成的切层斜坡，常呈现多级陡崖，滑坡或崩塌体突然跌落陡崖时会形成高速碎屑流，并带来巨大灾难，如鸡尾山滑坡与三溪村滑坡。

# 下　篇

# 数字滑坡技术应用：高速滑坡碎屑流

# 第11章　易贡滑坡碎屑流

2000年4月9日晚上8点，在我国西藏东南部易贡藏布北岸扎木弄沟发生滑坡碎屑流，由于其突发性、巨大规模、超高速度、超大落差、超远滑距以及堵江溃坝，在国境内外造成严重灾害，从而引起世界范围滑坡工作者的广泛关注。可以说，易贡滑坡已成为世界上，特别是国内，关注度最高、投入研究力量最多、关注时间最长的滑坡之一。

在分析易贡滑坡已有研究工作成果现状后，面对近年来高速滑坡碎屑流堵江灾害频发的形势，发现确实还有不少疑问之处，同时又面临飞速发展的信息科学技术，遥感、GIS等有可能为滑坡研究提供更多、更高空间分辨率、更长时段的遥感信息，笔者认为，有必要再次研究，以便更加细致和深入地认识易贡滑坡。

## 11.1　易贡滑坡碎屑流研究现状

易贡滑坡灾害发生后，中国国家防汛抗旱总指挥部和西藏自治区高度重视，成立了易贡滑坡抢险救灾总指挥部，迅速开展抢险救灾及滑坡调查研究，并向国土资源部地质环境司申请立项，对易贡滑坡开展系统的调查研究工作。在协同调查研究基础上，国土资源部地质环境司、中国地质调查局西藏国土资源厅、中国国土资源航空物探遥感中心、成都理工大学等多个部门人员参加，经过2年的共同努力，编写了《易贡巨型山体崩塌滑坡调查研究报告》。该报告全面介绍了滑坡的形成条件、发生过程、成因机制、易贡藏布堆积堵塞及溃决特征等。笔者研究小组承担了该项工作中的易贡滑坡遥感调查监测工作，并编写了该报告的第6章“易贡巨型崩塌滑坡遥感解译”（西藏自治区国土资源厅等，2003）。

据从知网、万方数据库、ScienceDirect、Springerlink等网站数据库搜索，自易贡滑坡发生的2000年到2019年，国内外公开发表的相关易贡滑坡研究论文约有60余篇。

在对60余篇国内外文献进行研究分析后，结合以往本团队对易贡滑坡的调查研究，笔者认为，迄今国内外对易贡滑坡碎屑流的研究现状有以下几个主要特点：①对易贡滑坡碎屑流所在特殊地质地理环境、发生原因，滑坡碎屑流活动方式的认识基本相同；②采用多种方法技术计算了易贡滑坡碎屑流规模及速度，但各计算结果有明显差异；③对滑坡堆积坝挖渠泄洪工程和溃坝灾害的认识有较大差别；④采用了较多的、有创意的技术方法，但缺乏严谨的科学成果。以下就这几方面分别叙述。

### 11.1.1　易贡滑坡碎屑流的地质地理环境、发生原因

主要是参考1981年到1997年地质矿产部和中国科学院青藏高原综合科学考察队等对易贡地区调查实测记载发表的研究区区域地质调查文献，几乎所有易贡滑坡碎屑流研

究论文对滑坡所处地质地理环境及滑坡发生原因的看法基本一致，即认为易贡所处的区域构造部位、新构造活动、地震及断层分布，确定了易贡滑坡所在的扎木弄沟的强烈侵蚀，深、长切割、超过 3 000 m 高比降的地形；坚硬、多裂隙的花岗岩、石炭系下统旁多群变质岩及下部沟道堆积的分布，形成了上陡下缓的沟道；印度洋暖湿气流沿雅鲁藏布江河谷北进，造成沟谷湿润的立体气候，易贡河谷高海拔处终年冰雪覆盖，当遇气温转暖，冰雪融化便形成大量流水，易触发孕育多年的、多裂隙岩石块体脱离山体，发生崩塌滑坡和碎屑流。

### 11.1.2　易贡滑坡碎屑流的活动方式及机理研究

2000 年滑坡碎屑流发生后，殷跃平首先提出，其活动可分为崩滑、碎屑流、土石水气混合流及抛撒堆积四个阶段（殷跃平，2000）。后来发表的文献中提出的易贡滑坡活动方式与此大同小异，王治华等有不同看法（王治华和吕杰堂，2001；王治华，2006a，2006b）。通过滑坡前后遥感图像和 DEM 对比研究认为，滑坡在扎木弄沟不同部位有不同的活动方式，其活动方式与过程为：沟源区滑坡高速启动，峡谷段滑坡整体持续飞行，沟口高速滑坡与岸壁激烈碰撞解体并转化为碎屑流，沟口以下高速碎屑流流动和堆积。

大部分以数值模拟及试验方法研究机理的工作，都由硕士、博士研究生研究完成，见表 11.1。可能由于易贡地区无法进行覆盖全部滑坡碎屑流活动区的详细地面调查，难以采集岩石样品，只能用其他岩类代替易贡滑坡体的块石进行室内试验等原因，对于滑坡体岩性的力学及结构特征、滑坡碎屑流的变形过程及变形特征、碎屑流尺度分布特征等大都未能涉及或只有定性地大致描述，或不太严谨的计算结果。

### 11.1.3　易贡滑坡碎屑流规模

已有文献关于易贡滑坡碎屑流的规模，大致有 $3\times10^8\ m^3$ 和 $1\times10^8\ m^3$ 这两个等级的数字。以殷跃平为代表的作者，采用崩塌滑坡碎屑流堆积区的覆盖面积（约 5 $km^2$）与平均厚度（60 m）相乘，计算得出易贡崩塌滑坡碎屑流体的方量约为 $2.8\times10^8\sim3.0\times10^8\ m^3$。其后大部分研究人员（如薛果夫等，2000；万海斌，2000；周刚炎等，2000；刘国权等，2000；周昭强和李宏国，2000）均借用该规模数字。但任金卫等（2001）借助 GPS 定位仪测得的控制点，与配准后的卫星影像叠加，利用 MapInfo 软件计算，最终求得该次崩塌-滑坡-碎屑流-泥石流体积为 $3.8\times10^8\ m^3$。一直到 2018 年，所有以易贡滑坡–碎屑流为例进行的各类方法技术研究（包括攻读硕士、博士学位的易贡滑坡研究者）、科普读物的易贡滑坡灾害介绍等，都直接采用 $3.0\times10^8\sim3.8\times10^8\ m^3$ 的体积数据，这是国内影响最大的易贡滑坡碎屑流规模数据。

王治华和吕杰堂（2001）、王治华（2006a、2006b）采用易贡滑坡前后不同时相的遥感数据，与滑坡发生前后的 DEM 结合的方法，求得扎木弄沟沟源区滑坡块体及碎屑流堆积体积分别为 $0.911\ 8\times10^8\ m^3$ 和 $0.910\ 2\times10^8\ m^3$。

加拿大滑铁卢大学地球和环境科学系 Delaney 和 Evans（2015）利用美国卫星遥感

图像、数字地形数据（SRTM-3）进行动态滑坡碎屑流建模（DAN-W 和 DAN3D），求得易贡滑坡碎屑流坝体体积为 $1.15\times10^8$ m$^3$，其中 $0.91\times10^8$ m$^3$ 来自初始岩坡破坏，在分解过程中膨胀至 $1.09\times10^8$ m$^3$（约膨胀至原体积的 1.2 倍），再加上其 10.1 km 的扎木弄沟向下滑移时携带的 $0.06\times10^8$ m$^3$，与王治华求得的体积数据相似。

美国哥伦比亚大学拉蒙特-多尔蒂地球观测站（Göran and Colin，2013）利用建立的震源力与巨型滑坡碎屑流运动特征参数模型，估算易贡滑坡碎屑流总体积约为 $1.41\times10^8$～$1.63\times10^8$ m$^3$。

不同方法计算所得易贡滑坡碎屑流的规模相差如此之巨，直接影响其后的数值模拟、试验、预测及减灾方案制定。这些工作均是以滑坡规模为基础的，防灾减灾工程措施设计，更需依据准确的灾害体规模，所以体积是滑坡碎屑流的重要基础数据，有必要进一步探索规模计算结果如此不同的原因。

### 11.1.4　易贡滑坡碎屑流速度

所有 60 余篇文献中，约有 10 位作者介绍了易贡滑坡-碎屑流的速度计算结果，各研究得出的平均速度的最小值和最大值分别为 15 m/s 和 65.9 m/s；最高速度的最小值和最大值分别为 44 m/s 和 120.98 m/s，如表 11.1 所示，差别达 2.7～4.4 倍。应该怎样较合理、较准确地求取滑坡-碎屑流的速度也是需要进一步研究的。

**表 11.1　部分文献介绍的易贡滑坡碎屑流速度**

| 编号 | 速度 | 获取速度的方法 | 作者及文献 |
|---|---|---|---|
| 1 | 平均 10 km/10 min = 16.6 m/s | 未说明 | 薛果夫等，2000 |
| 2 | 平均 16 m/s | 据地震记录推导 | 任金卫等，2001 |
| 3 | 平均 39 m/s | 离散单元法模拟全过程 | 柴贺军等，2001 |
| 4 | 平均 37～39 m/s | 据水平位移及所用时间推算 | 刘伟，2002 |
| 5 | 最高 44 m/s | 据水平位移及所用时间推算 | 许强等，2007 |
| 6 | 剪出速度为 81.8 m/s，与地面碰撞时质心速度为 117 m/s | 考虑地面效应的微分方程组的数值分析 | 周鑫等，2010 |
| 7 | 平均速度 65.9 m/s | 由震源力与滑坡碎屑流关系评估模型计算获得 | Göran and Colin，2013 |
| 8 | 平均速度 15～18 m/s | Landsat-7 图像（蓄水之前、期间和之后）结合 SRTM-3 DEM | Delaney and Keith，2015 |
| 9 | 平均速度 30.12 m/s，最高速度 120.98 m/s | 基于滑坡碎屑流的地震波和遥感影像，通过傅里叶变化和人工识别获得 | 李俊等，2018 |

### 11.1.5　易贡滑坡碎屑流堆积坝、泄水渠及溃坝灾害

国内外研究估算的易贡滑坡碎屑流堆积坝覆盖面积大同小异，以尚彦军等（2000）、Shang 等（2003）的工作为代表，采用部分实测及地面调查估算滑坡碎屑流坝的计算结

果为：滑坡碎屑流堆积坝覆盖面积约 5 $km^2$，堵塞河谷 2.5 $km^2$，坝体最大和最小厚度分别为 100 m 和 60 m。其最大和最小底宽（平行于易贡藏布流向）分别为 2 500～2 200 m，轴长约 1 000 m。坝体比蓄水湖上游水面高出 55.1 m，比下游高 90 m（上下游的水头差为 34.9 m）。坝体上侧斜坡为 5°，下侧为 8°。

针对易贡滑坡碎屑流堆积坝特征及所处地形、地质及气象环境，易贡滑坡抢险救灾总指挥部、国家防总等确定了“在堆积体较低处顺河床开挖临时泄水渠”的开渠泄流方案。该方案主要实施为：采用机械开渠为主要手段，在滑坡碎屑流堆积坝鞍部，渠道最短处，开挖明渠。渠道断面为梯形，底宽 30 m，渠深 20 m，长度为 600～1 000 m。2000 年 5 月 3 日明渠开始施工，6 月 4 日完成，总工期 33 天，下挖约 24.1 m，完成土石方约 $135.5\times10^4 m^3$（薛果夫等，2000）。对于“挖渠泄流”工程及其减灾效果，各文献大致可归为三种不同的看法。

### 1. 完全肯定

薛果夫等（2000）、万海斌（2000）、鲁修元等（2000）认为，经参与施工军民艰苦卓绝的努力，在 1 个月的时间里，开渠泄流方案基本得以实施，……至 11 日 19 时，易贡湖进出流基本达到平衡，滑坡碎屑流堆积体拦存的约 $30\times10^8 m^3$ 土石及易贡湖水按照预定方案下泄完毕，滑坡碎屑流险情得以解除，达到了最大限度减灾的目的。

### 2. 指出施工的渠道有问题

刘国权和鲁修元（2004）、尚彦军等（2003）指出施工的渠道有问题，主要有三方面的问题：①坝体物质结构不利于排水。坝体由壤土含碎石、块石组成，中、后段含大量块石且成架空状，引水口处（上游）则以细颗粒砂壤土为主。②开挖渠道表面形态不利于排水。由于堆积体中间部分大块石集中，渠道开挖施工难度大，难以进行处理，导致渠道进水口的前部渠底高程最低比中间低 6 m！中部到渠尾的落差达 26 m！水渠中间高，水流进入渠道到达中部后，无法顺利排出，反而浸泡中间高处并反向上游呈高水头冲刷。③当水库上游连日降雨，库水位猛涨，形成凶猛的大流量，冲击渠道，一旦中部贯通，滑坡坝会迅速溃决。

### 3. 滑坡坝溃决造成了严重灾害

据鲁修元等（2000）、周昭强和李宏国（2000）、曾庆利等（2007），易贡滑坡坝溃决造成了严重灾害。易贡湖溃决洪水所过之处桥梁、溜索、公路全部冲毁，河道两岸植被、堆积物被全部冲刷带走，河床两岸的基岩裸露，多处产生塌滑。下泄最大洪峰流量约 $12.4\times10^4 m^3/s$，下泄水量约 $30\times10^8 m^3$，造成易贡至通麦大桥段约 19 km 的公路及通麦大桥全毁，通麦大桥至排笼乡段沿江 16 km 的川藏公路多处损坏，排龙沟至排龙乡 6 座钢架桥仅剩 2 座，索桥被冲毁，川藏通信光缆被冲毁。洪峰沿帕隆藏布江直泄雅鲁藏布江，使印度北部布拉马特拉河洪水泛滥，94 人死亡，数万人无家可归。

加拿大 Delaney 和 Evans（2015）研究认为，世界上与易贡滑坡碎屑流体积相似的事件并不罕见。然而，大约 $20\times10^8 m^3$ 的易贡湖水的溃坝洪水，却超过了 1841 年水量为

$65\times10^8$ m$^3$ 的印度河大洪水（巴基斯坦）（Delaney and Evans，2015）。印度学者 Tewarip 指出，易贡滑坡-碎屑流堵坝，人工挖掘溢洪道后灾难性的溃决导致了在雅鲁藏布江（中国）和迪汉河（Dihang 印度）的大洪水。洪水除了造成严重的庄稼损失外，连接巴昔卡（Pasighat）和英孔（Yingkiong）的公路和所有桥梁都被切断、冲毁。

Shang（尚彦军）等（2003）、Costa 和 Schuster（1988）根据世界滑坡碎屑流溃坝的 73 例统计分析，易贡滑坡碎屑流堆积坝的使用寿命约为 2 年，在 6 个月内失稳的可能占 80%。采取物理措施的溢流排放方法，导致洪水发生的情况大大超过了以前的评估和预测洪峰流量和溢流时间。

对于易贡滑坡碎屑流坝堵江采取的“挖渠泄流”，是减轻还是加重了坝体溃决造成的灾害？这是值得重新研究评价和警醒的。

### 11.1.6　采用了较多的、有创意的技术方法

与当今世界上大多数重大滑坡灾害调查一样，易贡滑坡调查也采用了多种技术方法，各调查部门根据所属本单位的特长，以一种方法为主、其他一种或多种方法技术为辅的调查方法。迄今，易贡滑坡调查研究采用的技术方法大致可分为五大类：①以地面调查为主；②以遥感为主；③以地震波技术为主；④以数字模拟为主；⑤以试验技术为主。

**1. 以地面调查为主**

地面调查是认识滑坡碎屑流最基本、最及时、最直接的方法，以殷跃平（2000）为代表的作者主要采用该方法，并辅以地面测绘、遥感图像解译等方法，对易贡滑坡进行了研究。但限于易贡滑坡所在扎木弄沟的地形及气候条件，峡谷区和约 4 000 m 以上的沟源区部位难以到达，所以地面调查主要集中在海拔 2 600 m 以下的堆积区。

**2. 以遥感为主**

易贡滑坡所在扎木弄沟地区的特殊地质构造、地形、气候条件，使遥感技术可以发挥其他技术难以取代的特殊作用。以王治华等为代表的研究者采用了不同时相的遥感数据，结合地面考察、GPS 测量、建立 DEM、GIS 技术等，获取滑坡碎屑流前后扎木弄沟全流域的地面高程，了解扎木弄沟及易贡湖变化，分析滑坡块体在沟道各部位的活动特征，估算溃坝灾害及影响范围等。笔者曾两次赴易贡现场进行遥感解译结果验证，并访问目击者。后又在国家自然科学基金支持下，采用数字滑坡技术，对易贡滑坡形态结构进行解译，揭示了滑源区块体的位置及规模，并证明高速滑体是整体飞行越过峡谷并在沟口碰撞解体后转变为碎屑流的，计算了滑坡体积，揭示了高速碎屑流的堆积结构等（王治华等，2001，2006）。

加拿大 Delaney 和 Evans（2015）结合 Landsat-7，使用数字地形数据（SRTM-3）进行动态滑坡碎屑流建模（DAN-W 和 DAN3D），确定易贡滑坡碎屑流的运动特征、堆积量、溃坝灾害范围。Delaney 和 Evans 认为，免费可用的远程集成数据包括 SRTM-3

数字地形数据和光学卫星图像，能可靠地用于：①描述大型岩体的几何形状；②计算大型滑坡筑坝的面积和堰塞湖充满和清空时的体积；③模拟滑坡碎屑流的侵位和运动特征。

### 3. 以地震波技术为主

地震波研究也成为确定易贡滑坡碎屑流规模、最远距离、持续时间及运动速度等特征参数的重要方法技术。但就易贡滑坡而言，迄今采用此方法的各研究者得出的结果相差较大。如任金卫等（2001）根据区域地震台网的记录分析，得出易贡滑坡碎屑流引起的振动持续时间为 6 分钟，其中最大振幅的持续时间为 2 分钟，计算获得崩塌滚落的平均速度约为 48 m/s，滑坡泥石流的平均滑动速度为 16 m/s。

李俊等（2018）以 2000 年易贡滑坡碎屑流的地震波和遥感影像为基础，通过快速傅里叶变换和人工识别等手段，解译得出该次滑坡碎屑流地震波信号参数、动力学过程及其特征参数，得出滑坡碎屑流平均速度为 30.12 m/s，滑坡起点段的平均速度为 89.89 m/s，最大速度为 120.98 m/s。

美国哥伦比亚大学拉蒙特-多尔蒂地球观测站的 Göran 和 Colin（2013）耦合分析了最大震源力与巨型滑坡碎屑流基本参数的关系，建立了震源力与巨型滑坡碎屑流最大质量、最大能量、运动持续时间和最大势能损失之间的评估模型。根据该模型，他们计算了世界上 1980～2012 年发生的 29 个大规模滑坡碎屑流的发生时间、位置、长周期地震波检测的估计震级 MSW、滑动过程中的最大绝对力 $F_{max}$ 和动量 $P_{max}$、总势能变化 $\Delta E$、模型反演的滑动总持续时间 $\Delta t$、质量 $M$、模型估计的总质量中心位移的垂直 $D_z$ 和水平 $D_h$ 分量以及平均速度 $V_{max}$。该作者估算的 2000 年易贡滑坡碎屑流的质量为 $0.440 \times 10^{12}$ kg（据百度网，常见岩石比重：花岗岩是 2.62～3.20 g/cm$^3$，致密石灰岩是 2.60～2.77 g/cm$^3$，片麻岩夹大理石是 2.50～2.8 g/cm$^3$），结合实地调查情况，若取比重为 2.7～3.2 g/cm$^3$，计算得易贡滑坡碎屑流总体积约为 $1.41 \times 10^8 \sim 1.63 \times 10^8$ m$^3$。碎屑流活动持续时间为 165 s，将动量 $P_{max}$ 与质量相除得到的平均速度为 65.9 m/s。

### 4. 以数字模拟为主

柴贺军等（2001）在野外调查基础上，运用离散单元法模拟易贡崩滑体破坏、运动的全过程。模拟结果表明，滑坡经历崩塌体加速变形、崩塌发展、滑坡启动、大滑动、高速碎屑流运动和运动停积 6 个阶段，总耗时 192.28 s。灾害的机制为：扎木弄沟源头的山体崩塌、振动引起沟内崩坡积物发生沙土液化而随崩塌体一起运动，形成高速碎屑流。此认识显然与许多其他作者对易贡滑坡运动过程有差异。大多数研究者认为，岩石块体撞击破碎才是易贡碎屑流的主要成因。

Delaney 和 Evans（2015）采用 DAN-W 和 DAN3D 分别模拟二维和三维易贡滑坡碎屑流活动全过程，最终获得滑坡活动过程的体积、时间、距离等特征数据。

邢爱国等（2002）从连续性方程及 Navier-Stokes 方程出发，结合标准型湍流模型，并采用 VOF 方法进行自由面处理，基于流体计算软件 Fluent 模拟分析了溃坝洪水在下游弯曲河道的演进过程及不同位置的流速变化。张炆涛等（2016）选用简单的单相流模型，利用 SPH 数值方法的无网格特性处理界面和复杂地形，分别应用了基于土力学的弹塑性本构和基于非牛顿流体的黏塑性本构，对易贡滑坡碎屑流事件进行了初步模拟，探讨了模型参数对模拟结果产生的影响，发现摩擦角取 8° 时结果最为理想，同时分析了易贡泥石流高速远距离质量输运的原因。

**5. 以试验技术为主**

邢爱国等（2002）针对大型高速岩质滑坡碎屑流沿滑动面高速滑动时主要产生两种重要的流体力学现象，在不同试验条件下，借助玄武岩试件进行了高速摩擦试验。结果表明，滑动面法向压力的大小、运动速度、滑动面的表面特性等因素均会影响滑动面摩擦系数的变化规律。胡明鉴等（2009）以同样内容在不同的岩土研究类杂志发表文章，介绍通过不同剪切速率下以及排水和不排水条件下的对比环剪试验，分析易贡远程高速滑坡碎屑流的形成原因。

多年来，胡厚田、程谦恭、陈龙珠、李天斌、李永林、邢爱国、胡伟、张永双等在前人调查研究工作的基础上，在对易贡滑坡碎屑流活动方式、机理等深入思考之后，指导一批硕士、博士研究生以易贡滑坡碎屑流为例进行了探索创新研究，该研究主要集中在室内试验及数值模拟方面，如表 11.2 所示。

**表 11.2　以易贡滑坡-碎屑流为对象的硕士、博士研究生论文**

| 指导教师 | 研究者 | 题目及所属机构发表时间 | 主要内容 |
|---|---|---|---|
| 胡厚田 | 刘涌江 | 大型高速岩质滑坡流体化理论研究，2002<br>西南交通大学博士学位论文 | 研究大型高速岩质滑坡的流体化现象，通过风洞模型实验，研究了大型高速滑坡凌空飞行阶段的空气动力学效应，飞行中滑坡岩体在与途中不动山体发生碰撞时的解体破碎效应，通过滑坡岩体高速碰撞模型实验研究了滑坡岩体解体破碎后部分岩体的加速运动效应，并应用离散单元法再现滑坡启动高速、近程碰撞、远程碎屑流运动的全过程，研究了岩体解体破碎后形成不同类型碎屑流的运动规律及运动方程 |
| 陈龙珠 | 陈禄俊 | 易贡巨型高速远程滑坡碎屑流空气动力学机理研究，2009<br>上海交通大学硕士论文<br>2010 年周鑫等文同此 | 通过风洞试验、数值分析，推导了冲击气浪的形成速度和衰减规律公式，得出易贡滑坡冲击气浪的形成条件和衰减特性 |
| 邢爱国 | 宋新远 | 大型滑坡碎屑流灾害数值模拟研究，2009<br>上海交通大学硕士论文 | 借用当前发展比较成熟的计算流体动力学（computational fluid dynamics，CFD）技术，对滑坡碎屑流涌浪及溃坝灾害进行数值模拟，以期为滑坡碎屑流灾害预防和治理措施的制定提供一定的科学依据 |
| 邢爱国 | 张远娇 | 高山峡谷区典型高速远程滑坡-碎屑流动力特性模拟研究，2013<br>上海交通大学硕士论文 | 以易贡等特大滑坡碎屑流为典型实例，通过 DAN-W 及 DAN3D 数值模拟方法，对三例滑坡碎屑流的运动全过程及动力学特性进行研究 |
| 程谦恭 | 龚宇 | 易贡滑坡碎屑流液化土动三轴试验分析，2014<br>西南交通大学硕士论文 | 利用 MTS 动三轴试验系统，采用随机冲击荷载和振动荷载作用的加载方式，模拟现场的饱水环境条件，对不同围压下的易贡液化土进行了液化强度试验 |

续表

| 指导教师 | 研究者 | 题目及所属机构发表时间 | 主要内容 |
|---|---|---|---|
| 程谦恭 | 康宇 | 易贡滑坡碎屑流冲击振动液化数值分析，2014<br>西南交通大学硕士论文 | 根据易贡滑坡碎屑流现场观察到的液化现象，及可能造成液化的冲击振动作用过程，应用 FLAC3D 软件进行数值模拟，对崩塌体冲击振动液化特征展开定性的研究 |
| 李天斌、李永林 | 董骁 | 崩滑堵江灾害链成灾模式及风险评估研究，2016<br>成都理工大学硕士论文 | 在野外现场调查基础上，采用离散元数值模拟技术，对崩滑堵江灾害链的全过程进行模拟，并通过“链式结构原理”及“灾源破坏机理”对崩滑灾害的灾害链模式进行综合分析 |
| 程谦恭 | 陈锣增 | 易贡高速远程滑坡碎屑流运动颗粒流数值分析，2016<br>西南交通大学硕士论文 | 根据真实 DEM 高程数据和滑坡碎屑流发育的地质结构特征，采用颗粒流离散元 PFC3D 软件，建立了易贡高速远程滑坡碎屑流的三维数值模拟模型，并选取平行黏结接触方式，反演了易贡高速远程滑坡-碎屑流的崩滑、碎屑流流动、碎屑流堆积和停止运动全过程的情景。分析了数值模拟结果所呈现的运动时间、平均运动速度、运动的能量耗散和堆积体的形态特征。其结果：易贡滑坡碎屑流的运动时间为 300 s 左右，在 30 s 时，滑体达到最大运动速度，最大速度为 53 m/s。<br>易贡滑坡碎屑流滑体表面最大速度可以达到 90 m/s，远远大于滑体中部和滑体底面 60 m/s 的最大平均速度 |
| | 罗忠旭 | 易贡高速远程滑坡碎屑流自激振动液化三维数值模拟分析，2016<br>西南交通大学硕士论文 | 借助于数字高程模型（DEM）建立基于真实地形的三维地质模型，通过有限差分程序 FLAC3D 的动力计算模块，对该地质模型进行动力学计算，研究易贡滑坡碎屑流自激振动液化特征。分析了不同区域加速度、孔隙水压力、超孔隙水压比和有效应力的变化 |
| | 郭强 | 易贡溃坝洪水三维数值模拟分析，2016<br>西南交通大学硕士论文 | 以易贡滑坡碎屑流坝溃决为研究对象，通过实地调查以及 Fluent 数值模拟，反演了三维易贡湖溃决后洪水沿现有河道演进并多次折射的全过程，研究了在半溃坝和全溃坝情况下坝体溃决后洪水的运动规律 |
| | 曹建磊 | 易贡高速远程滑坡碎屑流超前冲击气浪三维数值模拟分析，2016<br>西南交通大学硕士论文 | 建立了易贡滑坡碎屑流三维等比例数值模型，应用计算流体力学软件 Ansys Fluent 14.5，将前人总结的适合描述高速远程滑坡碎屑流运动的摩擦准则通过 Fluent 软件的用户自定义接口（UDF），利用 C 语言编程导入计算程序，实现了易贡高速远程滑坡碎屑流整个运动过程及其产生超前冲击气浪的三维数值仿真模拟。<br>易贡滑坡碎屑流的整个运动过程历时 150 s，总滑程约为 10 km，碎屑流的最大运动速度值出现在运动第 30 s 时，最大速度约为 75 m/s，超前冲击气浪的最大速度值约为 50 m/s，出现在 15～30 s 时间段；超前冲击气浪压强的最大值有两个峰值点，前者相当于 12 级飓风的风级，后者相当于强台风风级 |
| 胡伟 | 赵华磊 | 碎屑流冲击易液化层液化机理试验研究，2017<br>成都理工大学硕士论文 | 通过模型试验获得在相同坡度、相同基底摩擦下，不同碎屑流对堆积体的冲击引发堆积体液化，然后滑动的速度和距离，分析堆积体内部孔隙水压力及震动信号和外部形态的变化从而得出影响滑速和距离的因素，浅析冲击液化机理 |
| 张永双 | 杜国梁 | 喜马拉雅东构造结地区滑坡碎屑流发育特征及危险性评价，2017<br>中国地质科学院博士论文 | 总结以往地质灾害资料，结合遥感解译和现场调查，分析研究喜马拉雅东构造结地区滑坡碎屑流发育特征和分布规律，进行滑坡-碎屑流易发性、潜在地震滑坡碎屑流危险性预测和评价 |

综上，自 2000 年 4 月易贡滑坡碎屑流灾害发生 20 多年来，我国投入了大量的专业人力、物力，采取多种技术方法，对该灾害体进行调查研究，并采取了工程及非工程措施进行防治，目的在于以该事件为例，提高对该类灾害的认识、防治及预测水平，取得了一些进展。但正如上述介绍的，还有许多问题尚待解决。

根据我国 2019 年全国地质灾害调查工作会议精神，重点在于全国和重点地区的地质灾害隐患早期识别，实现我国地质灾害隐患识别分析全覆盖，提高我国地质灾害调查监测能力；开展全国和重点区地质灾害隐患识别分析技术研究，聚焦国际前沿，联合攻关隐患识别模型等技术和难点等要求。

又如参考自 20 世纪 70 年代中期开始实施的美国滑坡碎屑流灾害计划（LHP），该计划认为，滑坡碎屑流灾害研究的基本问题是滑坡-碎屑流会在何时何地发生，滑坡-碎屑流的规模、速度和影响，以及如何避免或减轻这些灾害的影响等，对比易贡滑坡碎屑流的研究现状，还远未达到该要求，需要我们做进一步努力。

基于上述易贡滑坡碎屑流研究现状及本研究已完成的工作，针对汶川大地震后至今我国金沙江、岷江等大型滑坡碎屑流堵江溃坝事情不断发生；加之近年来遥感、人工智能、大数据分析等科学技术的高速发展，感到有必要采用以数字滑坡技术为主的技术方法，再次对易贡滑坡的体积、活动方式、运动速度、滑坡坝溃决灾害等进行研究，为该类灾害防治及预测理论提供更加深入可靠的研究结果。

本次再研究重点在两个方面：①易贡滑坡的规模、活动过程及速度；②易贡湖特征及溃坝灾害。为了使读者，特别是年轻读者对易贡滑坡有一全面了解，在再研究时仍然简要介绍易贡滑坡的地理地质背景。

## 11.2　易贡滑坡地理地质环境

### 11.2.1　地 理 位 置

易贡滑坡碎屑流简称易贡滑坡，所在位置行政上隶属于西藏自治区东南部的林芝地区波密县易贡乡。滑坡所在的扎木弄沟位于念青唐古拉山南麓的易贡藏布下游北岸。滑坡下游约 19 km 汇入迫隆藏布；下游约 50 km，在著名的大拐弯处汇入雅鲁藏布江。滑坡中心点的经纬度为 30°12′03″N，94°58′03″E。

### 11.2.2　地 貌 地 形

如图 11.1 所示，地球东南部卫星图上可以清楚地看到，易贡滑坡处于青藏高原与横断山脉两大地貌单元的交界处，其西侧为高原腹地，东侧则为强烈的构造运动与河流溯源侵蚀形成的高山峡谷——横断山脉，属典型的高山深切峡谷地形。易贡地区最高点为扎木弄沟源头以上的纳雍嘎布峰，海拔 6 338 m，扎木弄沟沟口的海拔为 2 190 m；在不足 20 km 的水平距离内，高差超过 4 000 m，可谓极端高差地形了。

图 11.1　易贡滑坡所处地形地貌

### 11.2.3　地层岩性和岩浆岩

研究区出露的地层从老到新有前震旦系冈底斯岩群（Anzgd）、石炭系下统旁多群诺错组（$C_1n$）及第四系堆积。

扎木弄沟大约海拔 4 100 m 以下为前震旦系冈底斯岩群和石炭系下统旁多群诺错组。冈底斯岩群为一套基底结晶变质杂岩。旁多群诺错组为半深海-浅海相复理石夹火山碎屑岩及碳酸盐岩沉积，经区域动力变质作用，形成一套浅变质岩。

研究区出露的地层不论其厚度大小，皆致密坚硬。组成冈底斯岩群与旁多群诺错组地层的岩石，均具有良好的层状结构，层面之间无显著的软弱结构面，地层产状变化较大，扎木弄沟西侧的铁山一带，板岩的产状为 SW230°∠42°，地形坡度与地层产状基本一致。

第四系堆积主要有古冰碛、现代冰碛、雪崩堆积、岩崩堆积、泥石流堆积、滑坡堆积及湖积、冲积、洪积、坡残积等，堆积松散。

扎木弄沟源区海拔 4 100 m 以上出露的岩浆岩体为喜山期花岗岩，由黑云母花岗岩、黑云母二长花岗岩、黑云母花岗闪长岩等侵位于石炭系旁多群地层中，呈大面积岩基产出。直接受到大区域构造的控制，其内部节理裂隙非常发育，破裂面产状分别为：NW328°∠46.5°、S180°∠48°，SW228°∠59°（山顶），NE64°∠32°，SE120°∠74°，NW284°∠72°（沟谷内）等，陡倾和中缓倾裂隙均发育。本区花岗岩侵入的时代较新，未受到后期变质改造，总体岩性非常坚硬，具有很高的抗拉、抗剪强度，十分耐风化，在扎木弄沟源区成为角峰、刃脊和陡坡。扎木弄沟源头一带岩体浅部的裂隙在白天时常处于饱水状态，夜间则发生冻胀劈裂。

## 11.2.4　区域地质构造

易贡所在的藏东南地区位于地球上两大板块——印度板块和欧亚板块的接触带，按照板块构造体系划分，分别属于雅鲁藏布江板块构造缝合带以北的欧亚板块之冈底斯-念青唐古拉板片及其以南的印度板块之喜马拉雅板片（刘伟，2002）。随着印度板块平均每年以 5.5 cm 向东北方向持续推挤，导致本区域古近-新近纪以来平均每年以 3 mm 持续不均一抬升。

扎木弄沟地处易贡藏布-帕隆藏布深切断裂带（即嘉黎-波密断裂带，走向 N80°W，弧形延展，断面北倾，倾角陡，延伸长度 270 km）与易贡-鲁朗左旋走滑断裂带（或扎木弄沟断裂），两条走滑断裂近于直交的部位。因此，在扎木弄沟以西向 SW 方向走滑，沟以东整体向 NE 方向推挤现象，从而使该沟处于构造应力集中的区域。受断层的复合控制作用，扎木弄沟地层中裂隙极其发育。岩体中所发育的裂隙主要有四组，即 NE-NEE，NNW，NNE 和 NWW 向，以 NNW 向和 NE-NEE 向两组最为发育（Ekström and Stark，2013；许强等，2007）。嘉黎-波密断裂带与北东向的林芝断裂交叉，构成“人”字形活动断裂带，形成著名的通麦-林芝地震带，历史上曾多次发生强地震，据历史地震记录，1938～1967 年的 30 年中，该带发生大于等于 6 级的地震共 8 次，该带的地震活动对区内的滑坡、泥石流的形成、发育和活动有重要影响。易贡滑坡-碎屑流便发生在该地震带附近（朱平一等，2000）。

## 11.2.5　水 文 气 象

由于印度洋暖湿气流沿雅鲁藏布江河谷北上，在西藏林芝—波密一带形成了温暖湿润的小气候环境。易贡地区属于典型的高原半湿润季风气候。据易贡气象站 1965～1972 年资料统计，年平均气温为 11.4 ℃，最高月平均气温为 18.1℃，最低月平均气温为 3.3 ℃，年温差 14.8 ℃，历年最高气温为 32.8 ℃，历年最低气温为－10.7 ℃。易贡湖区年平均降水量为 960 mm，年内降雨分布极不均匀，5～9 月为雨季，多连阴雨或暴雨，此 5 个月的降水量占全年总降水量的 78%左右，其中降水量最多为 6 月，约占全年的 26%；11 月至翌年 2 月为干季，其降水量仅占全年的 4%。由于流域高差悬殊，降雨的垂直分带性明显，该区降水垂直递增梯度达 66.2 mm/100 m（刘伟，2002）。位于海拔 2 220 m 高程的易贡雨量站平均降水量为 960 mm，扎木弄沟头山顶高度为 5 520 m，高差为 3 300 m，据此梯度，计算得沟头的平均年降水量达到 3 144.6 mm。此外，当持续晴天，特别是夏季高温时，冰川及雪线以上的融雪还有巨大的水量补给地表水。据易贡上游 3 km 的贡德水文站 1968 年测得的地表水年径流补给来源中，冰雪融水占 53%。在海拔 3 500 m 附近地带，以连续多日降雨间夹大到暴雨的灾害性降雨最频繁。如果该区域的冰雪融水与雨水叠加，则更大量地增加地表水。

易贡湖区周边山上分布着数个现代冰川，这里是西藏境内唯一的海洋冰川发育中心，卡钦冰川为我国最大的海洋型冰川和第三大冰川。遥感解译易贡湖北岸分布的现代冰川及终年积雪面积约为 700 km$^2$。

## 11.3 方法技术

本研究采用以数字滑坡技术为主、地面调查和滑坡地震波研究为辅的技术方法，在前期研究（王治华和吕杰堂，2001；王治华，2006a，2006b，2012，2016；王治华等，2009）基础上进行，前期研究行之有效的方法仍然采用，此处不赘述。

### 11.3.1 信息源

针对易贡滑坡碎屑流空间范围大，其大部分地面调查难以到达，灾害影响面积广等特点，要求尽可能广泛、全面地收集相关信息源，除遥感、地理控制、地质地理等常规信息源外，还要收集地震波、目击者谈话信息等。基本信息源来自以下五个方面。

**1. 遥感信息源**

前期研究共使用了滑坡前后及易贡湖溃坝后的 7 个类型 9 个时相的卫星数据，其类型、光谱特性、地面分辨率及接收日期如表 11.3 所示。

**表 11.3　易贡滑坡前期研究使用的卫星数据**

| 卫星类型 | 光谱特性 | 地面分辨率/m | 接收日期（年–月–日） |
|---|---|---|---|
| 美国 TM 5 | 多光谱 | 30 | 1998-11-15 |
| 美国 TM 5 | 多光谱 | 30 | 1998-12-17 |
| 中巴卫星 CBERS-1 | 多光谱 | 20 | 2000-4-13 |
| 法国 SPOT 4 | 多光谱 | 20 | 2000-5-4 |
| 中巴卫星 CBERS-1 | 多光谱 | 20 | 2000-5-9 |
| 美国 IKONOS | 多光谱 | 4 | 2000-5-9 |
| 美国 TM 7 | 多光谱 | 30，15 | 2000-5-20 |
| 法国 SPOT 2 | 多光谱 | 20 | 2000-6-16 |
| 美国 IKONOS | 多光谱 | 4 | 2000-9-20 |
| 美国 IKONOS | 多光谱 | 4 | 2000-10-20 |

除以上前期研究时获取的 2000 年附近 9 个时相的卫星数据外，本研究这次又从 USGS 的 Earthexplorer 网站下载了研究区从 1973 年到 2018 年美国陆地卫星 MSS、TM、ETM 和 Landsat 8 共计 116 景数据。由于研究区扎木弄沟沟头范围在海拔 4 000～5 000 m 以上，大部分常年云雾雪覆盖，去除不合格的，共有 39 景图像产品基本合格。另有 74 景图像显示的易贡湖盆地大部分清楚可用。以上数据均为多光谱，分辨率为 15～30 m。

此外，还有 2000-10-04、2000-10-29、2015-02-22 三个时相的 Google Earth 高分辨率图像，局部可供研究滑坡后状态使用。

**2. 地理控制信息源**

本研究使用的地理控制信息源共三类。①数字化地形图。1∶10 万新图幅号：H46D006011，旧图幅号：H-46-071。②免费下载的卫星数据：SRTM 30 m，从 NASA 的 Earthdata 下载，接收时间为 2000 年 2 月，作为 2000 年 4 月 9 日易贡滑坡前的地理坐标基准；ASTERGDEM，30 m，下载自地理空间数据云，接收时间为 2009 年，作为 2000 年易贡滑坡后的地理坐标基准。③2000 年实测的扎木弄沟中下部 GPS 数据，共 107 个点。

**3. 地质地理环境信息**

本研究使用的地质地理环境信息源主要分为两类：①易贡灾害，通过访问目击者、卫星图像解译、现场调查、文献记载等获取；②一般地质地理，由 1∶25 万地质图及报告、中国区域地质概论、西藏区域地质志等和相关文献等处获取。

**4. 地震波信息**

在中国地震局地质研究所许忠淮和中国科学院地理与资源研究所周成虎的协助下，收集了 2000 年 4 月 9 日易贡滑坡产生的地震波记录。

**5. 目击者谈话信息**

2000 年易贡滑坡灾害发生后，本研究团队两次去易贡实地调查验证遥感解译结果时，都设法访问了当地的目击者。在离扎木弄沟沟头直线距离约 10 km、离堆积坝约 300 m 的居民点，亲历了这次灾害事件的几个职工接受了我们的访问。他们介绍了灾害前及灾害当时亲历的一些情况。

## 11.3.2 工 作 方 法

为了解易贡滑坡的规模、活动过程、速度以及易贡湖特征及溃坝灾害的重点，针对易贡滑坡及发育地质环境的特点，在收集尽可能类型全面、多时相信息源的基础上，采用的具体工作方法是：①建立准确的、信息丰富的解译基础；②在滑坡地学理论指导下的、进行细致的人机交互解译，以获取尽可能详细的滑坡及其发育环境特征元素；③非常重视地震波的分析及地学解析，以获取最直接和准确的滑坡各阶段时间信息；④滑坡现场实测控制点及遥感解译结果验证；⑤建立易贡滑坡碎屑流动力学模型。

**1. 建立解译基础**

分别处理以上地理控制信息源，建立滑前和滑后DEM；以滑坡前后的遥感信息源为主，结合其他信息源与数字地形模型 DEM 精确配准，形成遥感解译基础，供解译用。具体方法见《滑坡遥感》。

**2. 人机交互解译**

在滑坡地学理论指导下，基于建立的遥感解译基础，在 Photoshop、ERDAS、MapGIS、ArcGIS 等软件平台上进行人机交互解译，获取易贡滑坡及其发育环境的各种要素信息。

**3. 滑坡地震解译**

收集了 2000 年 4 月 9 日易贡滑坡产生的地震波记录，以获取滑坡活动最可靠、准确的各阶段时间信息，并进行滑坡时间、运动距离及速度等计算。

**4. 滑坡现场 GPS 测量及遥感解译结果验证**

二次野外考察共在扎木弄沟口及以下测了 107 个 GPS 点，作为建立滑坡后 DEM 和图像校正的控制点。在扎木弄沟及易贡湖周围，易贡藏布下游至通麦、迫隆藏布，雅鲁藏布江河口沿岸进行滑坡灾害影响遥感解译结果验证，并访问目击者。

**5. 建立易贡滑坡动力学模型**

在确定了易贡滑坡在扎木弄沟各部位活动特征后，基于滑坡前后的 DEM 和牛顿第二定律，建立易贡滑坡碎屑流动力学模型，求取滑体在各段的运动距离、速度或加速度、动能等。

## 11.4 遥感解译结果

### 11.4.1 2000 年滑坡前的易贡地区地理环境

图 11.2 为 1998 年 12 月 17 日接收的 TM 图像，显示 2000 年 4 月 9 日滑坡前 16 个月易贡地区冬季的地貌和土地覆盖环境的三维图像。易贡藏布及其支流扎木弄沟经历漫长的构造运动，和以冰川和流水为主的侵蚀切割活动，在西藏雪域高原上形成了极高山峡谷地貌，切割深度约 3 000～4 000 m。解译基础图像上显示，在 3 800～6 338 m 海拔的山顶为积雪覆盖区域，冰川活动只存在于扎木弄沟以北的沟谷，4 000 m 以下大部为森林覆盖，冲积扇上有农作物及居民点分布。位于峡谷底部的易贡湖盆地，冬季呈现为网状河道，夏季则湖水盈满。据 1∶10 万地形图，湖的进出口海拔分别为 2 230 m 及 2 190 m，易贡湖盆地总面积约 26 km$^2$，1998 年冬季湖水面积仅约 10.7 km$^2$。

图 11.2　2000 年滑坡前易贡地区地理环境三维影像

## 11.4.2　2000 年滑坡前后的扎木弄沟

### 1. 总体特征

如图 11.2、图 11.3 所示，易贡滑坡所在的扎木弄沟位于高山峡谷中，其后（北东）为一条有现代冰川活动的冰川谷，前临易贡河。图 11.3（a）显示滑坡前扎木弄沟的良好生态，流域平面形态似半个长椭圆形，走向 NE-SW（约 220°），总长 9.7 km。沟形如匙把在下的汤匙，上部为宽阔的匙身，四周弧形陡坡围绕，最宽约 4.0 km，下部为匙把——峡谷，据实地洪痕量测，峡谷平均宽不足 100 m。总体上，扎木弄沟可分为 4 个区段：沟源区（H）、峡谷段（G）、沟口（M）和堆积区（D）。图 11.3（b）为滑坡后第 4 天的图像，图像显示，扎木弄沟完全被碎屑流覆盖，覆盖面积达 13.37 km$^2$，但易贡河并未完全断流。图 11.3（c）显示，滑坡后 13 年，扎木弄沟的碎屑流堆积上已基本被新生长的树木覆盖，除沟头有明显变化外，全部恢复滑前生态。以下分别研究 2000 年滑坡前后扎木弄沟各段特征及变化。

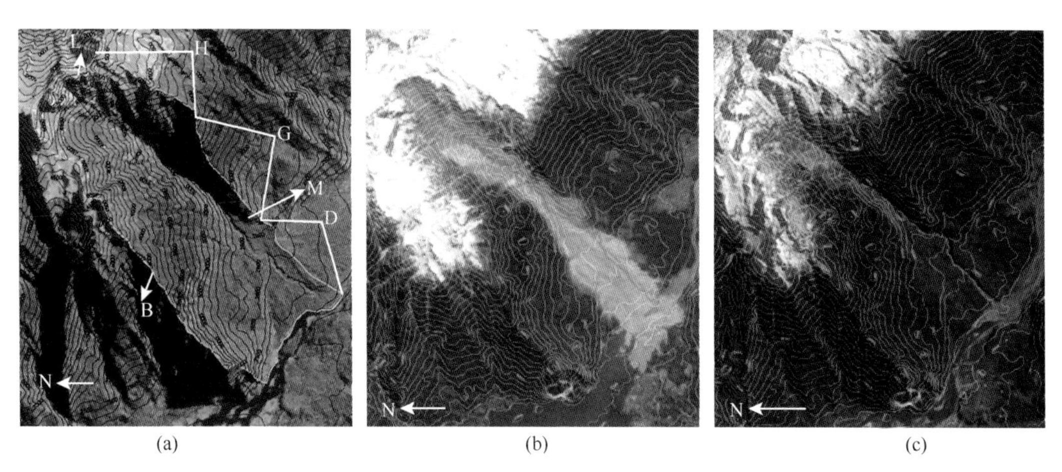


图 11.3　滑坡前 16 个月（a）、滑坡后第 4 天（b）及滑坡后 13 年（c）的扎木弄沟 TM、LS8 数字图像

**2. 沟源区（H）**

如图 11.4 所示。

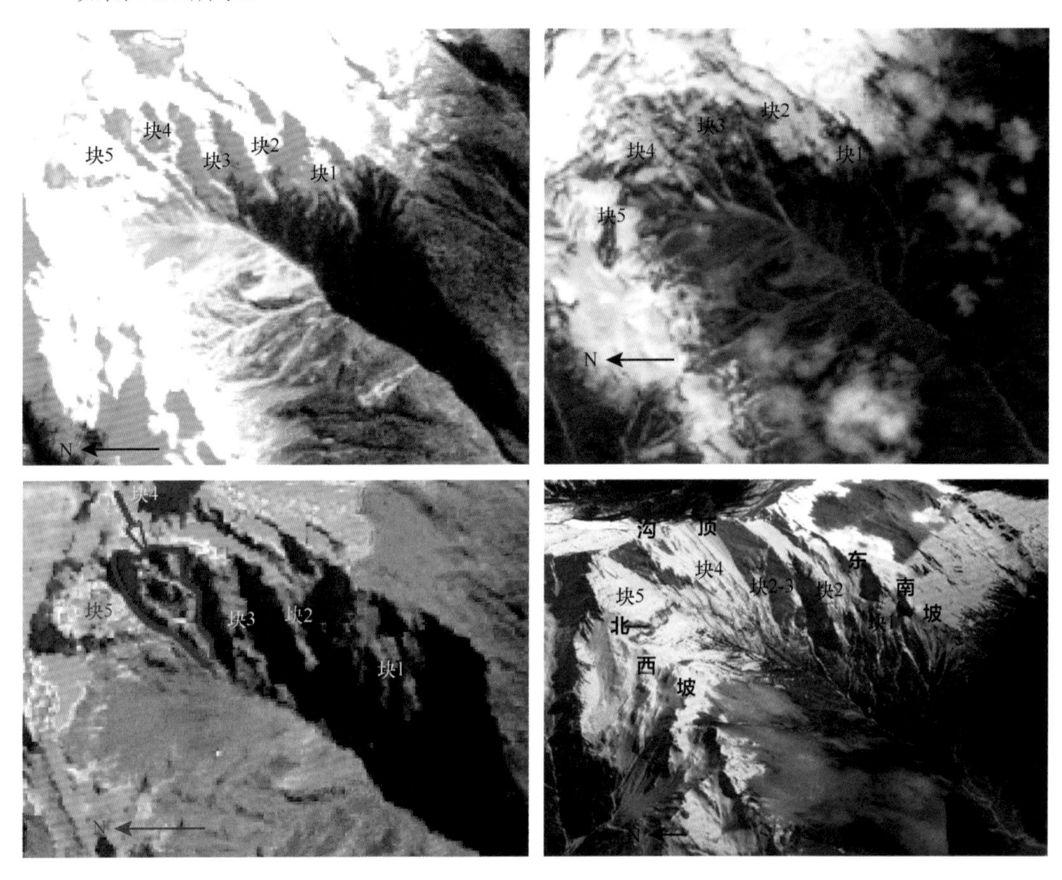


图 11.4　上图：滑坡前冬季（左上）和夏季（右上）30 m 分辨率的沟源区 TM 图像；下图：滑坡前冬季 15 m 分辨率 TM 沟源区图像（左下）和滑坡后 4 m 分辨率 Google Earth 沟源区影像（右下）

1）沟源区的斜坡形态结构

图 11.4 分别为不同空间分辨率（30 m、15 m 和 4 m）的冬、夏季扎木弄沟沟源区影像。处在 4 000～5 500 m 高程的扎木弄沟沟源区终年冰、雪、雾覆盖，极难接收到清晰的卫星图像。除专业登山者外，调查人员也难以抵达，所以在前期研究和其他文献中对扎木弄沟沟源区的描述是模糊的，大都推测认为是一个楔形沟源。本研究收集了间隔 45 年的多时相、多分辨率图像，以其中清楚可用部分影像，进行再次研究，较准确地揭示了沟源区特征。

由喜山期侵入黑云母花岗岩、黑云母二长花岗岩、黑云母花岗闪长岩等组成的扎木弄沟沟源区，岩性坚硬；受大区域构造控制，其内部节理裂隙非常发育，尤其是与沟道走向相近的陡倾裂隙及顺坡向的似层面 2 组软弱结构面更加发育。在长期冰雪冻融流水及重力侵蚀、切割的作用下，源区成为由突兀的岩石块体、台阶，陡坡、滑塌等强侵蚀地形组成的环谷。源区的流域分水岭线由大致平行的 NNE-SSW 走向，相距约 4 km 的两条山脊线和近 EW 走向的沟顶山脊组成，即大致可分为北西坡、东南坡及沟顶（东坡），如图 11.4 右下图所示。东南坡较陡，从海拔 5 255 m 到 4 055 m，山脊长约 3 045 m，脊下分布着块 1 和块 2 两处陡坡；北西坡较缓；从海拔 5 500 m 到 4 200 m，山脊长约 4 442 m，坡面上有多处滑塌；沟顶或沟头北高南低，从约 5 500 m 到 5 255 m，顶宽 2 433.8 m，其下（东坡），由南到北分布块 2-3（块 2 与块 3 上部相连）、块 4 和块 5。由于积雪覆盖，滑坡前的冬季影像（图 11.4 上左）显示的沟源区五个块体外形完整。夏季图像，图 11.4 上右，显示出块 3、块 4 表面破碎，块 4 破碎更甚。

影像显示，滑坡前的块 5、块 4 和块 2-3 形态貌似逐级下坐的台阶形块体，实际上，每个块体台阶面中点高程相差不多，分别在 4 950 m、4 960 m 和 4 930 m 左右。各块体侧面似层理明显，如图 11.5 所示。

从源区的斜坡结构及强烈风化状态，可推测这是易于变形破坏的不稳定区域。

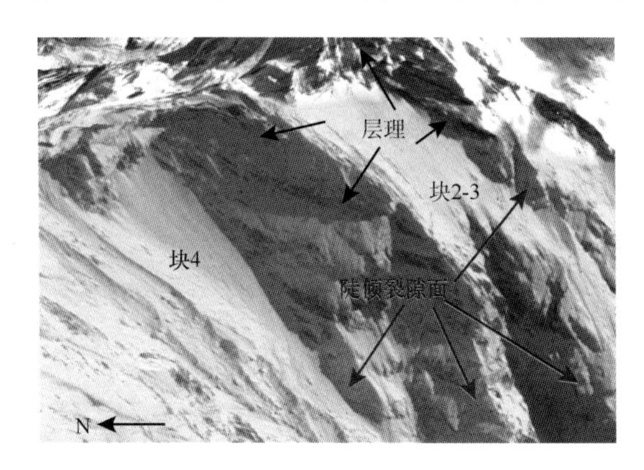


图 11.5　沟源区块 2-3 侧面显示的层理及 2000 年滑坡后的块 4 残存面

2）滑坡前、后沟源区的变化与碎屑流活动

以 1973～2018 年跨越 45 年的滑坡前、后图像对比，了解滑坡前、后沟源区的变化。

块 1、块 2 和块 3 该段时间内未见明显变形位移。块 4 变化明显，如图 11.4 下左图，滑前的块 4 为一三级台阶形块体，与块 3、块 2 的台阶形态相似，称其为滑前地块。2000 年滑坡后，如图 11.4 下右所示，块 4 位置成为一光滑顺层斜面。推测这是 2000 年 4 月 9 日滑坡后残留的滑面，其产状：倾 SW∠41°，面积约 0.78 $km^2$，称其为块 4 滑后残留面。

块 5 如图 11.4 下显示，由上下窄，中间宽，产状倾 SW∠40.5°的上下两个斜坡面构成，总长 2 253 m，中间最宽约 980 m，总覆盖面积约 0.85 $km^2$。其中，上块 5 的面积约 455 727 $m^2$，下块 5 的面积约 391 971 $m^2$，上块 5 与下块 5 之间的陡坎平均高约 120 m。根据相邻块 4 的残留形态，同样光滑的坡面，推测这是 1902 年块体滑移后残留的滑动面。假设原来上、下块 5 在一个面上，如以相邻的块 4 北侧陡崖厚度（50～180 m）作为块 5 滑前块体厚度，估算平均厚度 115 m，该次块 5 滑坡活动的体积约为 $0.94\times10^8\ m^3$。推测该次块 5 滑坡活动后，从块 5 中间沿近 SN 向裂隙拉开，下半块下坐，形成上、下块 5 及中间陡坎。当然，也可能是下块 5 先滑动，牵引上块 5 活动，形成的上、下块 5

及中间陡坎。

由此推测，1902 年的灾害也是滑坡碎屑流，并不是冰川泥石流，体积与 2000 年的活动规模相当。

### 3. 峡谷段（G）

如图 11.6 所示，沟源区以下，约在 3 850 m 高程起进入由坚硬的冈底斯岩群变质杂岩和旁多群诺错组浅变质岩构成的峡谷，在约 2 650 m 处到达沟口，峡谷走向 NE-SW，段长 2 027.2 m，沟深 200～500 m。

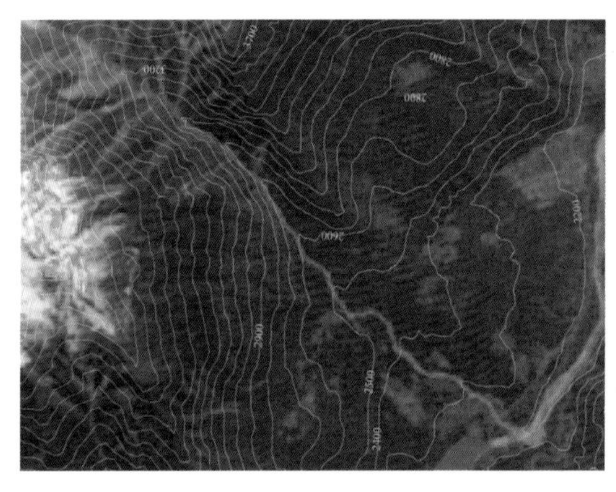

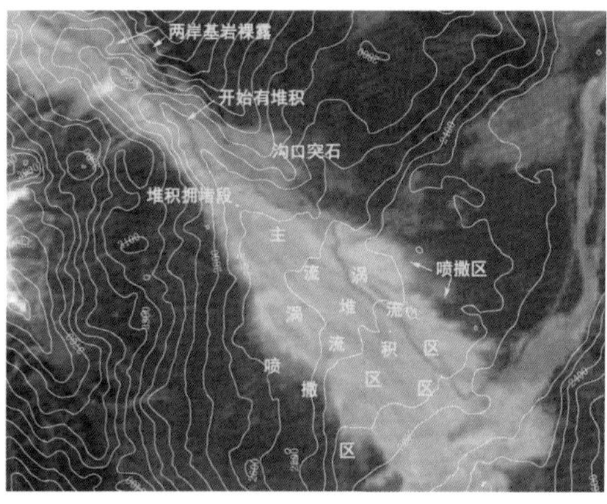


图 11.6　2000 年滑坡碎屑流活动前（左）、后（右）扎木弄沟峡谷段和堆积区

2000 年滑坡前，如图 11.6 左图，峡谷段两侧岸坡均有植被覆盖（彩红外图像显示红色），沟道狭窄，流水清澈，未见有大量碎屑堆积。

2000 年滑坡后，如图 11.6 右图，扎木弄沟完全被呈灰绿色的碎屑覆盖，但在海拔约 2 900 m 以上沟谷最窄处两侧岸坡基岩裸露，如图 11.7 所示，沟底干净光滑，未见碎屑堆积。图 11.6 右图显示，在约 2 800 m 及以下开始出现碎屑堆积（显示浅灰），在 2 700 m 左右有堆积拥堵段。沟口左岸有沿沟近 1 km 长的岩石（呈灰绿）向沟内突出。

图 11.7　滑坡后峡谷段上部两岸基岩裸露

### 4. 堆积区（D）

如图 11.3、图 11.6 所示，滑前堆积区为一植被覆盖的缓倾堆积扇，平均倾斜约 6°，从沟源区和峡谷段集聚的沟水通过堆积扇中部的沟道，流入易贡藏布。从 1973 年的 MSS 图像到滑坡前 2000 年 1 月 5 日的 TM，跨越近 30 年的卫星图像看，堆积区是稳定的，没有看到变形位移现象。

2000 年滑坡后的堆积区大致可以分为三大部分：主流堆积区、涡流堆积区和溅撒区。另有受高速碎屑流通过时的影响产生的堆积区外的高速气流喷射影响区（图 11.8）。

图 11.8　滑坡后的扎木弄沟堆积区

主流堆积区位于堆积区中部，是碎屑流主体活动堆积部分，呈现三股表面鼓胀、横向上成弧形、纵向呈波状流动态的固体碎屑流。其两侧旁为流动方向发生改变时形成的涡流区。这两类堆积区虽主要由固体碎屑构成，但明显的表面鼓胀说明内含大量水分和气体。大块石主要分布在主流碎屑堆积区的上部，大块石的平面尺度约为 32 m×16 m、27 m×16 m、24 m×8 m……（图 11.8 右、图 11.9）。

这样的分布意味着易贡滑坡碎屑流的形成与堆积过程为：滑体激烈撞击沟口左岸壁，粉碎，与水、气结合形成碎屑流，饱含水气的碎屑流，体积急骤膨胀，从沟口冲出，分为三股高速前进，所向披靡，勇往直前，在原始泥石流堆积区流动，跨越易贡藏布后立即停止；其两侧因遇地形升高（原始泥石流堆积区两侧地形较中部高）局部改变流动方向，而成为涡流；高速碎屑流在原堆积区向低处高速运动的同时，向两侧及前方喷洒泥浆和细屑，向更远的两侧及前方喷射高速气流，高速气流“横刀切削”成片树林成半截林区（图 11.10），证实了高速碎屑流前行时产生气流的巨大剪切作用。

扎木弄沟各段的遥感信息特征及变化揭示了沟源区、峡谷段、沟口和堆积区的不同活动方式。

图 11.9　主流堆积区上的大块石

图 11.10　高速气流“横刀切削”成片树林成半截林区实景

### 11.4.3　目 击 者 说

2000 年易贡滑坡灾害发生后，本研究团队两次去易贡实地调查验证遥感解译结果时，都设法访问了当地的目击者。在离扎木弄沟沟头直线距离约 10 km、离堆积坝约 300 m 的居民点，亲历了这次灾害事件的几个职工接受了我们的访问。其中表达比较清楚的易贡茶场内务民警陈克山说：“2000 年 4 月 9 日晚上，天空下着蒙蒙细雨，我在茶场职工家属楼看电视，突然感觉地板晃动（推测沟源块 4 裂隙破裂贯通），看了一下手表，此时正是晚上 8 时 5 分，随后听到一声沉闷的巨响（推测沟源块 4 启程），约 10 秒后，我刚走到家门口围栏处，又听到一声惊天动地的爆炸巨响（推测块 4 滑体撞击沟口巨石形成碎屑流），房屋、围栏剧烈震动，我只能靠抓紧围栏勉强站住，同时看见滚滚浓烟从扎木弄沟内腾空而起，高抵雪线以上。浓烟底层浓黑色，中部稍淡，上层浅灰。从沟内窜出的浓烟翻滚着直冲易贡藏布，飞越河谷，直达河谷南岸并上陡坎，并伴随有劈啪声。上层云烟遮天蔽日，同时有大股浓烟伴着隆隆响声，如汹涌波涛铺天盖地向茶场方向卷来，山谷震荡，还依稀可听到树木折断、撕裂声，约 2～3 分钟后全部平息。”

大部分被访目击者都说，早在滑坡发生前二三年，也有说五六年的，山顶上经常都传来轰隆隆的山石垮塌滚石声，有时每天多达十余次。但是在此之前的数十年间，沟内很安静，没有垮塌声。至 2000 年 3 月中下旬，沟内山顶上传来的垮塌声变得非常密集（大量块 4 软弱结构破裂，发生小规模崩塌），村子的人们开始恐慌。3 月底 4 月初，这里（易贡）好几天高温，导致大量冰雪融化。滑坡前的 4 月 8 日上午，有人发现扎木弄沟的水量明显减少，水流由原先的清水变为黑色（临滑坡前崩塌物堵塞了沟道，从崩积物中流出的是黑水），还可闻到刺鼻的腐臭和燃烧后的硫磺味（岩块摩擦燃烧所致）。

## 11.5　易贡滑坡地震特征

### 11.5.1　记录易贡滑坡的台站分布及记录特征

易贡滑坡中心位置为：30°12′03″N，94°58′03″E。滑坡后，在距滑坡中心点 102～1 188 km 的 21 个地震台站接收到了滑坡地震记录，其中包括西藏 3 个地震台的笔绘记录和云南 18 个地震台的宽频带数字地震记录。易贡滑坡和这些地震台站的位置分布见图 11.11，这些台站的位置经纬度、距震中距离参数及使用的拾震仪类型列于表 11.4 和表 11.5。

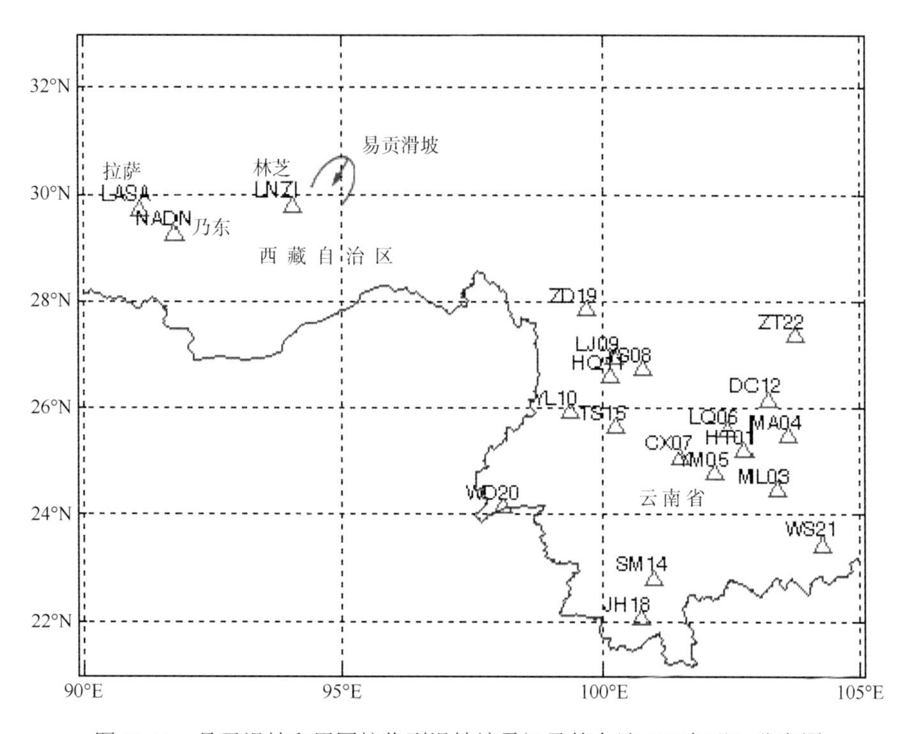


图 11.11　易贡滑坡和周围接收到滑坡地震记录的台站（三角形）分布图

**表 11.4　使用笔绘记录到易贡滑坡地震的西藏 3 个台站**

| 台名 | 位置 | | 震中距/km | 拾震器类型 |
|---|---|---|---|---|
| | 北纬/(°) | 东经/(°) | | |
| 林芝 | 29.77 | 94.05 | 102 | DD-2（短周期） |
| 拉萨 | 29.70 | 91.12 | 373 | DD-1（短周期），DK-1（中周期） |
| 乃东 | 29.23 | 91.78 | 326 | DD-2（短周期） |

**表 11.5　记录到易贡滑坡地震的宽频数字记录的云南台站**

| 编号 | 台名 | 代码 | 位置 | | 震中距/km | 编号 | 台名 | 代码 | 位置 | | 震中距/km |
|---|---|---|---|---|---|---|---|---|---|---|---|
| | | | 北纬/(°) | 东经/(°) | | | | | 北纬/(°) | 东经/(°) | |
| 1 | 中甸 | ZD19 | 27.82 | 99.70 | 528 | 10 | 昭通 | ZT22 | 27.32 | 103.72 | 908 |
| 2 | 丽江 | LJ09 | 26.90 | 100.23 | 629 | 11 | 东川 | DC12 | 26.11 | 103.20 | 924 |
| 3 | 云龙 | YL10 | 25.89 | 99.37 | 643 | 12 | 易门 | YM05 | 24.72 | 102.20 | 936 |
| 4 | 鹤庆 | HQ11 | 26.55 | 100.15 | 647 | 13 | 黑龙潭 | HT01 | 25.15 | 102.75 | 947 |
| 5 | 永胜 | YS08 | 26.69 | 100.77 | 686 | 14 | 马龙 | MA04 | 25.43 | 103.58 | 996 |
| 6 | 团山 | TS15 | 25.61 | 100.25 | 726 | 15 | 思茅 | SM14 | 22.78 | 101.01 | 1 019 |
| 7 | 畹町 | WD20 | 24.09 | 98.07 | 744 | 16 | 弥勒 | ML03 | 24.41 | 103.39 | 1 049 |
| 8 | 楚雄 | CX07 | 25.03 | 101.54 | 863 | 17 | 景洪 | JH18 | 22.02 | 100.74 | 1 074 |
| 9 | 禄劝 | LQ06 | 25.54 | 102.45 | 897 | 18 | 文山 | WS21 | 23.41 | 104.25 | 1 188 |

注：以上各台站使用的皆为 FBS-3 宽频带拾震器（0.05～20 Hz 速度平坦）。

## 11.5.2　西藏台站记录的易贡滑坡地震波特征

西藏共有距易贡滑坡震源距离在 102～373 km 范围的 3 个地震台站接收到易贡滑坡地震记录。离滑坡最近的林芝地震台距离滑坡中心点 102 km。该台站的短周期记录上可见清晰的、与易贡滑坡时间对应的短时间冲击高频震动。根据记录图的震相特征和西藏地区的地震走时表（国家地震局地球物理研究所，1980），可识别出三组直达体波纵波 Pg 和横波 Sg，见表 11.6 及图 11.12。

**表 11.6　林芝台、拉萨台和乃东台地震图的震相识别结果**

| 台站 | 震相 | 到时（时-分-秒） | 走时/s | 推算发震时刻（时-分-秒） | 振幅/μm | 周期/s | 震级（$M_s$） |
|---|---|---|---|---|---|---|---|
| 林芝 | Pg2 | 19-59-40.6 | 18.5 | 19-59-22.1 | | | |
| | Pg3 | 19-59-58.5 | 18.5 | 19-59-40.0 | | | |
| | Sg3M（E-W） | | | | 0.63 | 1.0 | 2.5（$M_L$3.2） |
| | （Pg4） | 20-00-08.8 | 18.5 | | | | |

续表

| 台站 | 震相 | 到时（时-分-秒） | 走时/s | 推算发震时刻（时-分-秒） | 振幅/μm | 周期/s | 震级（$M_s$） |
|---|---|---|---|---|---|---|---|
| | Sg4 | 20-00-21.5 | 31.5 | 19-59-50.0 | | | |
| | Sg4M（N-S） | | | | 3.2 | 1.0 | 3.3（$M_L$ 3.9） |
| 拉萨 | -Pg1 | 20-00-25 | 67 | 19-59-18 | | | |
| | +Pg2 | 20-00-30 | 67 | 19-59-23 | | | |
| | Pg5 | 20-01-03 | 67 | 19-59-56 | | | |
| | Sg2 | 20-01-17 | 115 | 19-59-22 | | | |
| | LgM2 | | | | 7.2 | 10 | 4.1 |
| | Sg5 | 20-01-50 | 115 | 19-59-55 | | | |
| | LgM5 | | | | 13.2 | 12 | 4.5 |
| 乃东 | Pg4（Z） | 20-00-48 | 58.7 | 19-59-49.3 | | | |
| | Sg2（N，E，Z） | 20-01-02 | 100.4 | 19-59-21.6 | | | |
| | Sg4（Z） | 20-01-30 | 100.4 | 19-59-49.6 | | | |

注：震相名称中的 M 表示最大振幅。

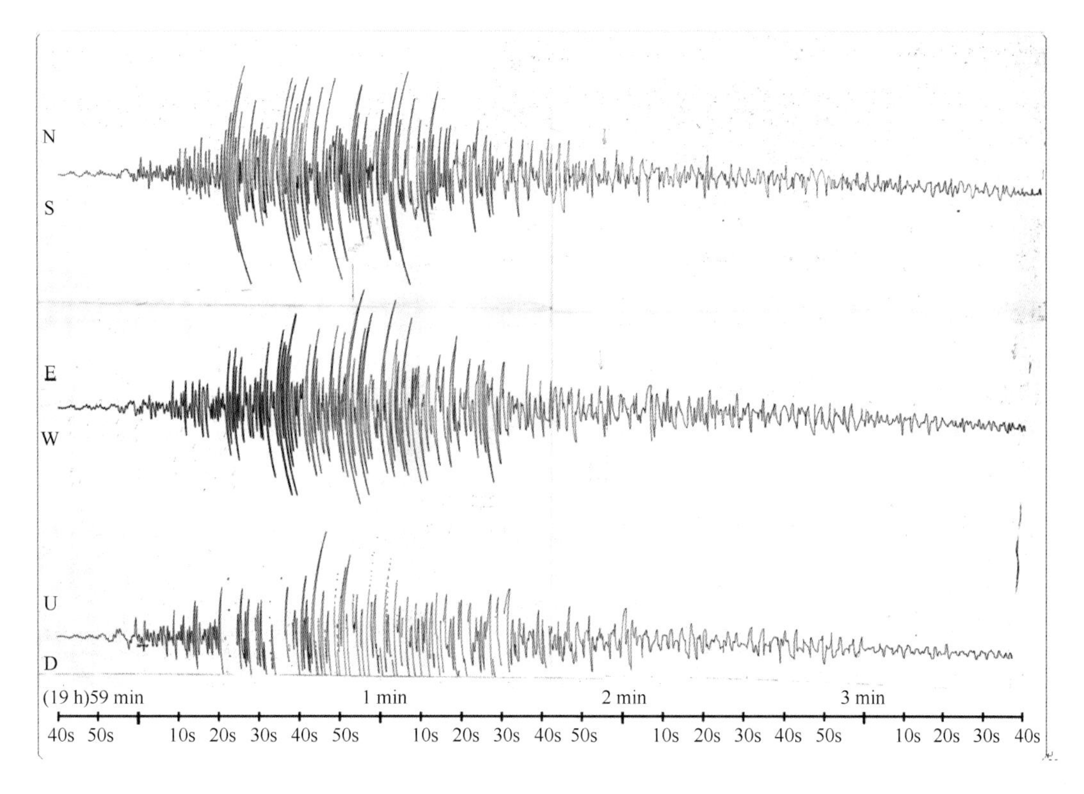


图 11.12　林芝地震台易贡滑坡短周期地震记录图

拉萨台位于滑坡正西边 373 km，该台的中周期拾震仪器 DK-1 的放大倍数较低（千倍级），虽记录不到小的震动，但在记录图上明确可分辨出几次较大的震动。根据记录图的震相特征和西藏地区地震波走时表，可鉴别出地震波的 NS（南北）、EW（东西）和 UD（上下）三个分量的记录。在 2000 年 4 月 9 日 20 时 00 分 25 秒时 EW 和 UD 2 个分量均记录到了第一次起跳的纵波，但 NS 分量不明显，称其为 Pg1，约 5 s 后 3 个分量均出现了另一次振幅较大的纵波 Pg2，其后 33 s 出现更大振幅的 Pg5。

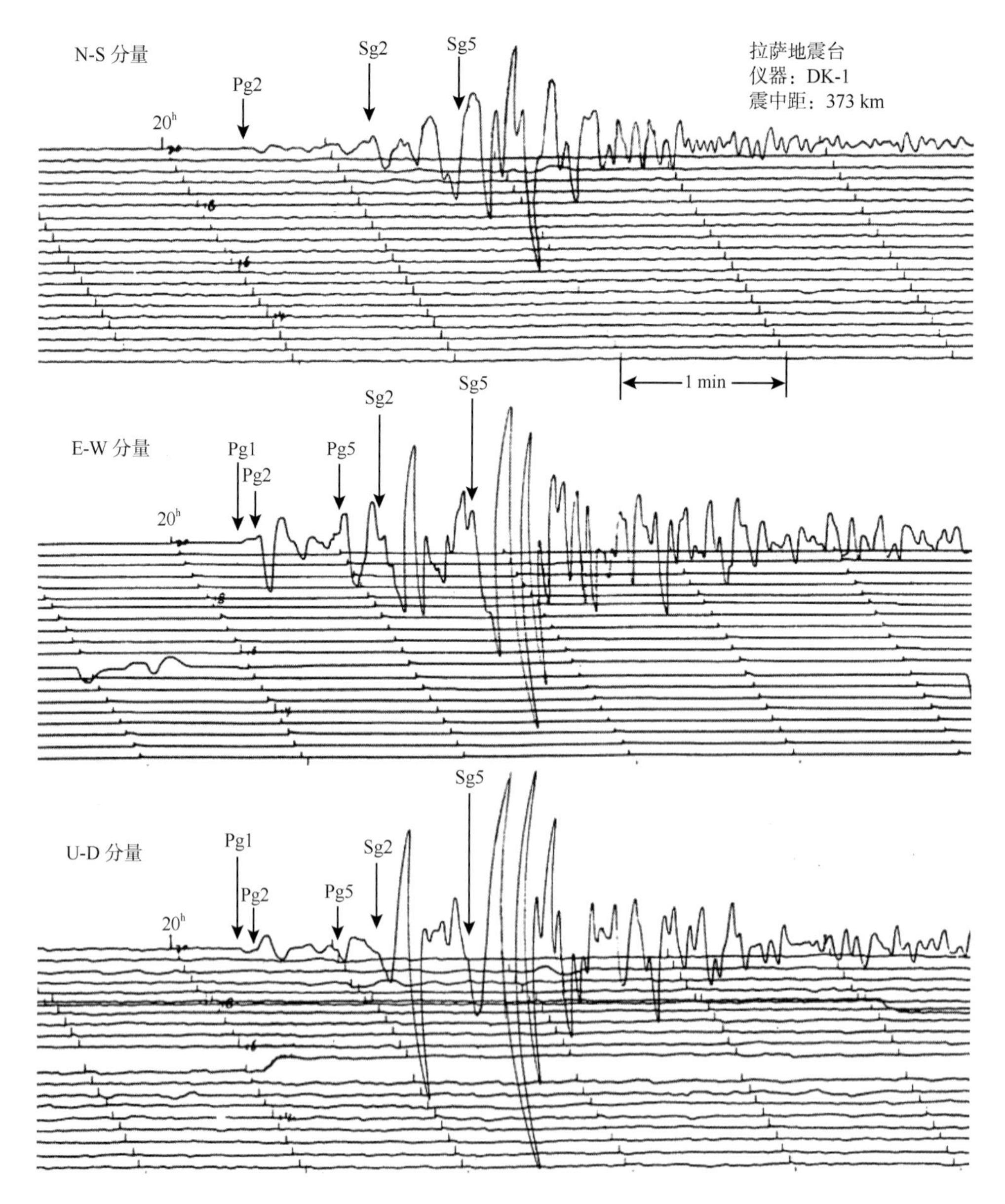


图 11.13　拉萨地震台易贡滑坡中周期地震记录图及震相识别

注：震相符号后的数字对应于震源处的第几次震动。

Pg2 和 Pg5 之间有多次小振幅波的叠加，可勉强区分为 Pg3 和 Pg4。在各分量曲线上均可见在 Pg5 波后，约在 20 时 01 分 17 秒和 20 时 01 分 50 秒出现了较纵波振幅更大的横波 Sg2 和 Sg5，同样在它们之前及之间也应有 Sg1 和 Sg3、Sg4，但由于振幅较小，与其他波重叠而难以确定起始点。在 Sg2 和 Sg5 波后面，紧接着就出现了大振幅的面波 Lg，从南北、东西和垂直向子波记录均较强可判别出这是瑞利型的 Lg 波，因为拉萨台正好在震源的西面，东西向的垂直面正好是瑞利波的振动面。此外，Lg5 面波并未立即结束，至 22 秒为大幅度面波，随后为约 49 秒的中幅度面波，其后小震幅面波延续了约 120 秒后逐渐接近平稳。E-W 分量的中周期地震波形及震相分界识别如图 11.14。

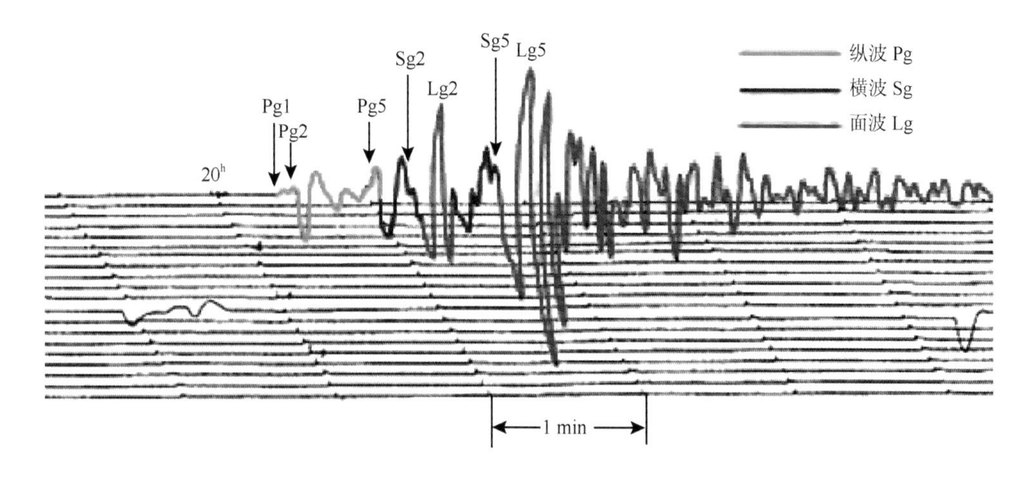


图 11.14　拉萨地震台记录的易贡滑坡 E-W 分量上中周期地震波形及震相分界识别

拉萨地震台的中短期记录说明，易贡滑坡震源有 2 次明显的强烈震动，另有约 3 次振幅较小的震动，从 Pg1 至 Lg5 的中等振幅结束的地震波延续时间约为 120 s+，即约 2 分钟多。

### 11.5.3　云南台站记录的易贡滑坡地震波特征

易贡滑坡震源发出的第 2 次和第 5 次震动激发的强面波型 Lg 波在云南的 18 个地震台上均有清晰显示。经相应时段地震记录分析，得出云南地区的 Lg 波群速度为 3.1 km/s。以此速度计算云南各台站 Lg 波的走时，根据数字记录再将各台地震波的到时扣除各台 Lg 波的走时后，绘制各台站垂直分量和径向分量的地震图，见图 11.15 和图 11.16。该图实际是以各台的 Lg 波到时对齐绘制的地震图，从图上可见，各台均记录到了两次大振幅的 Lg 波，分别对应于震源的第 2 次和第 5 次震动，时间相隔 34 s。云南 18 个地震台距震中从 528 km（中甸台）至 1 188 km（文山台）范围，在这些不同震中距的台站上，两次 Lg 波的到时差一样，时差不随震中距变化，该现象有力地说明这些 Lg 波对应于震源两次独立的震动激发。

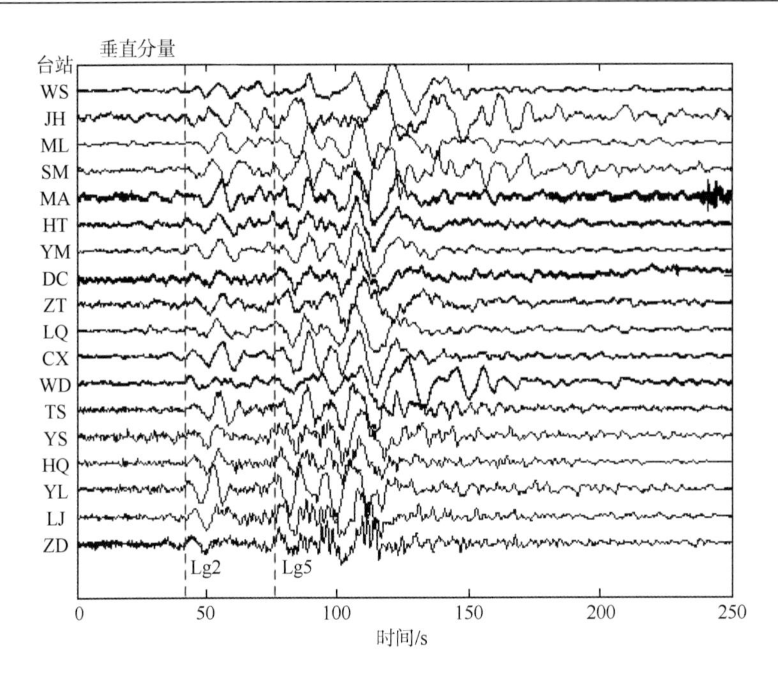


图 11.15　云南省地震台记录的震源两次震动的 Lg 波垂直分量地震图

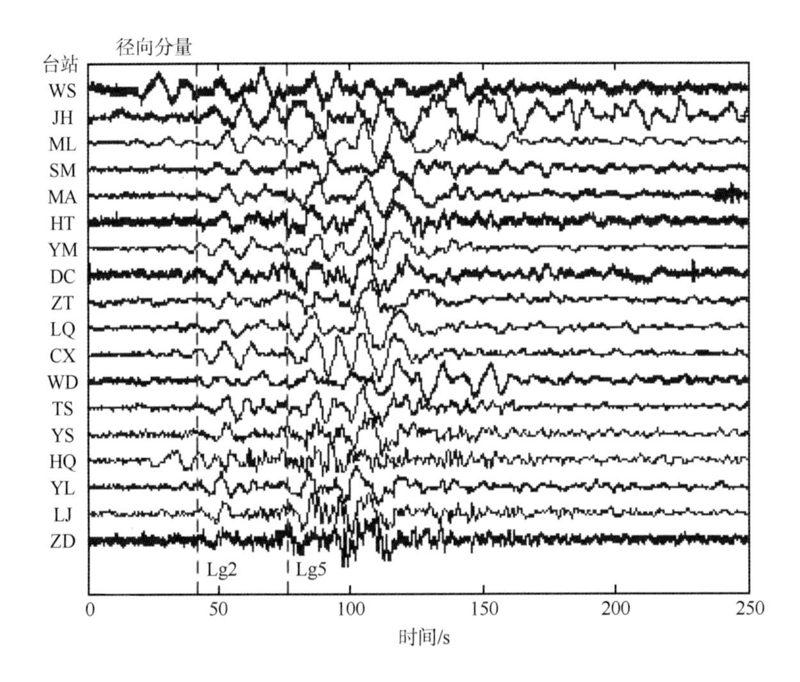


图 11.16　云南省地震台记录的震源两次震动的 Lg 波径向分量地震图

各台横轴时间原点是 $20^{h}00^{m}00^{s}$；（Δ/3.1）-80：Δ 是各台震中距（km）；3.1 km/s 是 Lg 波群速度

### 11.5.4　各次震动的震级及震动参数

根据如下中国用震级公式计算各次震动的震级 $M_S$（国家地震局震害防御司，1990）：

$$M_S = \lg(A/T)\max + 1.66\lg\Delta + 3.5$$

式中，$A$ 是最大地动面波振幅的微米数；$T$ 是周期（s）；$\Delta$ 是震中距（度数）。其中根据林芝台近距离的短周期记录计算的震级为地方震级 $M_L$，再根据公式 $M_S = 1.13M_L - 1.08$，转换为 $M_S$。计算结果如表 11.7。

**表 11.7　震源各次震动发生的时间和震级**

| 震动序号 | 发震时间/（时-分-秒） | 震级（$M_s$） |
|---|---|---|
| 1 | 19-59-18 | （2.3） |
| 2 | 19-59-22 | 4.1 |
| 3 | 19-59-40 | 2.5 |
| 4 | 19-59-50 | 3.3 |
| 5 | 19-59-56 | 4.5 |

分析计算结果表明，时间相隔 34 s 的第 2 次和第 5 次为强震动，尤以最后第 5 次震动最强，这两次冲击引起的地震动都表现为地表的大周期震动，这是大尺度岩体对地面持续一段时间的撞击的表现，见表 11.6、图 11.14～图 11.16。

## 11.6　易贡滑坡活动特征分析

基于上述易贡滑坡遥感解译、目击者叙述及地震波研究，了解了易贡滑坡所在扎木弄沟的斜坡结构构造、地形地貌、地表覆盖、灾害目击过程和所产生的地震波特征等，由此分析推测扎木弄沟发生滑坡碎屑流的运动方式、活动过程、速度、规模等特征。

### 11.6.1　活动方式和过程

仍然分为沟源区（H）、峡谷区（G）、沟口（M）和堆积区（D）四个区段，分析滑坡在扎木弄沟不同部位的不同运动方式和过程。

**1. 沟源区（H）**

沟源区是扎木弄沟的沟头，也是易贡滑坡的物源区。这个区域受大区域构造控制，新构造活动强烈；由坚硬的、节理裂隙十分发育的花岗岩组成的环谷；此处降水（雪）丰富，水或冰充满在这些丰富的裂隙中，在长年累月的寒冻风化、强烈阳光照射及融冻作用下，这些裂隙不断伸长及扩张；由于 100 年前的滑坡碎屑流活动，与块 4 相邻的块 5 滑移离去，块 4 北和西两侧临空。

沟源区的易贡滑坡活动可以概括为：块 4 斜坡孕育成独立块体，过程中伴有前缘小规模崩塌，独立块体以剪切运动方式，整体高速滑离扎木弄沟沟源，具体过程如下。

由于冬夏、昼夜、阳光和寒冷交替的冻融变化，充满水或冰雪的裂隙不断发展扩大，直至崩裂。如果这些崩裂发生在地表浅部，则会造成小规模的滑塌（易贡滑坡前数年已有小规模崩塌发生）；当裂缝逐渐向斜坡内部深层发展，特别是滑前块 4 后（东）缘、南侧缘深长裂隙的拉裂，使块 4 侧缘逐步与周围山体的联系变弱。底部缓倾裂隙也逐步发育了与块 4 斜坡倾向相似的似层面，并沿其发生蠕滑等变形位移现象，在重力作用下，对块体前部逐渐增大推挤力，似层面前部应力集中，形成锁固段，推力最终使侧缘裂隙贯通，脱离周围山体，将前部锁固段剪断，似层面贯通，滑移面的上覆块体高速滑出，启程大滑坡。

如图 11.13、图 11.14 所示，地震记录曲线对此活动有明确显示，2000 年 4 月 9 日 20 时零 25 秒的初次起跳，相当于 $M_s$2.3 级地震的首次纵波 Pg1，此时未能接收到横波 Sg2，说明这是块体 4 内部裂隙开裂，以撞击为主，剪切比较弱的振动。随着大量陡倾裂隙的破裂贯通，后缘、侧缘逐渐与母体斜坡分离，似层面前缘剪应力高度集中，其突然贯通，块 4 与原地面脱离，引起强烈震动，此时出现纵波 Pg2，也是目击者陈克山听到的第一声巨大声响。与原地面分离的巨大滑前块体块 4 在高位势能重力作用下，沿其内部的巨大顺坡向似层面约从 5 200 m 高速滑至 4 100 m 高程，最大滑距约 1 700 m（从 Google Earth 上求得），滑出，剪断锁固段，高速启程，整体滑离原斜坡。这是在 10 km 以外的目击者听到的第二声沉闷的巨响。该次活动有岩体内部的摩擦碰撞，整体对滑面的撞击，及沿滑面的剪切，所以其振动导致地震台收到的体波有纵波 Pg5、横波 Sg2 和面波 Lg2 波，面波的出现说明地震波主要在地表传播（此前振动主要在介质内部传播），能量最大，此时巨型滑体-块 4 高速剪出时作用于地面的能量相当于 $M_s = 4.1$ 级地震，见表 11.7。

**2. 峡谷区（G）**

滑源区出发的块 4 是飞行通过峡谷区的。

图 11.17 显示，2000 年前后，沟源区下面，滑前存在的碎屑堆，滑坡时并未被触动，证明块 4 离开滑移面后是以腾空方式运动的。这是因为滑移面（似层面）的坡度较其下斜坡平缓，离开滑移面的块体并未接触其下斜坡地面。

块体进入峡谷。根据丹尼尔·伯努利原理，高速滑出的巨大块体块 4 离开滑床进入峡谷后，由于滑体下部受到的峡谷气压大，上部受到的气压小，故产生升力，该升力将大于重力，故滑体仍以高速飞行，其间块 4 块体高速通过（飞行）时形成的强大气流强烈作用于峡谷，刮擦两岸，使局部基岩面出露，并将沟谷两侧约 500 m 以下及谷底的植被、表土、块石等共约 $5.0\times10^6$ $m^3$ 碎屑堆向前方，这便是地震台记录到的振幅较小的 Pg3、Pg4 及随后的 Sg3、Sg4 地震波（图上未标注），其能量相当于 $M_s = 2.5$ 级和 3.3 级地震，见表 11.7。块 4 本身并无碎屑残留在沟谷。

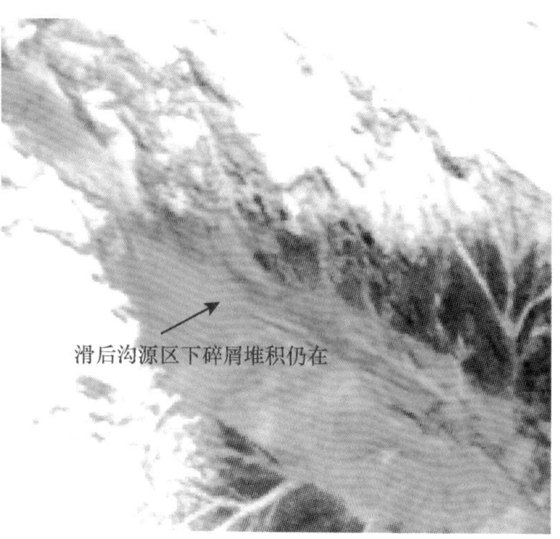


图 11.17　滑坡前、后沟源区下的碎屑堆积未变

**3. 峡谷口（M）**

到达峡谷口的块 4 与突出的陡壁激烈碰撞、解体，成为碎屑流。

高速飞行的巨大块 4 滑体到达沟口时，遭遇左岸向沟内突出的坚硬变质岩沟壁，与岩壁发生激烈撞击，这便是根据地震台接收时间推算的发震时间 19 时 59 分 56 秒，Pg2 以后 34 秒，记录到的振幅最大的、相当于 $M_S = 4.5$ 级地震的一次地震波，纵波 Pg5 及随后的横波 Sg5 和面波 Lg5（如图 11.14 所示）。面波 Lg5 的振幅最大，这是沿地面传播的强振动。即滑体与左岸岩壁激烈撞击后反弹、解体破碎，并与水、气混合产生浓密的烟雾及高速流动的碎屑流，这便是被访目击者介绍的：“……又听到一阵爆炸巨响，房屋、围栏剧烈震动，人只能靠紧抓围栏才能勉强站住。同时，看见一股浓烟宛如一条巨龙从扎木弄沟内腾空而起，高抵雪线以上……”

**4. 堆积区（D）**

碎屑流以多种方式运动，能量耗尽后，以复杂的形态结构在缓坡地面堆积。

高速碎屑流形成后，即在沟口以下的宽阔的原堆积扇缓坡地面流动，并向两侧及前方喷射高速气流及泥沙浆体，碎屑流堵塞易贡河，爬上对岸后堆积，停止活动。堆积前的碎屑流运动方式极其复杂，既有能承载数百吨以上大块石的主碎屑流的勇往直前的冲击，又有前行时遇下伏地形改变形成的涡流前行；既有碎屑流（包括高速泥浆、气体）对下伏及两侧原地表的刮铲、强力喷射及剪切作用，又有大量飘浮在主碎屑流表面的巨块石碰撞活动，故其产生了复杂的、有较强面波的各种波互相叠加的地震波——Pg5、Sg5、Lg5 的后续震动波形，至约 120 秒后逐渐平静。

整个活动过程如图 11.18 所示。

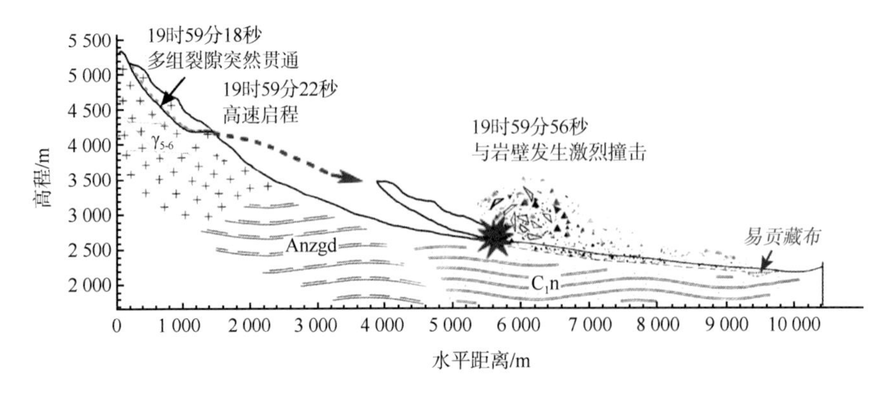


图 11.18　易贡滑坡碎屑流活动过程示意图

## 11.6.2　易贡滑坡碎屑流的规模

### 1. 沟源区

2000 年滑坡前、后图像确定沟源区的块 4 为滑前块体，由滑坡前、后 DEM 求得滑前块 4 地形的空间变化：滑坡后块 4 表面各处高程降幅在 0～318 m 范围，滑体中后部降幅较大，前部及两侧较少，滑前就存在的沟源区下部碎屑堆积区高程未变，滑走部分的滑体体积为 $9.118\times10^7$ $m^3$，如图 11.19 所示。滑坡前、后 DEM 的变化也说明了滑前三级台阶表面的块 4 是沿着内部一个面脱离山体的。

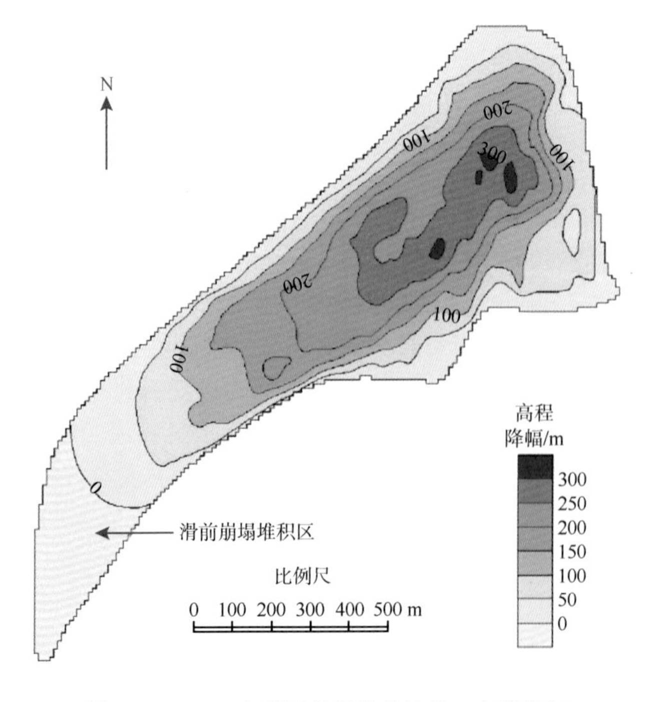


图 11.19　2000 年滑坡的滑前块体块 4 高程降幅

### 2. 峡谷区

滑前块 4 是整体飞行越过峡谷区的，飞行过程中，块 4 本身并未发生破碎或堆积，但块 4 高速通过峡谷时形成的强大气流强烈作用于峡谷，刮铲两岸，将沟谷两侧斜坡及谷底的植被、表土、块石等碎屑堆向前方。到底刮铲和推移了多少堆积物呢？由于缺乏更详细的控制数据，该峡谷区难以建立较准确的数字地形模型，采用滑坡前后的数字高程计算来估算峡谷区堆积物体积。

据遥感解译及野外验证确定的峡谷段滑坡前后出露的基岩范围，估计滑体高速飞行作用范围及覆盖物厚度，再估算该部分碎屑体积。块 4 滑体飞行越过峡谷区的直线距离约 3 566.8 m，沿沟谷地表长 3 781.1 m，其中约 3 000 m 长的两岸被刮擦，基岩出露顺坡 80～400 m 不等，以平均 200 m 计，沟谷内及岸坡上覆盖物平均厚度若以 4 m 计，则峡谷中产生的碎屑体积约为 $4.80\times10^6$ $m^3$。

### 3. 堆积区

同样，通过建立滑坡前后堆积区 DEM，计算该区体积。与滑前该区数字地形高程 DEM 相比，如图 11.20 所示，滑坡后堆积区增高的幅度在 0～96 m 范围，增高最多的是原易贡藏布河床，主流堆积区（K）中段中部和峡谷区下段 G 的上端（图 11.6 右所示，出现拥堵段位置），达到 60～96 m；其次为其余主流堆积区及 G 区，增高幅度在 20～60 m；其两侧涡流堆积区（Ks），则为 1～20 m。在泥浆和细屑喷射区（S）及高速气流作用（J）区，地面高程基本未变。计算滑坡后堆积区地面较滑坡前增高的总体积为 $9\,557\times10^4$ $m^3$。前期研究时，将该值减去 G 区 $480\times10^4$ $m^3$，得到 $9\,102\times10^4$ $m^3$，该数值与沟源区估算的滑坡体积 $9.118\times10^7$ $m^3$ 非常接近，这绝不是巧合，这证明 2000 年滑坡碎屑流的堆积物主要由沟源区的滑体而来。但前期研究时将峡谷区的堆积排除在 2000 年滑坡堆积以外的做法有误，应该将其算作这次滑坡碎屑流活动的堆积。

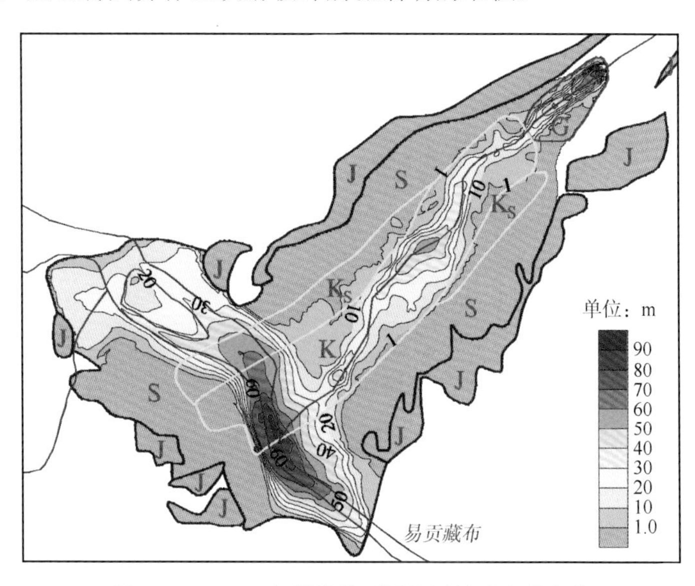


图 11.20　2000 年滑坡前后堆积区地形高程变化

块 4 经高速剪出、飞行，与左岸岩壁激烈撞击、破碎，与水气合成碎屑流后，启程时的 $9.118\times10^{7}$ m$^{3}$ 完整块体到碎屑流状态时，不是只接纳了沟口附近的峡谷段的碎屑堆积，还应该有固体转变为流体时的体积膨胀扩大，该膨胀度应该有多大？由于碎屑流中虽然包含了水和气体，但粗细土石颗粒是紧密排列的，参照 Delaney 和 Evans（2015）的研究，滑坡块体在分解为碎屑流的过程中，约膨胀至原块体的 1.2 倍，则易贡滑坡碎屑流的体积约为 $1.15\times10^{8}$ m$^{3}$。

那么为什么前述文献中其他考察研究论文大多认为易贡滑坡有 $3\times10^{8}$ m$^{3}$，或更多呢？这是因为：地面考察及早期单纯地面遥感解译无法了解滑坡前后的地形高程变化，从而难以了解碎屑流堆积区的结构，区分主流区、涡流和喷洒区等，而将有泥浆与碎屑块石覆盖的地面全部视为堆积区面积，并将滑坡后原易贡河床抬高的高程 60～100 m 作为整个碎屑流堆积的厚度，将其与堆积区面积相乘，得出滑坡碎屑流堆积为 $3\times10^{8}$～$3.8\times10^{8}$ m$^{3}$ 的结果。

## 11.6.3　易贡滑坡碎屑流动力模型

### 1. 易贡滑坡运动物理模型

动力学主要研究作用于物体的力与物体运动的关系。动力学的研究对象是运动速度远小于光速的宏观物体，研究物体机械运动状态变化与外力的关系。这种宏观物体的低速运动，它的基本理论是牛顿运动理论。滑坡运动正符合动力学的牛顿运动理论。为方便读者阅读，部分简要地重复前述内容。

易贡滑坡的发生和运动过程大致可分为以下 6 个物理模块：孕育独立块体→形成滑坡块体→滑坡运动→滑坡转变成碎屑流→碎屑流运动→停止和堆积。

#### 1）孕育独立块体

处于 4 000～5 500 m 高程的扎木弄沟沟源区的块 4，如图 11.4 左、右图所示，2000 年前是沟头岩性坚硬的花岗岩组成的一凸出三级阶梯状斜坡，受大区域构造控制，以陡倾裂隙为主的软弱结构面十分发育，在降水（雪）丰富的沟源区，水或冰充满这些裂隙，经长年累月的冰雪冻融、流水及重力侵蚀作用下，裂隙不断扩展，直至破裂、贯通。当块 4 后缘及侧缘的陡倾裂隙贯通，与原斜坡割裂，下伏缓倾似层面逐渐形成，在重力作用下，加在块 4 下伏缓倾软弱结构面上的推力逐渐增加，下伏缓倾面临近贯通，块 4 即将成为独立块体。

#### 2）形成滑坡块体

一旦独立块体形成，便在重力作用下，逐渐在前缘积累应力，形成锁固段；当下滑力大于积累的应力时，剪断锁固段，形成的滑坡块体整体沿滑面启动，此时引起地面强烈振动。

#### 3）滑坡运动

剪断锁固段，高速启动的块 4 独立块体成为滑坡体，经过一段斜坡后，进入峡谷，根据瑞士科学家丹尼尔·伯努利提出的伯努利原理：在水流或气流里，如果速度小，压强就大；如果速度大，压强就小。滑体高速通过峡谷时，必然是上方空气气流速度低压力小，下方峡谷空气气压大，下方的气压会给滑体巨大的推力（向上的推力），其推力大于或等于滑体对斜坡的正压力时，滑体便不能贴靠斜坡，而沿峡谷方向高速飞行。在此期间，滑体仅受其下滑力和空气阻力的作用。飞越时的高速气流横扫两侧谷壁及沟底碎屑，并将刮铲下的碎屑物推向沟口。

4）滑坡转变成碎屑流

高速飞行的块 4 滑体到达沟口时，与坚硬的沟口左岸变质岩岸壁猛烈碰撞、反弹，块体迅速破碎，土、石、水、气结合形成碎屑流。

5）碎屑流运动

出沟口后，不同组分、不同比重的碎屑流物质在不同形态、高程的地面以不同方式运动：①主流，携带巨石的高速碎屑流在原扎木弄沟缓倾斜的堆积扇中部高速流动；②涡流，组分稍细，在主流两侧，由于两侧地形变化，呈涡流运动；③溅撒，以沙泥浆为主，主流、涡流前行过程中向两侧溅撒沙泥浆；④气流，碎屑流前行过程中，向两侧及前方喷射高速气流。

6）运动停止，碎屑流堆积

碎屑流大致以上述四种方式运动前行，大部分沉入易贡河谷，少量跨越易贡藏布，然后按各自的位置及运动方式停止并堆积。

### 2. 易贡滑坡的地震地质特征

地震记录是能记录到滑坡发生和运动的时间和强度的最可靠、最准确的记录。所以本研究将易贡滑坡地震研究作为滑坡动力学的组成部分，以地震动时间和幅度描述滑坡活动。

1）易贡滑坡地震记录及发震时间

西藏共有距易贡滑坡震源的距离在 102～373 km 范围的 3 个地震台站接收到易贡滑坡地震记录。但只有位于滑坡正西边 373 km 的拉萨台可在记录图上分辨出几次较大的震动。根据记录图的震相特征和西藏地区地震波走时表，可鉴别出三组体波。现以拉萨台 EW 分量记录为例分析易贡滑坡地震波特征。如图 11.21 所示，在 2000 年 4 月 9 日 20 时 25 秒时记录到了第一次起跳的纵波，称其为 Pg1，约 5 秒后出现了另一次振幅较大的纵波 Pg2，其后 33 秒出现更大振幅的 Pg5。Pg2 和 Pg5 之间有多次小振幅波的叠加，可勉强区分为 Pg3 和 Pg4（图 11.21）。更大的横波 Sg2 和 Sg5，同样在它们之前及之间也应有 Sg1 和 Sg3、Sg4，但由于振幅较小，与其他波重叠而难以确定起始点。在 Sg2 和 Sg5 波后面，紧接着就出现了大振幅的瑞利面波 Lg，因为拉萨台正好在震源的西面，东西向的垂直面正好是瑞利波的振动面。此外，Lg5 面波并未立即结束，大幅度面波后，随后为中幅度面波，其后小震幅面波延续了约 120 秒后逐渐接近平稳。

2）发震时间与滑坡活动

根据滑坡地震发震时间结合滑坡物理模型推测滑坡活动，明显可判别地震记录与滑坡活动的关系。

（1）Pg1：2000 年 4 月 9 日 19 时 59 分 18 秒发震，推测为扎木弄沟沟源区的块 4 滑前块体的后缘及侧缘的陡倾裂隙及缓倾裂隙突然大量贯通，块体突然与原斜坡即将割裂的一次大振动所致，较少或没有剪切运动，故未记录到横波。

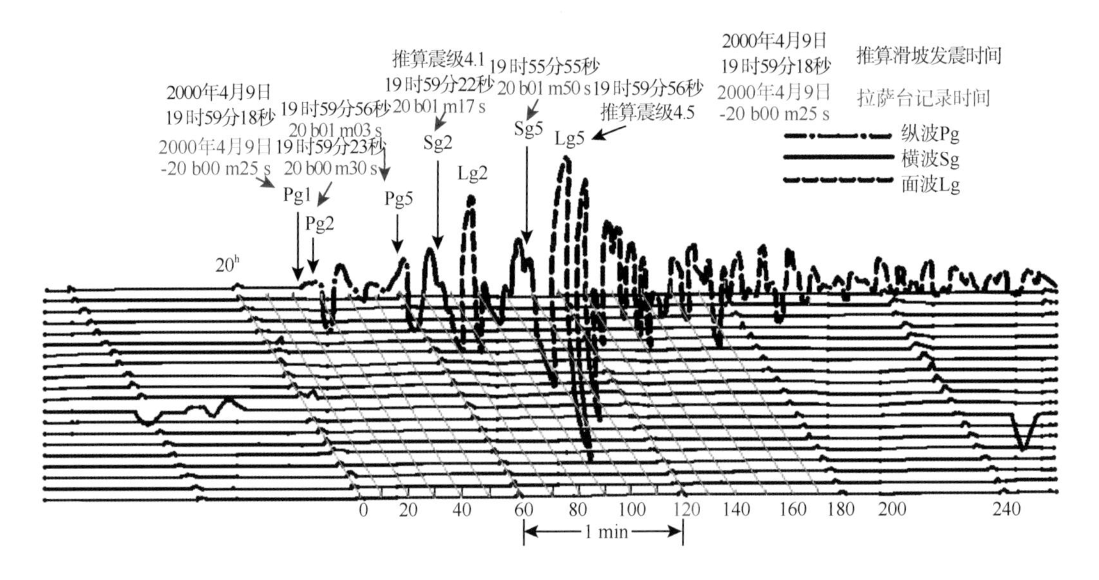


图 11.21　拉萨地震台 EW 分量记录曲线及推算的坡发震时间

（2）Pg2：2000 年 4 月 9 日 19 时 59 分 23 秒发震，推测为独立块体与原斜坡割裂，独立块体形成后，即以巨大的剪切力克服前缘的应力积累，剪断锁固段，滑面瞬间贯通，滑体滑离剪出口，随后收到 Sg2、Lg2，振幅都远大于 Pg2，说明有巨大的剪切及与地面撞击和摩擦运动，相当于 4.1 级地震，这也是目击者听到的第一声沉闷的巨响。

（3）Pg5：2000 年 4 月 9 日 19 时 59 分 56 秒发震，为滑体剪断锁固段离开滑面 33 秒后，与扎木弄沟左岸岩石壁撞击，引起的巨大振动所致。随后收到 Sg5、Lg5，振幅都远大于 Pg5，显示大尺度岩体对地面持续一段时间的巨大剪切及撞击运动，块体迅速破碎，土、石、水、气结合形成碎屑流，随即在平缓地面流动。Lg5 振幅达 13.2 μm，显示强大的地表面振动，相当于 4.5 级地震。这也是目击者所述：“……又听到一声惊天动地的爆炸巨响，房屋、围栏剧烈震动，我只能靠抓紧围栏勉强站住，同时看见滚滚浓烟从扎木弄沟内腾空而起，高抵雪线以上。浓烟底层浓黑色，中部稍淡，上层淡灰。从沟内窜出的浓烟翻滚着直冲易贡藏布，飞越河谷，直达河谷南岸并上陡坎，并伴随有噼啪声。上层云烟遮天蔽日，同时有大股浓烟伴着隆隆响声，如汹涌波涛铺天盖地向茶场方向卷来，山谷震荡……”

（4）Lg5 以后，面波逐渐平息，并未记录到纵波和横波，说明只有碎屑流在界面（地面）移动，直到完全停止。

### 3. 易贡滑坡运动数学模型

1）基本参数

由滑坡前后 DEM 获得扎木弄沟纵向剖面图，如图 11.22 所示。

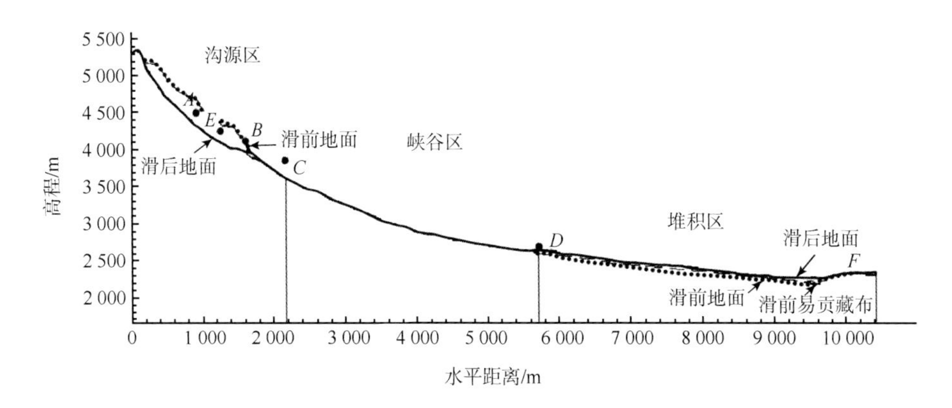


图 11.22　扎木弄沟纵剖面示意图

设 $A(x_0, y_0)$ 为滑前块体块 4 的重心，$B(x_1, y_1)$ 点为滑坡剪出口，$C(x_2, y_2)$ 点为峡谷段的起点，$D(x_3, y_3)$ 点为沟口，$E(x_4, y_4)$ 为滑面上由陡变缓的拐点，$F(x_5, y_5)$ 为碎屑流堆积最远处。

各点的位置：$A(x_0, y_0) = (900, 4\,500)$，$B(x_1, y_1) = (1\,600, 4\,100)$，$C(x_2, y_2) = (2\,150, 3\,850)$，$D(x_3, y_3) = (5\,700, 2\,650)$，$E(x_4, y_4) = (1\,250, 4\,250)$，$F(x_5, y_5) = (10\,000, 2\,400)$。

由滑坡前后 DEM 计算的滑坡块体体积 $V = 9.118 \times 10^7\ \mathrm{m^3}$，据可靠资料，花岗岩体的密度约为 2 790～3 070 $\mathrm{kg/m^3}$，扎木弄沟源区的花岗岩裂隙发育，故假设其密度 $\rho = 2.8\ \mathrm{kg/m^3}$，滑体质量 $M = 0.9118 \times 10^8\ \mathrm{m^3} \times 2.8\ \mathrm{kg/m^3} = 2.553 \times 10^8\ \mathrm{kg}$。

2）易贡滑坡在扎木弄沟各部位活动特征计算

（1）滑前块体从沟源区高速滑出 $A \rightarrow B$。在重力作用下，从 $A$ 点滑向 $B$ 点，$AB$ 段的平均斜率 $K_{AB}$：

$$K = \tan\theta = \frac{|y_1 - y_0|}{|x_1 - x_0|} = \frac{|4\,100 - 4\,500|}{|1\,600 - 900|} = \frac{400}{700} = 0.5714$$

$$\theta = 29.745°，\sin\theta = 0.4961，\cos\theta = 0.8682$$

块 4 块体的质量 $M = \rho V$，块体的重量 $P = Mg$。在物理手册上查得，花岗岩滑体与斜坡的滑动摩擦系数 $\mu = 0.24$。

块 4 滑体从 $A$ 点滑向 $B$ 点，根据遥感解译，滑面基本光滑，现假设 $AB$ 为一直线。

下滑力 $F_{pAB} = Mg\sin\theta$

正压力 $F_{nAB} = Mg\cos\theta$

摩擦力 $f = \mu F_{nAB}$

根据运动学牛顿第二定律，物体的加速度跟物体所受的合外力 $F$ 成正比，跟物体的质量成反比，加速度的方向跟合外力的方向相同，即 $F_{合} = Ma$。

本研究假设：$A$ 到 $B$ 运动的初速度为 0，块体运动过程中摩擦力保持不变，块体作均加速运动，则有：

$F_{合} = Ma$，$F_{pAB}—f_{AB} = Ma_{AB}$　其中 $a_{AB}$ 为匀加速度。

①求块体 4 从 $A\to B$ 运动的加速度 $a_{AB}$

$$a_{AB} = \frac{F_p - f_{AB}}{M} = \frac{Mg\sin\theta - \mu Mg\cos\theta}{M} = g(\sin\theta - \mu\cos\theta)$$

$$a_{AB} = 9.8(0.4961-0.24\times0.8683) = 2.82\ \text{m/s}^2。$$

②求块体 4 从 $A\to B$ 滑动的距离 $S_{AB}$

$$S_{AB} = \sqrt{(Y_1 - Y_0)^2 + (x_1 - x_0)^2} = \sqrt{(4\,100 - 4\,500)^2 + (1\,600 - 900)^2} = 806.23\ \text{m}$$

这是滑前块体重心从 4 500 m 高程滑至剪出口 $B$ 点 4 100 的距离，实际块 4 最后部边缘是从5 200 m 高程处出发的，至离开 $B$ 点的最大滑程应为

$$S_{AB最大} = \sqrt{(5\,200 - 4\,100)^2 + (300 - 1\,600)^2} = 1\,702.939\ \text{m}$$

与从 Google Earth 上求得的最大滑距约 1 700 m 基本一致。

③求滑体到达 $B$ 点的速度 $V_B$

假设初速度为 0，$V_B = a_{AB}\,t_{AB}$，$S_{AB} = 1/2a_{AB}t_{AB}^2$

$$V_B = \sqrt{2}aS = \sqrt{2}\times2.82\times806.23 = 67.43\ \text{m/s}$$

④求滑体从 $A$ 点到 $B$ 点所用时间 $T_{AB}$

从 $A$ 点到 $B$ 点，滑体运行时间 $T_{AB} = V_B/a_{AB} = 67.43/2.82\ \text{m/s / m/s}^2 = 23.91\ \text{s}$

从 $A$ 点到 $B$ 点，滑体由静止作匀加速运动，前期由于速度较小，未引起山体大的震动，地震仪器可能检测不到。大约当 $t = 20$ s 时，当 $V_t = at = 2.82\times20 = 56.2$ m/s 时，地震仪就检测到山体震动的信息。

（2）滑体离开 $B$ 到 $C$ 点，作斜下抛运动。如图 11.22 所示，滑体出剪出口后，到达峡谷进口 $C$ 点（约 3 850 m 高程）前，要经过一段陡坡。$B$ 点之上的滑面，地形上段陡下段缓，$E$ 点是陡缓转折点，$B$ 点之后，地形又变陡，因此，当高速运动的滑体从 $B$ 点剪出时，不会碰及下方的陡坡，而是沿斜下方向抛向空中，作斜下抛运动，其方向大约是图 11.22 中的 $EB$ 方向。现求 $EB$ 的斜率：

$$\tan\alpha = \frac{|y_1 - y_4|}{|x_1 - x_4|} = \frac{4250 - 4100}{1600 - 1250} = 0.4286$$

$$\alpha_{BC} = 23.20°，\sin\alpha_{BC} = 0.3939，\cos\alpha_{BC} = 0.9191$$

①求 $B$ 点到 $C$ 运行时间 $t_{BC}$

$$S_{BC} = h/\sin\alpha_{BC} = (4100–3850)/\sin\alpha_{BC} = 250\ \text{m}/0.393\,9 = 634.679\ \text{m}$$

滑体在 $B$ 点的垂直分速度 $V_{By} = V_B\sin\alpha = 67.43\times0.393\,9 = 26.56$ m/s。

从 DEM 计算得 $B$ 点与 $C$ 点的高度差

$$H_{BC} = |y_1-y_2| = 4100 - 3850 = 250\ \text{m} = V_{By}\, t_{BC} + 1/2g\, t_{BC}^2$$

即 $26.56\times t_{BC} + 0.5\times 9.8\times t_{BC}^2 - 250 = 0$

解此一元二次方程，得 $t_{BC} = 4.93$ s

②求滑体在 $C$ 点的速度 $V_C$

$$V_C = V_B + g t_{BC}\sin\alpha = 67.43 + 9.8\times 4.93\times 0.393\,9 = 86.33\ \text{m/s}$$

③求滑体从 $B$ 点到 $C$ 点的加速度 $a_{BC}$

$$a_{BC} = (V_C - V_B)/t_{BC} = 3.86\ \text{m/s}^2$$

（3）从 $C$ 点到 $D$ 点，滑体飞行通过峡谷。滑体在 $C$ 点，已达到很高的速度 $V_C$ = 86.33 m/s，从 $C$ 点到 $D$ 点，便是滑体要通过的峡谷。根据瑞士科学家丹尼尔 · 伯努利提出的伯努利原理：在水流或气流里，如果速度小，压强就大；如果速度大，压强就小。滑体高速通过峡谷时，必然是上方空气气流速度低压力小，下方峡谷空气气压大，下方的气压会给滑体巨大的推力，其推力大于或等于滑体对斜坡的正压力时，滑体便不能贴靠斜坡，而沿峡谷方向高速飞行。在此期间，滑体仅受滑体的下滑力和空气阻力的作用。

因为空气的阻力与滑体前部的形状、大小，与滑体运行速度、空气阻力系数及当时的气象环境等有关，所以空气阻力不易计算。尽管如此，我们假设多种情况对空气阻力作一估计，证明空气的阻力大约只相当于滑体下滑力的 1%～2%，故可忽略不计。

现假设，空气的阻力忽略不计，研究滑坡块体飞行过峡谷的状况。设 $CD$ 与水平面夹角为 $\beta$，则 $CD$ 的斜率为

$$\tan\beta = \frac{|y_3 - y_2|}{|x_3 - x_2|} = \frac{1150}{3550} = 0.323\,9$$

则有：$\beta = 17.95°$，$\sin\beta = 0.308\,2$，$\cos\beta = 0.951\,3$。

下滑力 $F_{CDp} = Mg\sin\beta = M\, a_{CD}$。

①求滑体在 $CD$ 段飞行的加速度 $a_{CD}$

$$a_{CD} = Mg\sin\beta/M = g\sin\beta = 9.8\times 0.3082 = 3.02\ \text{m/s}^2$$

②求滑体在 $CD$ 段飞行的距离 $S_{CD}$

$$S_{CD} = \sqrt{\{(5\,700 - 2\,150)^2 + (3\,850 - 2\,700)^2\}} = 3\,731.62\ \text{m}$$

③求滑体飞行 $CD$ 段的时间 $t_{CD}$

假设 $CD$ 段的飞行是匀加速直线运动，则有 $S_{CD} = V_C t_{CD} + 1/2 a_{CD} t_{CD}^2 = 3\,731.62$ m，

即 $3\,731.62\ \text{m} = 86.33 t_{CD} + 1/2\times 3.02\times t_{CD}^2$，解二元一次方程得 $t = 28.76$ s。

$$t_{CD} = \sqrt{(2S_{CD}/a_{CD}) + (V_C/a_{CD})^2} = \sqrt{2\times 3\,731.62/3.02 + (86.33/3.02)^2} = 28.76\ \text{s}$$

④求滑体在 $D$ 点的速度 $V_D$

$$V_D = V_C + a_{CD} t_{CD} = 86.33 + 3.02\times 28.76 = 173.19\ \text{m/s}$$

⑤求滑体在 $D$ 点的冲击力 $F_D$

$$F_D = M a_{CD} = 2.553\times 10^8\ \text{kg}\times 3.02\ \text{m/s}^2 = 7.710\times 10^8\ \text{kg}\cdot\text{m/s}^2\text{（牛顿）}$$

⑥求滑体在 $D$ 点的动量 $P_D$：

$$P_D = MV_D = 2.553\times 10^8\ \text{kg}\times 173.19\ \text{m/s} = 442.15\times 10^8\ \text{N}$$

⑦求滑体自离开 $A$ 点到达 $D$ 点达到的冲量

$$L_{AD} = F_D t_{AD} = 7.710\times10^8\ \text{kg}\cdot\text{m/s}^2\times57.64\ \text{s} = 444.40\times10^8\ \text{kg}\cdot\text{m/s}$$（与动量相近）

⑧求滑体在 $D$ 点达到的动能 $E_D$

$$E_D=1/2MV_D^2=2.553\times10^8\ \text{kg}\times14\,997.39\ \text{m}^2/\text{s}^2=38\,288.33\times10^8\ \text{kg}\cdot\text{m}^2/\text{s}^2=0.383\times10^{13}\ \text{kg}\cdot\text{m}^2/\text{s}^2$$

⑨求滑体在 $CD$ 段的平均速度 $V_{CD}$

$$V_{CD} = (V_D+V_C)/2 = 129.76\ \text{m/s}$$

（4）滑体在沟口 $M$ 点转化成碎屑流。大约在块体离开 $A$ 点 57.64 秒时，离开 $B$ 点后 33.73 秒时，滑体高速飞行到 $D$ 点，其速度、冲击力等都达到一个惊人的规模，其动能大约相当日本广岛原子弹的 1/20。携带如此高能量的滑坡块体以巨大的冲力在 $D$ 点与左岸岩壁猛烈碰撞，滑体及部分岸坡瞬间粉身碎骨，与水、气、土结合形成碎屑流。

3）*碎屑流活动特征估算*

因为只有在地面附近的振动才可能出现面波，所以将出现最大 Lg 的时间（约 20 时 2 分 0 秒），图 11.21 确定为碎屑流开始在地面移动的时间。由现场验证确定碎屑流堆积的终点 $F$ 在易贡藏布对岸的缓坡上，其位置 $F(x_5, y_5) = (10\,000, 2\,400)$，如果忽略易贡藏布河谷的起伏，将 $DF$ 视作一均匀的斜面，估算碎屑流活动特征。

（1）求碎屑流活动时间。碎屑流开始在地面移动后，由于地面的巨大摩擦力，碎屑流活动速度迅速降低，跨越易贡藏布河谷后逐渐停止，由于碎屑流整体活动停止后，局部还会有小规模的调整活动，所以将面波 Lg 衰减最快的时间（约 20 时 3 分 20 秒）作为碎屑流整体活动结束的时间，则有整体碎屑流移动时间 $t_{DF}$ = (20 时 3 分 20 秒) − (20 时 2 分 0 秒) = 80 s。

（2）求碎屑流移动的距离 $S_{DF}$

$$S_{DF} = \sqrt{\{(10\,000-5700)^2+(2\,400-2650)^2\}} = 4\,307.26\ \text{m}$$

（3）求整体碎屑流移动的平均速度

$$V_{DF} = S_{DF}/t_{DF} = 53.84\ \text{m/s}$$

**4. 分析与结论**

（1）易贡滑坡从形成到停止，经历了孕育独立块体、形成滑坡块体、滑坡运动、滑坡转变为碎屑流、碎屑流运动和碎屑流堆积 6 个动力过程。

（2）由区域地质构造力、风化力作用孕育沟源区的块 4，使其后缘、侧缘及下伏软弱结构面与母岩脱离，成为独立块体，这是一个漫长的、难以监测的、缓慢变化的地质过程。但是，在独立块体完全脱离母体前，陡倾结构面破裂活动达最大，引起地面强烈震动时，地震接收站记录到 Pg1，发震时间为 2000 年 4 月 9 日 19 时 59 分 18 秒。

（3）独立块体在重力作用下，以巨大的剪切力克服前缘积累的应力，剪断锁固段，成为滑坡块体，从 $A$ 点到 $B$ 点急速剪出，从初速度为 0，到获得高速度 $V_B$ = 67.43 m/s，用时 23.91 s。只是在滑体高速剪切通过 $B$ 点，达到 $V_B$ = 67.43 m/s 时，才记录到地震纵波 Pg2，随后收到 Sg2、Lg2。这也是目击者陈克山说的听到的第一次巨响。

（4）滑面是上陡下缓的，滑体从 $B$ 点以缓倾角剪出，所以 $BC$ 段是未接触坡面的下抛运动，$BC$ 段距离 634.68 m，用时 4.93 s，终点 $C$ 速度达 86.33 m/s。

（5）从 $C$ 点到 $D$ 点，根据丹尼尔·伯努利理论，物体作飞行运行，$CD$ 段距离 3 731.62 m，用时 28.76 s，终点 $C$ 速度达 173.19 m/s。滑体在 $BC$、$CD$ 段的运动，均未引起巨大振动，故无明显地震波记录。

（6）滑体在 $D$ 点与沟岸激烈撞击，解体、破碎与土、水、气结合形成碎屑流，滑体在 $D$ 点的冲击力 $F_D$、动量 $P_D$ 和动能 $E_D$ 分别达 $7.710\times10^8$ kg·m/s$^2$（牛顿）、$442.15\times10^8$ N 和 $0.383\times10^{13}$ kg·m$^2$/s$^2$（J）。

（7）由于地面的巨大摩擦力，碎屑流活动速度迅速降低，跨越易贡藏布河谷后逐渐停止，整体碎屑流移动时间 $t_{DF}$、距离 $S_{DF}$ 和平均速度 $V_{DF}$ 分别为 80 s、4307.26 m 和 53.84 m/s。

（8）碎屑流以多种状态和方式在地面流动，所以只能记录到地面振动的面波。

（9）从扎木弄沟源区块 4 的首次大规模震动起，到沟口以外的碎屑流活动停止，耗时约 140～180 s，后才逐渐停止。

## 11.7　易　贡　湖

易贡藏布为雅鲁藏布江一级支流迫隆藏布的最大支流，发源于嘉黎县西北的念青唐古拉山脉南麓，全长 295 km，在易贡下游约 19 km 流入帕隆藏布，下游约 50 km，在著名的大拐弯处汇入雅鲁藏布江。易贡湖位于易贡藏布下游的冰川谷中。

### 11.7.1　2000 年滑坡灾害前的易贡湖

#### 1. 1902 年易贡扎木弄沟冰川泥石流事件

几乎所有文献都认为，易贡湖是 1902 年（有的误为 1900 年）扎木弄沟泥石流活动堵塞形成的堰塞湖，为了解究竟，除收集相关文献外，我们访问了从 20 世纪 60 年代起就参加中国科学院青藏高原综合科学考察、多次去易贡湖区调查访问的高登义先生及张文敬研究员。

1）事件的历史回顾

据两位老科学家访问当地老人、干部和地方水利局等部门，1902 年盛夏，藏历 7~8 月间，在长期连续降大雨后，扎木弄沟突然断流，一时间，猴群消失，飞鸟绝迹，整个空气都如凝固一般！这种现象一直延续了 15 天，终于在一天下午，伴着震耳欲聋的怒吼声，一场罕见的特大泥石流（他们判断是冰川泥石流，本研究 40 余年遥感监测表明，扎木弄沟并无现代冰川活动）冲出沟口，当时山谷振荡、房屋摇晃，5 km 外都能听到响声。特大泥石流跃过易贡藏布，直爬上对面岸坡，将沟口附近一带 50 余户村民的房屋、牲畜及大片庄稼地瞬间淤埋其下。其时，扎木弄沟左岸的甲中村 7 个猎人正跃马扬鞭企图横冲过沟，结果连人带马覆没于泥石流之下。易贡藏布被阻断后，堵塞坝上游形成巨大湖泊。

2）*活动性质和活动规模*

如图 11.23 所示，根据 2015 年 2 月 22 日扎木弄沟沟源区高分辨率 Google Earth 图像揭示的沟源区地形地貌形态，及其与 2000 年 4 月 9 日滑坡残存面的对比，证明块 4、块 5 残留斜坡面的形态、岩性、地质构造和地理环境相似，位置相邻，故推测块 5 与 2000 年 4 月 9 日块 4 的活动性质相同，为滑坡活动残存的滑移面，并由此推测 1902 年的块体活动性质为滑坡碎屑流。

图 11.23　扎木弄沟沟源区块 5、块 6、块 7 的活动解译示意图

如以块 4 与块 5 之间陡崖平均高为 1902 年滑坡活动块体的平均厚度，该厚度约为 110 m，则块 5 整体滑坡活动的体积约为 $0.94\times10^8$ m$^3$，比 2000 年沟源区块 4 滑坡活动体积稍大。

据吕儒仁等（1999）介绍，根据 1968 年 4 月航测的 1∶100 000 地形图，测量计算出当时（1968 年）的泥石流堆积扇形地面积达 11.6 km$^2$，扇缘弧长 7.1 km。其中，约 4.8 km$^2$ 为天然坝体面积。由此推测，泥石流自沟内冲出后，越过易贡藏布，爬高到对岸山坡上，形成一道长 3.2～3.6 km、宽 1.2～2.5 km、平均最大厚度 140 m、最小厚度 75 m 的天然大堤；以后的泥石流体向地势较低的东南方扩散堆积，形成一个面积达 6.8 km$^2$ 的扇形地，与堵塞坝面积两者相加共计为 11.6 km$^2$。据此推算，天然堤坝的固体物质约为 $5.13\times10^8$ m$^3$。根据当时湖水位高出现今冬季水位 50～60 m，在 1∶100 000 航测图上勾绘出它的淹没范围，计算当时湖面积达 51.9 km$^2$。

本研究遥感监测到，2000 年滑坡坝堵塞后易贡湖水位上升到最高水位时，湖面积达 52.8 km$^2$，由此证明，1902 年与 2000 年滑坡碎屑流的规模是相当的，为 $1\times10^8$ m$^3$ 以上。

3）滑坡坝溃决情况和后续活动

访问和文献均无法确定1902 年大规模滑坡碎屑流天然坝体是什么时候，如何溃决的，多次、多个被访问者均未听说，或不知当年下游是否发生过溃坝灾害，可以肯定的是，是自然溃决的。

据吕儒仁等（1999），自 1902 年滑坡碎屑流发生后，随后多年活动频繁，但都远不及 1902 年的活动规模大。根据泥石流发生后在堆积物上生长的树木年龄判断，1902 年那次在扎木弄沟内的泥痕高度达 53～60 m；1945 年那次达 12～14 m，1950 年为 7～9 m，1958 年为 4～8 m，1963 年为 2～5 m，可见扎木弄沟内的泥石流活动强度是逐渐减弱的。此情况也间接证明，扎木弄沟源区的崩塌活动从未完全停止。

据图 11.23 并可推测，原来上、下块 5 在一个面上，1902 年的滑坡活动破坏了其整体结构，使块 5 中间沿 NW-SE 向裂隙在 4 900～4 650 m 高程处拉开，形成上、下块 5 及中间陡坎，北高南低的中间陡坎平均高度约 100 m，下块 5 的活动规模约为 $0.38\times10^8\ m^3$。这可能就是如吕儒仁等发现的 1945 年活动。下块 5 的活动扰动了块 6，这可能是 1950 年那次活动。块 6 的活动当然也扰动了相邻的块 7，这便是 1958 年那次规模更小的活动。

**2. 易贡湖的形成**

尽管几乎所有文献都认为，易贡湖是 1902 年扎木弄沟泥石流活动堵塞易贡藏布所形成的天然湖泊。但本研究根据易贡地区地质地理环境及 40 余年时间跨度的遥感图像解译认为，1902 年滑坡活动前，易贡湖就存在了。理由如下：①易贡湖盆相对周围地势低洼平坦，从多年冬季的数字图像解译：易贡湖的上游易贡河入湖口约为 2 225 m；出湖口高程为 2 215 m，湖长约 20 km 的盆底坡降约万分之五，几乎是平的，且周围都是 3 000～6 000 m 的高山，如此高山峡谷盆地自然容易积聚从上游及两侧山体支沟的来水。②气候特征保证终年湖盆内有积水，本区降水和融雪水量丰富，且夏季高度集中，进湖水量大，出湖口后河道相对狭窄，在尚未完全排空雨季积水时，下一个融雪和雨季又到了，跨越 40 余年的遥感监测表明，易贡湖终年有水，如图 11.24 所示。③扎木弄沟的地质地形条件决定其具备发生滑坡泥石流活动的基本地质环境，沟源区地质结构更表明会不定期发生大规模滑坡活动，1902 年前扎木弄沟不可能没有活动，滑坡坝堵江形成堰塞湖的事件会不定期发生，目前地形图上量测的堆积扇不一定只是 1902 年泥石流活动形成的，所以易贡湖是早已形成的高山峡谷盆地的天然湖泊。

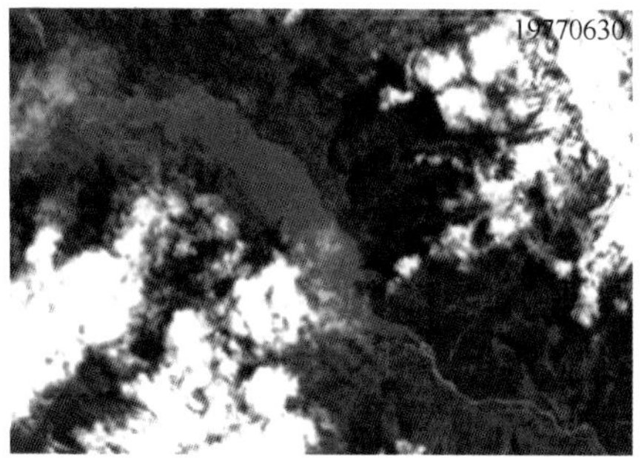

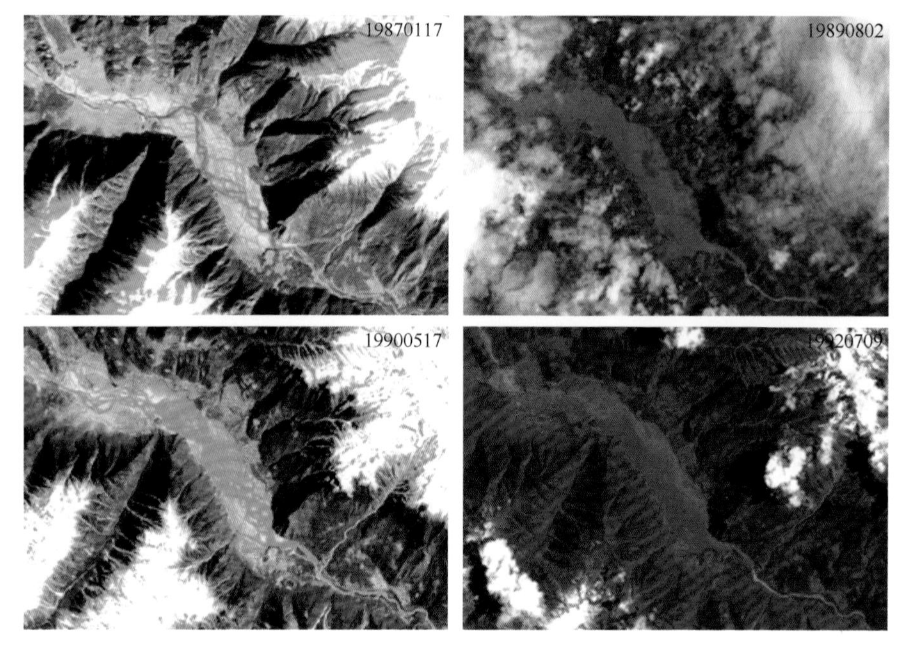


图 11.24　20 世纪 70 年代、80 年代、90 年代各季节易贡湖水变化

### 3. 2000 年灾害前的易贡湖特征

1902 年发生的大规模泥石流（实际是滑坡碎屑流）活动及随后的、直到 1958 年的几场小规模活动后，到 2000 年灾害前的约半个世纪，是扎木弄沟相对平静的时段。根据 1973 年 12 月 21 日至 2000 年 1 月 5 日期间的 MSS、TM 图像各年代各月易贡湖水面积量测，求取不同季节易贡湖水面积平均值，结果如下：每年冬季 11 月、12 月到次年 1 月、2 月和初春 3 月的 5 个月为易贡湖的枯水时间，呈现为网状或辫状河流，水面积约为 3.93～11.13 $km^2$；4 月起到 5 月、6 月初夏，气温开始升高，积雪逐渐融化，雨季开始，易贡湖水面积扩大为约 16 $km^2$；7、8 月是易贡地区降雨最丰的季节，湖水充盈湖盆，平均湖水面积约 24.44 $km^2$；9～10 月，随着降水减少，易贡湖水面积也开始减少，平均约为 16 $km^2$，与 5～6 月相当，见图 11.25。可见，在相对平静的正常年份易贡湖水是随季节变化的。

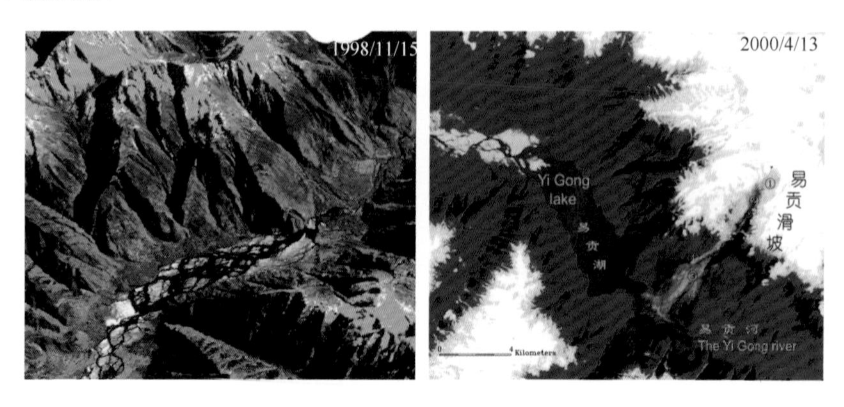

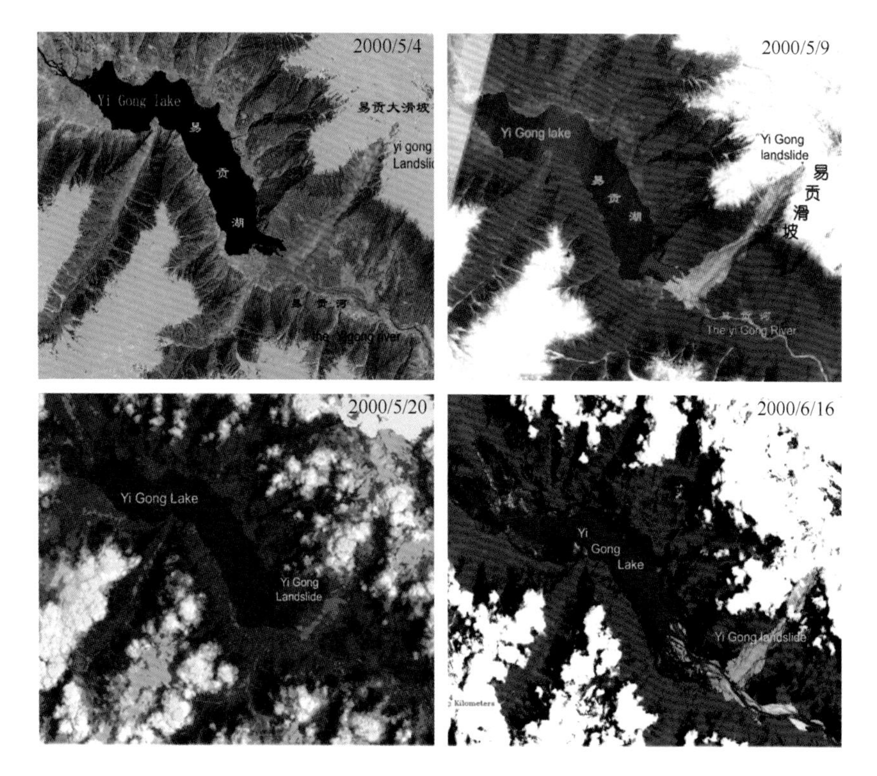


图 11.25　2000 年滑坡前、后易贡湖水变化特征

## 11.7.2　2000 年滑坡灾害与易贡湖变化

### 1. 遥感监测 2000 年灾害后易贡湖变化

易贡滑坡碎屑流发生后，碎屑流堆积物堵断了易贡藏布。遥感监测了从堵断易贡藏布到滑坡坝溃决的 2 个月时间内易贡湖水面积变化过程，见图 11.25。并根据与大地坐标配准的图像，及水体光谱特征，确定湖水边界点及其高程，进而计算堵坝后新增加的水量。

1）滑坡后第 4 天

2000 年 4 月 13 日中巴卫星图像显示，易贡滑坡碎屑流发生第 4 天的易贡研究区情况，在原扎木弄沟口位置出现了流体形态的滑坡碎屑流堆积，其中跨越易贡藏布的天然坝覆盖约 3.5 $km^2$（约 2 280 m 等高线以下部分）。易贡河堵塞后，易贡湖水上涨，滑坡前呈网状分布，湖水面积约 10.7 $km^2$ 的易贡湖，在滑坡发生后的第 4 天已超过半盆湖水，湖水面积已猛增至 18.9 $km^2$（图 11.25 右上）。

2）滑坡后第 25 天

2000 年 5 月 4 日 SPOT 卫星图像显示了易贡滑坡碎屑流发生第 25 天的情景，易贡湖盆已完全充满，湖水面积增至 33.7 $km^2$，滑坡坝下游的易贡河水呈现出与滑坡体相似的粉色，说明河水为高含沙水，但中间仍为蓝色，说明易贡湖水正通过坝体向下游渗漏。

3）滑坡后第 30 天

2000 年 5 月 9 日中巴卫星图像显示，滑坡发生第 30 天湖水继续上涨，易贡湖面积已增至 36.3 km²，5 天之内湖面扩大约 2.6 km²。湖水仍在通过坝体向下游渗漏。

2000 年 5 月 9 日 IKONOS 图像表明易贡滑坡堵江后 1 个月，滑坡下游约 19 km 的迫龙藏布，下游 50～70 km 的迫龙藏布河口和雅鲁藏布江大拐弯的河道均未见异常（图 11.26）。

图 11.26　2000 年 5 月 9 日 IKONOS 图像显示迫龙藏布河口和雅鲁藏布江大拐弯沿岸河道正常

4）滑坡发生后的第 41 天

2000 年 5 月 20 日 TM 7 图像显示，易贡湖水面积已扩大到 43.6 km²，可能是进入雨季，且积雪融化，上游及两侧山地来水量加大。

在滑坡坝下游，易贡河水呈现与湖水相似的蓝色，说明滑坡坝体中已有较大的渗漏通道，使易贡湖水较顺畅地通过坝体向易贡河渗流。河流两侧局部有少量新鲜的泥沙堆积，这是前几天高含沙水流留下的堆积，如图 11.25 中、下左图易贡河中的桃红色点状物所示。

5）滑坡坝溃决后的第 6 天

2000 年 6 月 8 日早晨，人工引水渠开始泄流；6 月 10 日，滑坡坝溃决。

2000 年 6 月 16 日 SPOT 图像显示溃坝后第 6 天（图 11.25 右下），在滑坡坝的最窄处，大致原易贡河河道位置，坝体被冲开，蓄积了 2 个月的湖水以排山倒海之势向下游暴泻。湖水迅速下降，由该图像求得：溃坝 6 天后湖水面积由溃坝前的 52.8 km² 降为 20.3 km²。滑坡下游，如图 11.27，迫龙藏布河口及雅鲁藏布大拐弯仍可见溃坝洪水触发的大片浅层滑塌。迫龙藏布河口由溃坝前的 140 m，猛增到近 1.5 km，扩大 10 倍以上，成为一个喇叭口。雅鲁藏布江其余河道也大大加宽。

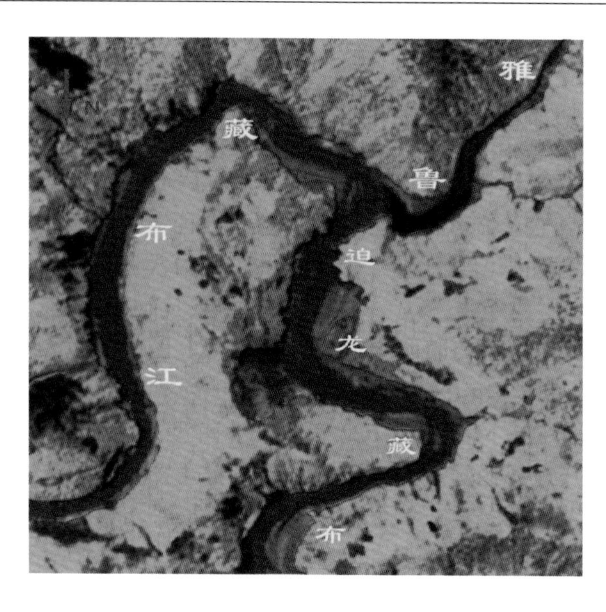


图 11.27 2000 年 6 月 16 日 SPOT 图像显示的迫龙藏布河口和雅鲁藏布江大拐弯

**2. 易贡湖变化特征**

2000 年滑坡灾害前后的遥感监测，显示了易贡湖从堵坝到溃坝有以下特征。

1）堵江后不久，易贡湖水便通过坝体向下游渗漏

从上述图像监测可见，虽然最初通过滑坡坝体的是高含沙水，但未见断流，堵江后的第 25 天（ETM20000504）便可见坝下游的易贡河流中部仍有蓝色水流。可见堵江后不久坝体内便存在渗漏或管涌的通道，使易贡湖水可通过坝体流向下游。

2）滑坡堵江后易贡湖稳定扩大

如表 11.8、图 11.28 所示，滑坡坝堵江后，人工挖渠前，易贡湖水面积、湖面高程和水量，前 4 天是快速扩大、升高的，分别达 2.05 $km^2$/d 和 2.05 m/d；随后到溃坝为止为以 0.70～0.52 $km^2$/d 和 0.66～0.52 m/d 的慢速度稳步扩大。

**表 11.8 遥感监测及计算预测易贡湖水变化**

| 时间（年-月-日） | 距滑坡发生天数/d | 湖面积/$km^2$ | 水面高程/m | 水量/$10^8$ $m^3$ |
|---|---|---|---|---|
| 1998-12-17 | 滑前 477 | 10.7 | 2210 | 0 |
| 2000-4-13 | 4 | 18.9 | 2214 | 0.85 |
| 2000-5-4 | 25 | 33.7 | 2225 | 5.14 |
| 2000-5-9 | 30 | 36.3 | 2228 | 7.06 |
| 2000-5-20 | 41 | 43.6 | 2229 | 7.71 |
| 2000-6-10 | 62 | 52.8 | 2234 | 12.35 |
| 2000-6-16 | 68 | 20.3 | 2244 | 22.59 |

注：水量为以滑坡前易贡湖水量为零的滑后增加的水量。

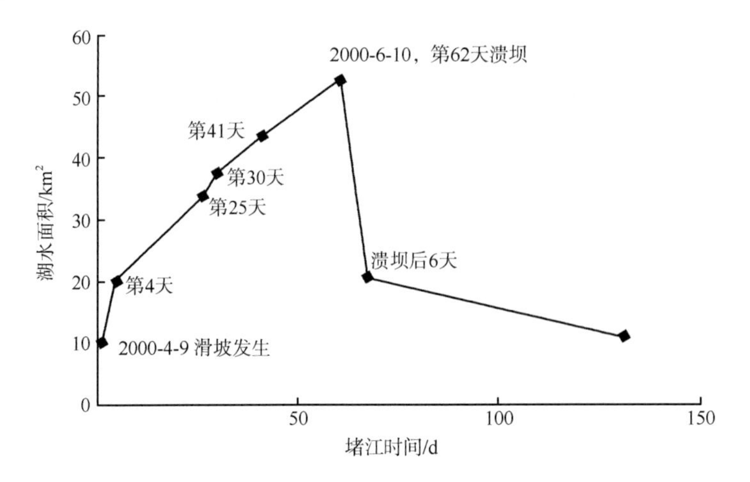


图 11.28　滑坡发生到溃坝期间易贡湖水面积变化

3）溃决导致易贡湖急剧变化

如图 11.25 和表 11.8 所示，仅获取的遥感信息而言，2000 年 6 月 10 日坝体溃决，至 2000 年 6 月 16 日，6 天内导致易贡湖水面积急剧减少 32.8 km$^2$；下泄湖水 10.24×10$^8$ m$^3$（并不是一些文献中所说的 30×10$^8$ m$^3$）。

## 11.7.3　泄水渠工程与溃坝灾害

### 1. 滑坡坝的规模与物质结构

关于易贡碎屑流滑坡坝的规模，各文献有不同的数据。据薛果夫等（2000），滑坡坝上、下游坡度平缓，底宽 2 200～2 500 m，轴线长约 1 000 m，平面面积约 2.20 km$^2$，体积约 1.5×10$^8$ m$^3$。坝体以砂性土为主，碎块石约占 10%～30%。

一些地面调查文献估算堆积坝体积为 1.5×10$^8$ m$^3$。这些估算同样是将厚度不足 1 m 的碎屑泥浆喷射和高速气流作用覆盖的地面也作为坝体看待。

本研究根据与地理坐标配准的图像，量测 2000 年滑坡碎屑流堆积形成的滑坡坝顺易贡河长约 1 000 m，最宽约 500 m（不计泥浆喷射和高速气流作用覆盖的地面）；据滑坡前后数字高程计算滑坡坝体积，约为 0.62×10$^8$ m$^3$。

关于滑坡坝的物质结构，据刘国权和鲁修元（2004），坝体开挖时记录的滑坡坝体物质组成结构为：以砂壤土含碎石、块石、大块石为主。人工开挖泄水渠所见：泄水渠尾向上游约 350 m 的渠道尾段，3 cm～10 余米直径的块石、大块石占 30%～40%，其余为碎石和砂壤土；往上游 400～500 m 的中段，块石含量增加至 50%～60%，其余为碎、块石砂壤土；坝首段 100 多米，大部为砂壤土含碎石、块石，60%～70%为壤土。块石成分以大理岩、石英岩、混合花岗岩为主。砂壤土颗粒细，碎块石含量不均匀。可见大块石主要分布在滑坡坝体的中、尾段，前部以砂壤土为主。

### 2. 泄水渠工程及排水概况

为了在易贡湖水位上涨过程中，把灾害减少到最低程度，根据易贡滑坡抢险救灾指挥部的决定，决定抢挖一条明渠，开沟引水泄洪。工程措施自 5 月 3 日开始实施，6 月 4 日竣工，经过武警官兵在滑坡坝体上一个多月的艰苦奋战，开挖了长约千米、深 24.1 m 的水渠，开挖土石方 $135.5\times10^4$ $m^3$（薛果夫等，2000）。

据刘国权等（2004），2000 年 6 月 8 日 6 时 18 分，湖水开始经渠道下泄，流速为 1 m/s，流量 1.2 $m^3/s$，6 时 40 分渠尾流速 2 m/s，流量 2.4 $m^3/s$。6 月 10 日 19 时 45 分滑坡坝体发生溃决，当时流速为 9.5 m/s，流量 2 940 $m^3/s$。6 月 10 日 20 时湖水开始下降，至 6 月 11 日 14 时已下降 58.39 m，低于 4 月 13 日湖水位 3.03 m。最大下泄流量在 6 月 11 日 2 时 15 分前后。流量约 $12.4\times10^4$ $m^3/s$。

根据现场实际记录的情况，开挖的排水渠竣工，湖水开始经渠道下泄后，只维持了 2 天 13 小时 27 分钟的流速为 1.0～2.0 m/s、流量 1.2～2.4 $m^3/s$ 的正常经渠道排水情况。随即坝体发生溃决。

### 3. 坝体溃决造成严重灾害

遥感监测表明，溃坝给下游的路桥建筑及生态带来了严重的灾难，由于所处高山峡谷地形，河道的纵比降大，据 ETM20000616 图像解译，挟沙水流像脱缰的野马高速长距离下泄，冲毁了所经之处的道路、农田及村舍；冲毁了通麦大桥及公路；强烈地冲刷、刨刮河道及两岸；毁坏大量林木植被；在下游 120 km 的主河道两岸触发了 35 处斜坡表层滑塌、浅层滑坡及坡面泥石流，其总破坏面积达 5.52 $km^2$，其中最大的一处坡面泥石流达 0.8 $km^2$，使下游河道加宽 2～10 倍以上，如表 11.9 所示。

**表 11.9 易贡湖溃决下游 120 km 以内触发的滑塌**

| 编号 | 面积/$km^2$ | 编号 | 面积/$km^2$ | 编号 | 面积/$km^2$ |
|---|---|---|---|---|---|
| 1 | 0.337 2 | 13 | 0.321 2 | 25 | 0.088 0 |
| 2 | 0.029 6 | 14 | 0.033 6 | 26 | 0.040 0 |
| 3 | 0.045 2 | 15 | 0.319 6 | 27 | 0.015 2 |
| 4 | 0.050 0 | 16 | 0.102 8 | 28 | 0.072 0 |
| 5 | 0.022 4 | 17 | 0.446 0 | 29 | 0.880 0 |
| 6 | 0.083 6 | 18 | 0.247 6 | 30 | 0.155 6 |
| 7 | 0.056 8 | 19 | 0.068 4 | 31 | 0.021 2 |
| 8 | 0.266 0 | 20 | 0.030 8 | 32 | 0.014 4 |
| 9 | 0.388 4 | 21 | 0.014 0 | 33 | 0.358 0 |
| 10 | 0.218 8 | 22 | 0.316 0 | 34 | 0.101 6 |
| 11 | 0. 062 8 | 23 | 0.142 0 | 35 | 0.119 2 |
| 12 | 0.016 4 | 24 | 0.035 6 | 合计 | 5.520 0 |

据周昭强、李宏国（2000），溃坝约 7 小时内下泄最大洪峰流量约 $12.4\times10^4$ $m^3/s$，下泄水量约 $30\times10^8$ $m^3$（据 1966 年 8 月中国科学院青藏高原综合科学考察队对易贡湖实测记载，水量最多的 8 月份，湖泊贮水量约 $20\times10^8$ $m^3$；据王治华等（2001）、吕杰堂等（2002，2003）遥感监测计算，与滑前相比，至 2000 年 6 月 16 日下泄的挟沙洪水总量约 $22.59\times10^8$ $m^3$），造成易贡至通麦大桥段约 19 km 的公路及通麦大桥全毁，通麦大桥至排笼乡段沿江 16 km 的川藏公路多处损坏，排龙沟至排龙乡 6 座钢架桥仅剩 2 座，沿途山体多处坍塌，钢桥、索桥被冲毁，川藏通信光缆被冲毁。据鲁修元等（2000），溃决洪水所过之处，桥梁、溜索、公路全部冲毁，河道两岸植被、堆积物全部冲刷带走，靠近河床两岸的基岩裸露，多处产生塌滑。

洪峰沿帕隆藏布江直泄雅鲁藏布江，形成跨国界灾害，使印度北部布拉马特拉河洪水泛滥，94 人死亡，数万人无家可归。印度北部 7 个邦的铁路和公路运行被迫中断。

据易贡滑坡坝下游 462 km 的巴昔卡（Pasighat）水文站记录，2000 年 6 月 11 日 5 点水位是 152.08 m，12 点水位达 152.91 m，16 点快速上升至 157.44 m，18 点达最高水位达 157.54 m，直到 2000 年 6 月 12 日 7 点才回落到警戒水位 153.86 m，河水上升了 5.5 m。洪水除了造成严重的庄稼损失外，冲毁了所有的桥梁，连接巴昔卡和英孔（Yingkiong）的公路和所有桥梁都被切断、冲毁。

**4. 2000 年易贡滑坡坝溃决造成的灾害是正常的吗？**

1）与世界范围的相似灾害比较

加拿大学者 Delaney 和 Evans（2015）研究认为，世界上与易贡滑坡碎屑流体积相似的事件并不罕见。然而，大约 $20\times10^8$ $m^3$ 的易贡湖水的溃坝洪水，却超过了水量为 $65\times10^8$ $m^3$ 的、1841 年印度河大洪水（巴基斯坦）（Delaney and Evans，2015）。

根据 Costa 和 Schuster（1988），从来自世界滑坡-碎屑流溃坝 73 例统计分析，易贡滑坡碎屑流堆积坝的使用寿命约为 2 年，在 6 个月内失稳的可能占 80%。至于采取物理措施的溢流排放方法，由于坝后的库水快速流入及坝内管涌，以及大坝内的渗漏导致发生的洪水，大大超过了以前的评估和预测洪峰流量和溢流时间。

2）与历史滑坡比较

如上述，根据扎木弄沟沟源区块 5 残存滑面分析，1902 年 7、8 月易贡扎木弄沟泥石流与 2000 年 4 月 9 日易贡滑坡规模相近，其形成的堵江坝也相似，或者如 1968 年地形图显示得更大一些。对 1902 年堵江灾害有两种说法：一是认为在堵江 10 个月后漫顶溃决（薛果夫等，2000；万海斌，2000）；二是 1902 年堵江坝是坝体内的管涌和渗漏自行逐渐溃坝的，访问当地老人和参加中国科学院青藏高原综合科学考察队的专家，均未听说 1902 年易贡湖下游发生过特大灾害。

1902 年滑坡发生在 7、8 月份，这是易贡地区气温最高、降雨最多的 2 个月，直到 10 月降雨量和上游注入易贡湖的水才会逐渐减少，即使这样的气候条件，滑坡坝至少还维持了 10 个月，即到次年 5、6 月雨季开始才漫顶溃决；2000 年滑坡发生在雨季尚未开始的 4 月 9 日，上游及两侧山地支沟的来水肯定不如 1902 年的多；如果可能漫顶溃决的话，应该比 10 个月更久，灾害更小。

据刘国权等（2001）、尚彦军等（2003），由于渠道开挖施工难度大，难以进行处理，引水渠道开挖后从纵剖面上看渠道表面，前段（渠首进口处）短且低平，中间段高、长（渠道进水口的前部渠底高程最低比中间低 6 m！），渠尾长，落差大，平坦的中部到渠尾的落差达 26 m！水流进入渠道到达中部后，无法顺利排出，反而浸泡中间高处，前段积水向中段产生 6 m 高的水压，在中段遇阻，反而向上游呈高水头冲刷；当水库上游连日降雨，库水位猛涨，形成凶猛的大流量，冲击渠道，一旦中部贯通，迅速沿落差达 26 m 的尾段冲刷，滑坡坝迅速溃决。

综上，无论从空间上还是从历史上比较，如果不是如此的“挖渠泄流”工程，2000 年 4 月 9 日发生的滑坡碎屑流堵坝都难以给下游造成如此惊世骇俗的灾害。正如遥感监测显示（图 11.25），2000 年 4 月 9 日滑坡堵江后，滑后 25 天的 2000 年 5 月 4 日图像显示，坝下游已有大股蓝色水流，说明坝体内已有较为通畅的管涌或渗漏使湖水通过，易贡湖的扩大也是稳定的，即使上游来水增多，也难以造成这样大的灾难。

## 11.8　结　　语

易贡湖作为高山峡谷地区易贡藏布下游的一个天然湖泊，有它自己的形成、演化规律。2000 年 4 月 9 日的滑坡碎屑流活动和堵江，只是易贡湖自然生命历程中的一次必然事件，随后一切又将归于平静，延续着它冬估夏丰的状态，正如 2000 年灾害后至 2018 年卫星监测显示的那样（图 11.29）。挖渠泄洪溃坝给下游带来的严重灾害告诉人们的是，在地质环境复杂、构造活跃、人口相对稀少的地区，人工对自然的干预要慎之又慎，否则会有灾害性后果。

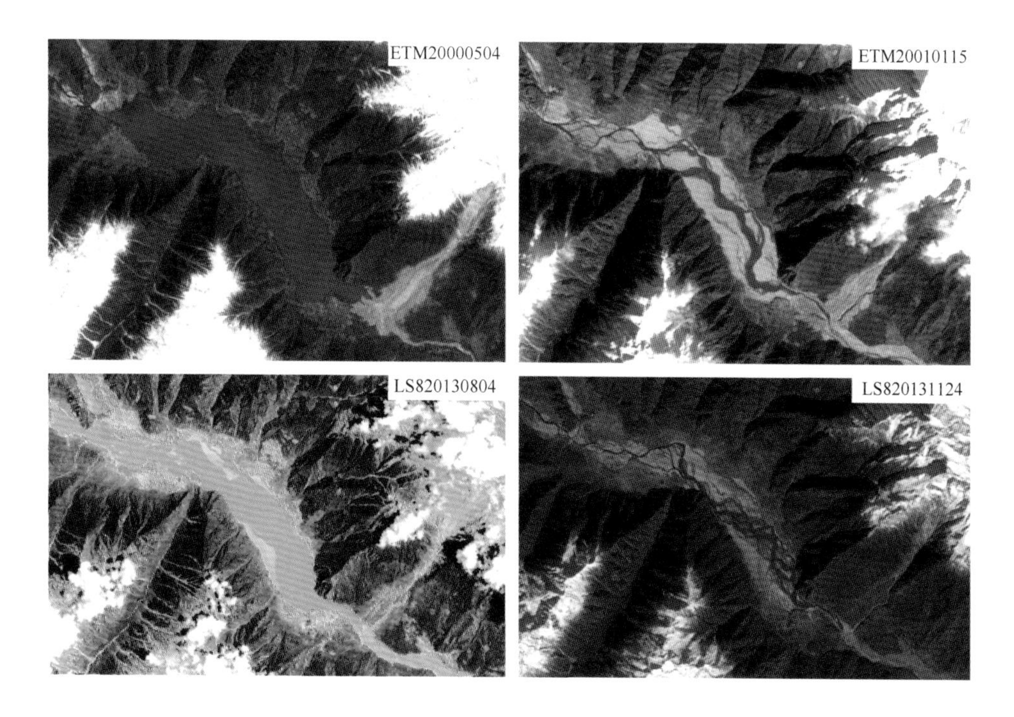

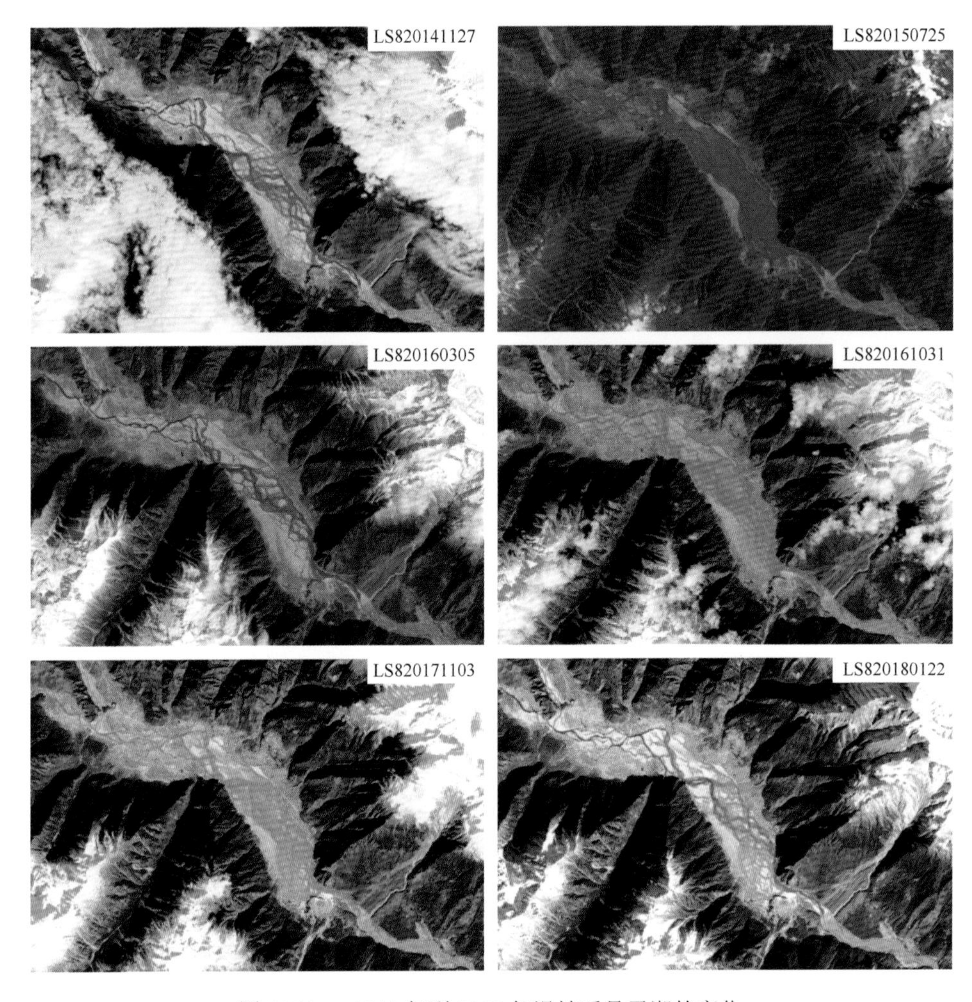


图 11.29　2018 年到 2000 年滑坡后易贡湖的变化

## 11.9 主要进展

在学习和分析 20 余年国内外易贡滑坡研究相关文献后，基于 1973 年至 2018 年跨越 45 年的不同分辨率、不同类型的遥感图像信息和 2000 年前后的地理坐标，采用以数字滑坡技术为主的技术方法再次研究易贡滑坡后，获得如下认识。

（1）揭示了沟源区是由 5 个部分分离的、特大规模的岩石块体组成的环谷。

近年的高分辨率卫星图像显示，发生易贡滑坡的、位于海拔约 5 300～4 000 m、由岩性坚硬的花岗岩组成的扎木弄沟沟源区，受大区域构造控制，其内部节理裂隙十分发育。主要受与沟道走向相近的陡倾裂隙及顺坡向似层面两组软弱结构面的控制，在长期冰雪冻融及重力侵蚀、切割作用下，沟源区成为由 5 个部分分离的岩石块体组成的环谷。该沟虽位于两大断层相邻相交位置，但沟源区并不是楔形谷。

（2）确定了 2000 年 4 月 9 日滑坡碎屑流滑源区的准确位置、滑前形态、启动方式、时间和规模。

由 2000 年滑坡前后图像对比，显示位于沟源区中部的块 4 由滑前的三级梯形块体变为光滑的残留斜坡面，沟源区的其余块体或残留面则无任何变形位移现象，说明 2000 年滑坡发生在沟源区中部的块 4 位置，只有高速剪切滑移才可能产生这样的残留面；结合地震记录，高速剪切滑移启动时间为 2000 年 4 月 9 日 19 时 59 分 22 秒，相当 $M_s = 4.1$ 级地震；滑坡后块 4 地面高程较滑前降低 0～318 m，体积变化 9 118×$10^4$ $m^3$。

（3）证明高速滑体是飞越峡谷段的，滑前峡谷段堆积物约为 4.80×$10^6$ $m^3$。

滑坡前后峡谷段图像对比显示，滑后两岸斜坡基岩裸露，沟底也未见碎屑堆积，表明块 4 本身并无碎屑残留在沟谷，其高速通过时形成的强大气流强烈作用于峡谷，刮擦两岸，并将沟谷两侧及谷底的植被、表土、块石等 4.8×$10^6$ $m^3$ 碎屑堆向前方，这便是地震台记录到的 Pg3、Pg4 及随后到达的 Sg3、Sg4 地震波，其能量相当于 $M_s$ = 2.5 级和 3.3 级地震。

（4）确定了易贡滑坡碎屑流堆积物的宏观结构。

堆积物由 3 股主流堆积、侧面的涡流堆积、侧旁和前方的碎屑泥水溅区和高速气流喷射影响区组成。

（5）获得了可由国际同类研究证明的，较为合理、准确的易贡滑坡规模。

根据 2000 年滑坡前后沟源区的 DEM 变化、块体高速飞过峡谷时刮铲原峡谷壁及谷底的堆积和固形块体转变为碎屑流的膨胀系数，估算易贡滑坡碎屑流规模为（9 118+ 480）×$10^4$ $m^3$×1.2 倍 = 11517.6×$10^4$ $m^3$≈1.15×$10^8$ $m^3$。

（6）获得了易贡滑坡的地震记录。

获得距易贡滑坡中心 102～1 188 km 的 18 个地震台接收的 2000 年 4 月 9 日易贡滑坡产生的地震波记录，便获取了易贡滑坡活动最可靠、准确的时间和震动强度信息。

（7）建立了易贡滑坡动力模型。

在前期研究基础上，采用数字滑坡技术获取易贡滑坡灾害发生前后的滑坡与发育环境信息，结合地震台站接收的易贡滑坡地震曲线，基于牛顿第二定律建立了易贡滑坡碎屑流动力学物理模型和数学模型，物理模型说明易贡滑坡碎屑流从形成到停止，经历了孕育独立块体、形成滑坡块体、滑坡运动、滑坡转变为碎屑流、碎屑流运动和碎屑流堆积 6 个动力过程；数学模型证明了 0.9118×$10^8$ $m^3$ 规模的滑坡块体从源区运动至峡谷出口，历程约 5 173 m，平均速度 89.8 m/s，整体碎屑流移动的时间 $t_{DF}$、距离 $S_{DF}$ 和平均速度 $V_{DF}$ 分别为 80 s、4 307.26 m 和 53.84 m/s。

（8）分析了 1902 年“泥石流”特征，否定了冰川泥石流和大灾难的传说。

根据扎木弄沟内未见有冰川活动，现代冰川仅分布在扎木弄沟沟头以东的沟谷中，尽管那里的海拔更低；更有扎木弄沟源区的块 5 残留面与块 4 相邻，且表面形态相似，推测其为 1902 年滑坡残留的滑移面，进而推测 1902 年发生的灾害也是滑坡碎屑流，并不是冰川泥石流。且由块 5 残留面面积、当年易贡湖高程和面积等推测，1902 年与 2000 年滑坡碎屑流的规模相当，略大于 1×$10^8$ $m^3$；当年堵江是自然溃决，当地无人听说过溃决下游有大灾害。

（9）揭示了易贡湖的成因。

由易贡盆地及周围地形、所在气候条件、地质环境和扎木弄沟的灾害特征，证明易贡湖是早已存在的高山峡谷盆地的天然湖泊，并不只是 1902 年滑坡堵江形成的堰塞湖。

（10）揭示了 2000 年滑坡灾害前、中和后的易贡湖特征。

灾前，易贡湖是冬枯夏盈的高原天然湖泊，灾害后湖面积在 62 天内，从 10.7 $km^2$ 最大扩大到 52.8 $km^2$，溃坝后一周，退回到 20.3 $km^2$。与滑前相比，总下泄水量 $22.59\times10^8\ m^3$，并不是 $30\times10^8\ m^3$。

（11）正视挖渠泄水工程与溃坝灾害。

滑坡坝的物质结构和开挖的泄水渠道形态不利于易贡湖水平稳顺利泄流，反而由于坝体迅速溃决造成了下游严重灾害。无论与世界范围还是与易贡历史上的相似灾害比较，2000 年滑坡采取的物理措施溢流排放方法，导致易贡湖迅速溃决引起的下游洪水灾害，都大大超过了合理评估和预测的洪峰流量和溢流时间。再次提醒人们，在地质环境复杂、构造活跃、人口相对稀少的地区，人工对自然的干预要慎之又慎，否则会有灾害性后果。

# 第 12 章　大光包滑坡

## 12.1　引　　言

今年（2022 年）已是 2008 年“5・12”汶川地震的第 14 个年头了，各国滑坡科学工作者对该次地震触发的规模最大的大光包滑坡的关注和研究一直没有停止，国内外研究团队多次深入大光包滑坡区进行实地考察，开展科学研究，发表了大量研究论文。这些研究成果，特别是国内的文献，不同程度地反映了近年来我国滑坡调查研究的进步，其中一些可与世界上研究非常细致的滑坡研究[如意大利 1987 年瓦尔普拉滑坡（Val Pola Landslide）、美国 2014 年的奥索滑坡（Oso Landslide）]相媲美。

本章是在学习、分析以往大光包滑坡调查研究，包括采用各种技术方法获得的成果之上的再研究结果。本研究以遥感技术方法为主，但认为有必要在本章开始先简略介绍一下大光包滑坡采用的其他相关调查研究技术方法，和滑坡机理、运动方式、滑坡活动与地震响应等几方面的研究现状，以论证采用数字滑坡技术进行再研究的必要性。

### 1. 采用的技术方法

从宏观到微观，从天空到地面调查，从勘探到实验室试验和模拟，大光包滑坡的调查研究采用了我国迄今最丰富多样也最先进的技术方法。

#### 1）遥感调查

大光包滑坡的遥感调查工作主要采用两类不同波段的遥感技术，即多光谱遥感和雷达遥感。用多光谱遥感识别滑坡，解译滑坡形态、破坏和堆积特征，估算其尺度和体积等；雷达（微波）遥感主要用于估算滑坡前后地形变量及监测滑坡后的活动状态。

2008 年“5・12”汶川地震发生的次日，航遥中心迅速启动航摄飞行，航空影像覆盖了 40 000 $km^2$ 以上的汶川地震灾区，同时收集了覆盖灾区约 10 000 $km^2$ 的卫星影像，以最快的速度制作了整个灾区 40 317 $km^2$ 的精校正 15 m 分辨率的灾前卫星图像，为震后灾害灾情解译提供了宝贵的对比基础。遥感基础完成后，笔者团队就进行全区灾害解译，解译了滑坡、崩塌、泥石流和碎屑流等灾害体的类型、规模、分布和地面遭灾特征，为国家部署抢险救灾提供实时、实势的灾区资料。正是在全灾区的解译过程中发现了“5・12”汶川地震触发的、覆盖面积最大的同震大光包滑坡，并进行了形态、规模、滑坡要素等解译，于 2008 年 7 月 24～26 日国家科委在成都召开的“科学技术与抗震救灾”技术科学论坛上，在题为“汶川地震航空遥感应急调查”的发言中，首次介绍了大光包滑坡（王治华等，2009）。

殷跃平等（2011）采用震前和震后高分辨率遥感数据源，对大光包滑坡滑动前后

4 期遥感图像进行了对比解译和分析，结合现场调查和地面测绘，对滑坡分区、滑面形态、剪出口位置及滑坡体积进行了初步研究，确定了滑坡边界、滑动方向、滑动距离等，并建立了大光包滑坡区 1∶5 000 地面数字高程模型（DEM）及大光包滑坡滑动前后及滑面的三维实体模型，获得了滑坡堆积区平面分布面积及最大堆积厚度、体积等定量数据。

最具代表性的雷达遥感工作由西南交通大学遥感与地理空间信息工程系等学院的戴克仁、李振红、罗伯托·汤姆斯（Roberto Tomás）等于 2016 年合作研究完成。通过 Sentinel-1（欧洲航天局的哨兵-1 号卫星，载有 C 波段的合成孔径雷达）卫星的渐进扫描（TOPS）模式的时间序列干涉法，提供了自 2015 年 3 月至 2016 年 3 月的时间序列结果，及最新的高质量（精度为 0.001 像素共配准）、覆盖范围达 250 km×250 km 的合成孔径雷达（SAR）图像，对大光包滑坡堆积目前的活动进行了监测，在该时间序列数据图像上，在大光包滑坡区内发现了 4 个碎屑活动带，并确认最大位移率达 8 cm/a，由于它们的亚稳定平衡状态，说明即使在汶川地震 8 年后，堆积体的某些部分仍然在以很慢的速度活动。该项成果的图像配准精度在我国也是空前的（Dai et al.，2016）。

陈磊等（2016）收集了实验区从 2014 年到 2015 年间的 11 景 Radarsat-2 影像以及一组 TanDEM 双站影像，对滑坡进行监测。结果表明，该滑坡在影像观测期间处于动态稳定状态，其滑动变量较小，受降水和地震影响会产生轻微滑动。

Chen 等（2014）选择具有良好相干的 20 对覆盖龙门山地区的 ALOS/PALSAR 相干图像数据用于研究，将地震和同震滑坡后出现的大量分散的裸岩作为雷达可永久有效识别的散射体 PS，建立了相邻 PS 之间的空间连接，形成与地形和变形相关的、具有不同参数的观测基线，建立了一个天然的大地测量观测网，由时间序列干涉相位分析的最小二乘法来确定地表变形。根据 PS 网络平差解制作了震前、震后滑坡区地形空间变化图，定量估算了局部高程变化、滑体体积和堆积厚度。其定量计算结果与其他方法获取的 DEM 计算结果相似，这项研究也表明，用永久散射体的 InSAR 技术定量估算地震引发的巨型滑坡堆积量方法的可行性。

大光包滑坡的遥感工作获取了滑坡边界、规模、类型、地物分区和滑坡前后的地形变化、滑坡活动性监测等成果。

2）勘探和测试

已完成的大光包滑坡的坑槽探、钻探、物探、现场和室内测试工作，主要集中在大光包滑坡的主滑面部位，据不完全统计，大光包滑坡的主滑面部位是我国勘探和测试工作采用方法最多、工作最集中的场所。裴向军等（2015）、杜野（2013）进行了野外钻孔取芯、钻孔声波测试、孔内电视、滑动带岩体取样测试分析、室内岩体物理力学试验、电镜扫描等一系列工作，揭示了大光包滑带岩体碎裂化特征、平均声波（弹性波）波速、完整性指数等，证明岩体损伤程度随滑床深度增加而减小，滑面下同一深度岩体损伤程度随滑床高程的增加而增大，局部有差异性破碎；微观研究揭示了滑带岩体压剪晶体沿解理面折扭断裂、穿晶裂纹发育、部分晶体松动架立、晶间连接丧失等特征，从而了解了岩体碎裂化具有高程控制、地形放大及方向效应。滑动带岩体碎裂化在“锁固段”剪断前后有不同的特征：剪断前，滑带岩体受到地震波的反复作用，发生疲劳破坏，即产生裂纹，扩展，形成贯通性破裂面，即岩体的破裂阶段；“锁固段”剪断后，发生滑动。

冯文凯等（2017）采用法国 Phicometre 岩土两用原位钻孔剪切试验仪，对大光包滑坡滑带碎裂岩体进行了原位剪切试验，据试验结果，提出了大光包滑坡南侧顺层滑带碎裂岩体力学参数建议值：内聚力为 245～480 kPa，内摩擦角为 25.0°～26.5°。

马艳波（2012）进行了强震条件下巨型滑坡滑带岩体损伤特性研究，了解了岩体损伤断裂的形式和摩阻力骤降的原因，即岩体损伤碎裂化是地震荷载作用下岩体内部缺陷动态演化的累进过程。

黄润秋等（2016）在前期调查、勘探和测试工作基础上，采用物理模拟和 PFC 数值模拟，验证了强震过程中滑带的碎裂和扩容过程，揭示了滑坡主滑面上、下岩层之间的错动带的组成，即由下而上分为泥化带、糜棱质带、角砾岩带和碎裂岩带，各带的厚度、色调、岩性、结构等以及岩层的优势结构面、地震碎裂特征等。

朱雷和王小群（2013）利用振动试验台和数值计算方法对滑坡变形破坏过程进行了研究。结果表明，该滑坡的破坏模式为坡体顶部与中部拉张贯穿破坏→中部沿层面滑移→前缘剪切破坏，中部拉裂缝与主滑面首先形成滑动边界，前缘随之滑出；滑坡变形过程中的加速，通过对比基岩与滑带加速度与速度放大系数，显示了结构面对斜坡变形破坏过程的控制作用。

崔圣华（2014）基于图像处理技术和分形理论，对碎裂岩体脉状裂隙、团块结构进行统计分析，并通过碎裂岩体室内剪切试验，进行了强震巨型滑坡滑带碎裂岩体微细观分析及静动力破损机制研究。

孟祥瑞等（2018）在层间错动带中不同层位的碎裂岩体取 18 组样品做中剪试验；在错动带中泥化带及临近的糜棱质带岩体中取不同含水率下的42组样品进行快剪试验。试验结果表明，剪切特性同碎裂程度有关，碎裂程度较低的岩体应变软化特性更明显，碎裂程度较高的岩体抗剪强度则更差。糜棱质带土体抗剪强度和内摩擦角一般大于泥化带土体，且剪切特性受地下水的影响小于泥化带；泥化带土体的抗剪强度和黏聚力，随含水率的升高而迅速降低，其内摩擦角与含水率呈负相关的指数关系；在地震过程中，随着岩体扩容引起地下水入侵，泥化带的抗剪强度会大大降低。

裴向军等（2019）为探讨强震过程地下水参与下的错动带动力学行为及对大光包滑坡启动的可能影响，取错动带物质，在室内开展系列饱水静三轴、单向和双向动三轴试验，分析该物质液化特性。试验结果表明，错动带物质具有较强的潜在液化能力，单向和双向动载作用下物质均能液化，但双向振动液化速率更快。

朱凌等（2018）在平硐内取不同层位错动带的粉粒为主、粉黏粒为主和砂粒为主材料，室内进行了系列动三轴试验。结果表明，大光包层间错动带在地震中可能发生液化，孔隙水压力快速上升，从而导致错动带抗剪强度骤然减小，滑坡快速启动。

罗璟等（2015）使用美国 MTS-815 型岩石测试系统进行单轴压缩、三轴疲劳试验。破坏后的断口使用日本 Hitachi 的 S-3000N 型扫描电镜进行了电镜扫描试验，分析在强震作用下滑坡不同部位岩体的震裂损伤程度随埋深、地形地貌及岩性条件的不同呈现出不同的震裂损伤程度。

大光包滑坡的勘探与测试工作，查明了大光包滑坡主滑面和滑动带的地层岩性、矿物成分、宏观和微观结构构造、力学性质和水文地质等特征。

#### 3）工程地质填图

黄润秋等（2014）自2011年以来，在过去工作基础上，补充开展了滑坡的1∶2 000工程地质测绘，并针对滑床和滑体结构开展了坑槽探、物探（包括EH4大地电磁法和高密度电法等）和浅孔钻探工作，编制了滑坡系列工程地质图件，从而进一步查明了大光包滑坡的平面和空间形态、滑面特征、滑体结构以及工程地质分区等，并提出了一套较为完整的滑坡要素定量数据，为进一步研究和认识滑坡的形成机理、运动学和动力过程提供基础依据。笔者认为，该项工作结果是大光包滑坡研究的里程碑式成果。

在学习研究大光包滑坡文献过程中，特别要感谢成都理工大学的黄润秋、许强、裴向军、崔圣华等老师，他们长期以来对大光包滑坡锲而不舍地研究，并将该项研究通过几代研究生传承下去，为滑坡研究事业的发展和进步做出了不可磨灭的贡献。

### 2. 滑坡启动机制和运动方式研究

已有的文献成果对于大光包滑坡运动特征的滑动方向、滑动距离、分区、堆积等看法基本一致，但对滑坡的启动机制、运动方式和过程有不同看法。本节重点介绍这两方面的研究现状。

#### 1）启动机制

迄今对大光包滑坡启动机制的研究结果主要可归为以下4种看法：①强震破裂扩容，水击启动，认为大光包滑坡启动的机制可概括为：断层、层间错动带及优势岩体结构面等不连续地质结构控制了大光包滑坡边界的形成和滑体堆积过程；汶川强震为这些不连续地质结构破坏提供了动力条件，即地震夯击，滑带扩容，地下水被强力挤入扩容空间，导致孔隙水压力激增，滑带抗剪能力急剧降低，促使滑坡骤然启动（崔圣华等，2019；黄润秋等，2014；裴向军等，2019；朱凌等，2018）；②强震致非协调变形与岩体致损导致滑坡启动，认为强震过程软弱层带与顶底硬层产生非协调变形，在软弱层带内形成强大振动冲压–张拉和振动剪切力，使得带内土压力较顶底硬层显著放大，并造成岩体碎裂，诱发了大光包滑坡失稳启动（崔圣华等，2019）；③错动带液化导致滑坡突然启动（裴向军等，2019），认为是错动带液化可能是大光包滑坡突然启动的原因；④地震引发白云岩沙化层沙化流态化导致斜坡失稳，该看法认为，滑坡主滑面的震旦系白云岩岩层为一经历了强烈岩溶的白云岩沙化层，强烈地震引发沙化层因突然产生的超空隙压力而流态化，可能是导致山体突然失稳的主要原因（许向宁等，2013）。该项研究主要是一般滑坡的分析推测，并未结合大光包特殊条件，指出该同震特大滑坡的启动机制。

2）运动方式和过程

对于大光包滑坡的运动方式和活动过程，几乎所有成都理工大学的文献作者有相似的看法，即认为大光包滑坡是一个巨型的楔形槽状滑落体，受地震影响，先开裂后滑移、堆积。活动过程大致分 3～5 个阶段。以 Huang 等（2012）、张健等（2013）、黄润秋等（2008）的研究为例，认为大光包滑坡的发生是由于地震、地形和地质因素的组合效应。强震动（地震加速度）在滑坡破坏早期起着非常重要的作用，因为它产生了拉应力，引起坡体后部拉裂。滑坡发生后，主要是由滑坡重力产生的剪应力控制的滑坡破坏。所以大光包滑坡的动力过程可分为以下阶段：①开裂阶段：强烈的地面震动产生了拉应力，在该变形阶段，拉应力比剪应力起着更重要的作用；②底层的破碎：开裂阶段同时，地面震动也造成了岩体破碎降低了底层的摩擦强度；③滑坡坡脚的剪切破坏，裂缝的发展和滑动面摩擦强度的减少，引发了滑坡；④堆积阶段：滑体横穿黄洞子沟，然后在对面的斜坡爬高 500 m，滑坡物质堆积在山谷里。还有一些高能量的继续向下游流动，形成碎屑堆积区。张伟峰等（2015）对大光包滑坡活动过程说法略有不同，认为滑坡运动过程具有显著的阶段性，其过程可以概括为以下 4 个主要阶段：快速启动→高速滑动→“急刹车”制动→拆离滑动。

李天涛等（2014）认为，强震作用触发大光包滑坡体启程剧冲，继而在重力作用下沿滑面加速下滑，而后又与山体碰撞转化为碎屑流。根据其运动特征，将滑体运动过程分为三个阶段，分别为主体滑动阶段、次级滑动阶段、碎屑流运动阶段。与上述的区别是不存在先拉裂后滑移。

吴树仁等（2010）认为，大光包滑坡失稳过程为：上部岩体震裂→高速抛射→顺层斜向高速溃滑→冲击碰撞碎裂→碎屑流堆积，即震裂抛射后才有顺层斜向高速滑动。

李世贵（2010）则认为，大光包巨型滑坡是在地震过程中一次性整体溃裂滑动破坏后高速运动产生，不存在次级或多级大规模滑塌破坏迹象。

**3. 滑坡地震响应研究**

针对大光包滑坡产生了什么特征的地震研究，迄今只有少量并不深入的研究。黄润秋等（2016）运用 FLAC3D（Fast Lagrangian Analysis of Continua，由美国 ITASCA 公司开发的连续介质快速拉格朗日分析计算软件）模拟大光包滑坡变形失稳特征，并输入距离滑坡约 4.3 km 的清平地震台站的强震加速度三向记录。研究结果表明，大光包滑坡的地震动力响应较为复杂，受控于斜坡形态、岩体地质结构及地震强度和振动持时等因素；在水平加速度响应方面，前缘滑坡更为明显，地震动频率更高，振幅更大，这就利于前缘的顺层失稳滑动；在竖向加速度响应方面，后缘滑体的振幅更大，竖向加速度（绝对值）数倍于水平加速度，利于拉裂、振碎解体和抛掷失稳。大光包滑坡与简单均质结构的边坡地震动力响应特征不完全一致，随高程、坡度放大的趋向性和节律性不明显。马艳波等（2012）通过现场调查，认为从两个方面考虑地震对边坡稳定性的影响：第一，由于岩石块体破碎，地面震动会降低基底的摩擦强度，导致边坡失稳；第二，地震加速度可能导致山谷中正向（拉伸）和剪切力的短期和周期性变化。根据滑坡的破坏机理，滑坡的动力过程可能包含四个阶段：①由于地面震动产生的张应力导致斜坡后部岩体破裂；②由于地面震动，降低了基底的摩擦力；③由于滑坡重力引起很大的剪应力，在滑坡脚趾部造成剪切破坏；④堆积阶段。

罗璟等（2015）基于疲劳试验，从动力学角度分析了强震作用下滑坡岩体震裂损伤程度的影响因素。试验结果表明，上限应力是影响岩体震裂损伤程度的首要因素，应力水平是震动频率影响岩体震裂损伤程度的前提。滑坡不同部位受控于埋深及地形地貌的差异，决定了其受到的地震作用力及应力状态各不相同，是影响岩体震裂损伤程度的动力因素；而滑坡不同岩性之间岩体结构的差异，导致其表现出不同的破坏特征，决定了在相同地震荷载下损伤程度各不相同，是影响岩体震裂损伤程度的内在因素；地震爆发初期，强烈的地震冲击作用力在短时间内对岩体产生的巨大损伤及岩体自身结构的缺陷，是造成岩体最终震裂损伤的基础。

针对大光包滑坡触发地震波的研究，只有定性描述，未能深入进行。

很遗憾的是，这样 7 亿余立方米规模的特大滑坡，竟然在前述所有文献中未见记录到滑坡引起的确切地震记录。如本书上一章易贡滑坡研究所述，2000 年 4 月 9 日发生的体积约 $1\times10^8\,m^3$ 的易贡滑坡，在距滑坡中心 102～1 188 km 的 21 个地震台站均接收到了滑坡地震记录，其中包括西藏 3 个地震台的笔绘记录和云南 18 个地震台的宽频带数字地震记录。众所周知，滑坡地震波是滑坡活动可靠的、准确的记录，从滑坡地震波特征可以较准确地了解滑坡运动特征、过程、时间和速度等。原以为未能记录到大光包滑坡活动引起的地震波，在本研究过程中，发现清平站记录的地震波加速度，便是大光包活动的记录，在下文中详细介绍。

总的说来，大光包滑坡多年来的艰苦卓绝的调查研究工作，是我国滑坡研究的一份宝贵财富，为后面的研究打下了扎实的基础；尽管还有一些缺陷，期待今后继续研究弥补。

在以上国内外多年研究成果基础上，本研究以数字滑坡技术为主要方法，在滑坡地学理论指导下，以已有的多种类型、多时相遥感数据、基础地质数据、基础地理数据为信息源，建立遥感解译基础，通过获取“5 • 12”汶川地震前后的大光包研究区信息，研究大光包滑坡的运动方式、活动过程、地震响应等，从更宏观和更深入的地学理解，对大光包滑坡有了更进一步的认识，在多方面提出了与上述不同的看法。

## 12.2　大光包滑坡所在研究区的地理地质环境

### 12.2.1　位　　置

大光包滑坡位于四川省绵阳市安县高川乡泉水村，龙门山中央断裂带（北川-映秀断裂）以西 6.5 km 的断裂上盘。地理坐标：104°05′49.7″～104°08′35.9″ E，31°37′47.2″～31°39′32.2″N（图 12.1）。

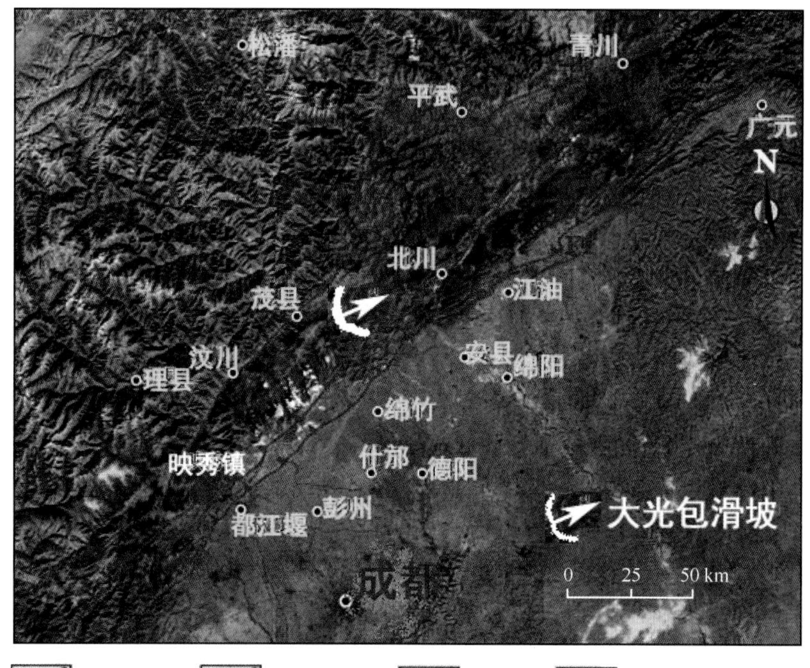


图 12.1　大光包滑坡位置示意图

## 12.2.2　地 形 地 貌

震前，如图 12.2（上）所示，位于龙门山中段的大光包研究区山高谷深、地势陡峻，大小岭谷鳞次栉比，属构造侵蚀、强烈切割的中高山地貌类型。图中白点围限的南、西、北三面分水岭和一面沟谷构成的似椭圆形谷地，暂命名为大光包-长石板沟小流域，简称大光包或长石板沟小流域。其地势西高东低，向北东倾斜，西侧最高为“大光包”孤立山峰，四面临空，山顶海拔 3 047 m，是安县境内最高山峰。东侧深切割的黄洞子沟，是小流域的最低处。大光包小流域内外水系发育，内有长石板沟；流域外，紧邻南侧的是门槛石沟，北侧外有黑沟，黄洞子沟上游是白果林沟，左岸有川林沟等。黄洞子沟左岸有干岩窝梁子及独杉树梁子等山岭与沟谷相间。

同震大光包滑坡发生后小流域地形地貌发生剧烈变化，如图 12.2（下）所示，大光包山峰消失了，大光包小流域地面明显可见基岩出露的滑坡后崖、南北侧壁和滑坡碎屑堆积几个部分。长石板沟、黄洞子沟、川林沟、白果林沟及门槛石沟大部被堆积物充填。

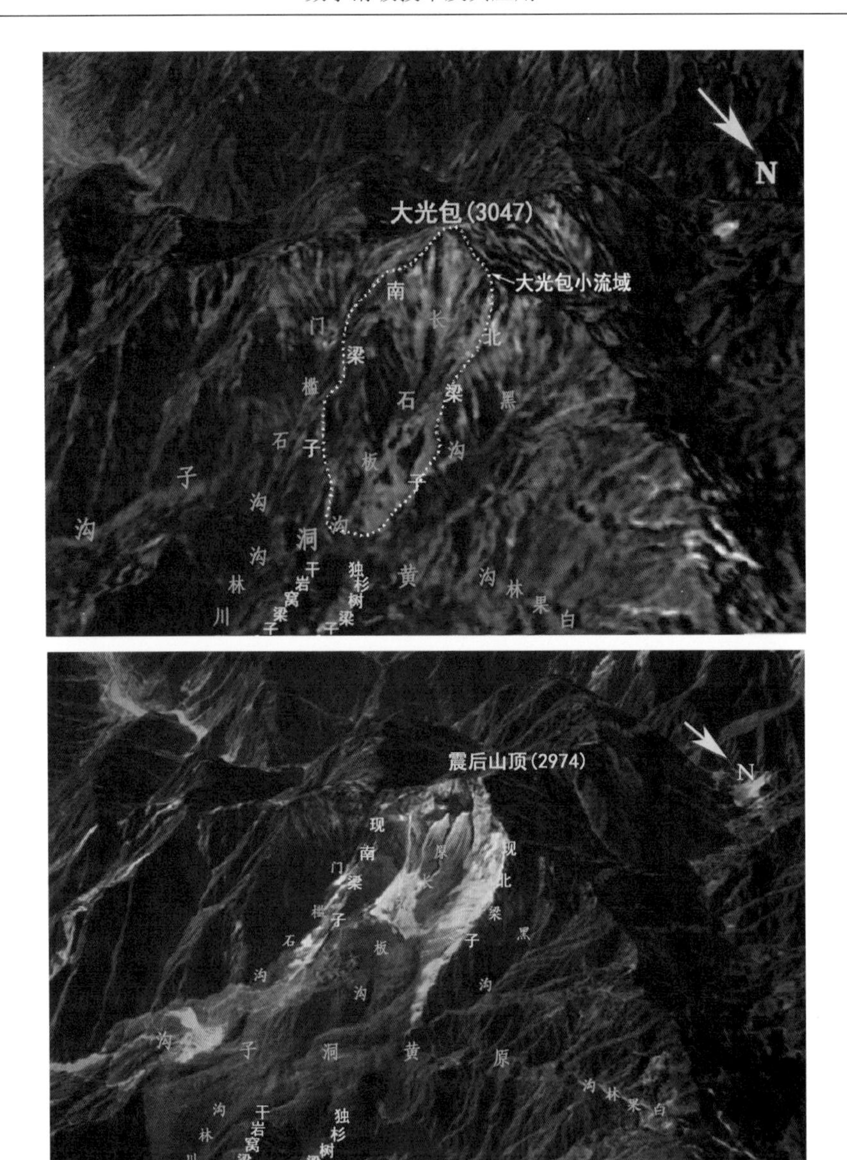


图 12.2　震前大光包小流域（上）和震后大光包滑坡（下）

## 12.2.3　地 层 岩 性

据 1∶50 000 清平幅地质图及说明书，大光包滑坡区出露岩性主要为碳酸盐岩和少量碎屑岩（如图 12.3），基岩地层自老而新依次为：

（1）震旦系水晶组（$Zs^2$）：出露于大光包小流域西北侧，厚度 130～390 m，与下伏二叠系阳新组、吴家坪组、三叠系飞仙关组呈断层接触。岩性为灰-肉红色薄板状微晶灰岩夹少量绢云母千枚岩及硅质岩条带。

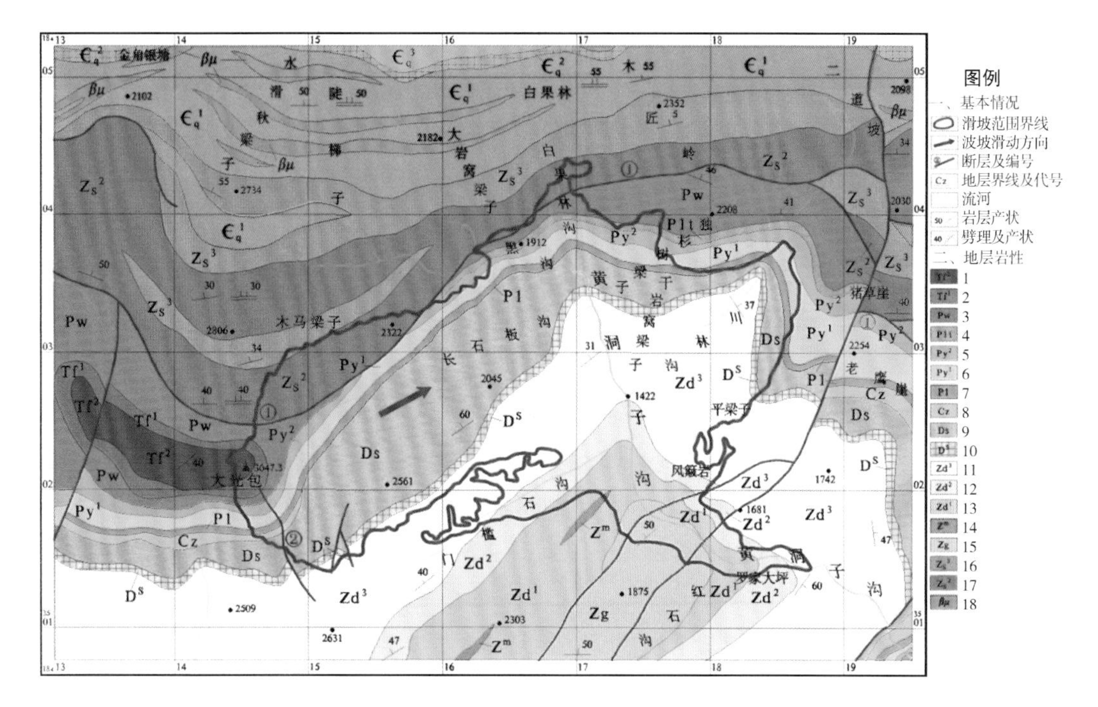


图 12.3　大光包滑坡区域地质图（据 1∶50 000 清平幅地质图）

图例中数字表示：1. 飞仙关组二段紫红色泥岩夹少量灰岩；2. 飞仙关组一段薄-中层状泥晶灰岩；3. 吴家坪组含燧石灰岩夹页岩；4. 龙潭组铝铁岩、煤、页岩；5. 阳新组二段燧石灰岩、泥晶灰岩平页岩；6. 阳新组一段块状灰岩；7. 梁山组页岩、灰岩；8. 微晶灰岩，泥晶灰岩、生物碎屑灰岩夹白云岩、粉砂岩；9. 沙窝子组白云岩灰岩，上部夹泥岩透镜体；10. 沙窝子组磷块岩、磷质页岩；11. 灯影组三段鲕粒、富藻白云岩；12. 灯影组二段薄层状灰岩、页岩；13. 灯影组一段含藻白云岩、鲕状白云岩；14. 灯影组磷块岩、磷质砂泥岩（绵竹磷矿层）；15. 观音崖组紫红色砾岩、砂岩、粉砂岩、页岩、白云岩；16. 水晶组三段硅质白云岩、灰质白云岩；17. 水晶组二段板状结晶灰岩、板岩；18. 辉绿岩脉

（2）震旦系灯影组三段（$Zd^3$）：出露于大光包小流域南侧，厚度 500～580 m，为浅灰色中厚层-块状富藻白云岩，中下部含硅质，藻类化石丰富。岩层产状 N88°W/NE∠32°。该层为南梁子滑坡体及滑床的主要组成部分。

（3）泥盆系沙窝子组（$D^s$、Ds）：与下伏震旦系灯影组呈嵌合接触。$D^s$ 岩性由下而上为灰-深灰色角砾状、致密状磷块岩、硅质磷块岩、含磷黏土岩，厚度 5～15 m。Ds 岩性为浅灰色中厚层-块状微晶白云岩，厚度 120～310 m。该层为南梁子滑坡体的主要组成部分之一。

（4）石炭系总长沟组（Cz）：出露于流域西侧，厚度 60～100 m，与下伏沙窝子组为平行不整合接触。岩性为灰、肉红色薄-中厚层状微晶灰岩、生物碎屑灰岩、白云石化灰岩及紫红色粉砂质泥岩条带。

（5）二叠系梁山组（Pl）：区内分布稳定，厚度 11～17 m，与下伏总长沟组平行不整合接触。岩性为灰黑色含炭质页岩与薄层生物碎屑灰岩。

（6）二叠系阳新组（Py）：与下伏梁山组为整合接触。一段（$Py^1$）为灰-灰黑色厚层-块状泥晶灰岩夹生物碎屑灰岩，厚度 30～110 m。二段（$Py^2$）为灰-深灰色中-厚层状含燧石结晶灰岩、生物碎屑灰岩夹钙质页岩，燧石多呈不规则的条带或团块状顺层断续分布，厚度 40～190 m。

（7）二叠系吴家坪组（Pw）：厚度30～80 m，与下伏龙潭组呈整合接触，局部与阳新组呈平行不整合接触。岩性为灰-深灰色薄-中厚层状含燧石泥晶灰岩夹页岩。

（8）三叠系飞仙关组（Tf）：与下伏吴家坪组整合接触。一段（$Tf^1$）为灰-蓝灰色中厚层-块状粉晶灰岩、泥晶灰岩，紫红色泥岩夹少量灰岩，厚度35～90 m，分布稳定。二段（$Tf^2$）为紫红色中厚层状粉砂岩、粉砂质泥岩夹少量泥晶灰岩，厚度40～150 m。

区内各组地层均有软弱夹层，震旦系灯影组三段（$Zd^3$）中的富藻白云岩在地震作用下易沙化流态化（许向宁等，2013），也成为软弱层。

### 12.2.4　地质构造

大光包滑坡区地处龙门山逆冲推覆构造带（图 12.4），龙门山前陆推覆体内，横跨高川推覆体Ⅰ和大水闸推覆体Ⅱ。北西界是四道沟断裂（图 12.4 的 3），与高川推覆体接触；南东界为陈家坪-白云山断裂（图 12.4 中的 4），属映秀-北川大断裂，滑坡区位于 NE 向延伸、轴面产状 N35°E/NW∠60°的大水闸复式背斜（图中①）的 NW 翼。滑坡区褶皱断裂发育，断层以 NW-SE 向逆断层和逆冲-走滑断层为主；褶皱以 NE 向为主。据滑坡区及周围实测基岩产状统计，区内共发育 1 组层面及 2 组优势节理：第1 组为岩层层面 L1，统计产状：N88°W/NE∠32°；第二组为走向 NE，倾 SE 的陡倾角裂隙 J1，统计产状：N58°E/SE ∠72°；第 3 组为走向 NW，倾 NE 的陡倾角裂隙 J2，统计产状：N10°W/NE∠84°。该 3 组软弱结构面是形成大光包滑坡边界条件的地质构造基础。

### 12.2.5　地震背景

大光包滑坡是 2008 年 5 月 12 日汶川大地震触发的同震滑坡。

据中国地震局地球物理研究所陈运泰院士与他的团队在地震之后根据全国、全球及四川省地震台网的记录资料综合分析的结果（陈运泰，2012），地震发生时刻是 2008 年 5 月 12 日北京时间 14 时 27 分 57 秒；震中位置为 31.01°N，103.38°E，四川省阿坝州汶川县映秀镇；震源深度 15 km。汶川地震的震级如果用“面波震级 $M_s$”来衡量，是 8.0 级；如果用现在国际上提倡用的“矩震级 $M_w$”衡量，那么是 $M_w$7.9 级。

2008 年 5 月 12 日地震前，陈运泰院士等曾经对包括松潘-平武、龙门山断裂带在内的我国中西部地区的地震做过精确定位。定位的结果显示，当时龙门山断裂带尽管没有特别大的地震活动，但它分布在一条长约 470 km、宽约 50 km 断裂带上的中小地震非常活跃，所以非常具有地震危险性。龙门山断裂带主要由三条断裂组成。如图 12.1 所示，从西到东依次是：茂县-汶川断裂、映秀-北川断裂以及江油（也称彭县）-灌县断裂。“5 • 12”地震主要发生在龙门山断裂带三条主干断裂的中间一条，即映秀-北川断裂，但茂县-汶川断裂和彭县-灌县断裂还是有错动。

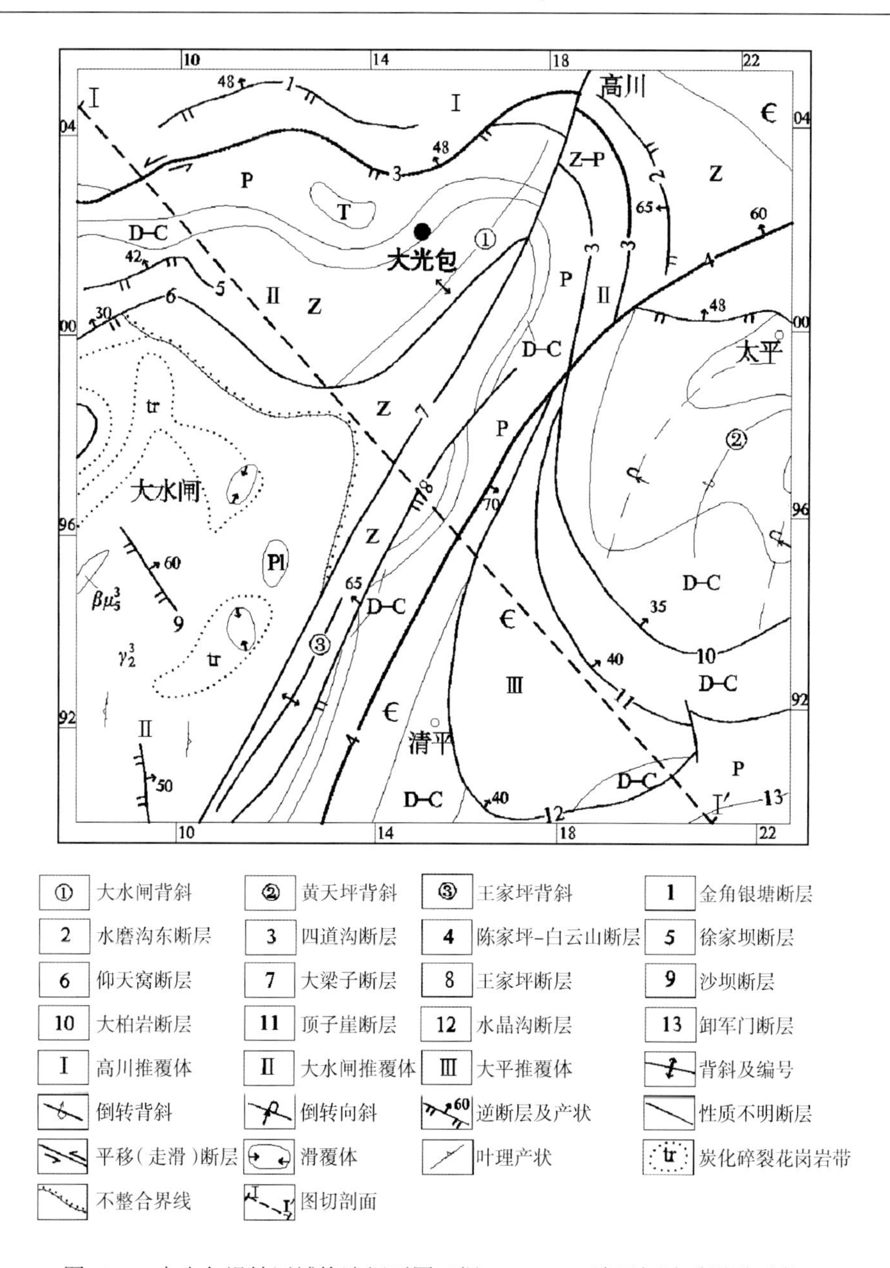


图 12.4　大光包滑坡区域构造纲要图（据 1∶50 000 清平幅地质图说明书）

“5·12”汶川大地震发生约 4 小时，陈运泰院士研究小组利用在全球地震台网的记录资料，反演了这次地震的震源过程，结果显示，汶川地震发生在一条从东北朝西南方向延展的断层上，断层面长超过 300 km，这条断层的断层面以 39°的倾角向西北倾斜，从地面斜向地下延伸，宽度将近 50 km，最大错距 8.9 m，滑动角是 117°。断裂活动方式由南至北是逐渐地由以逆断错动为主变化为以左旋走滑为主。

“5·12”地震震源在都江堰的映秀镇下方，然后分别朝东北、西南方向扩展。映秀镇下方的滑动量（错距）达到大约 8.9 m，错动一直贯穿到地面上，最大达到 6.7～7.5 m。

该地震破裂过程的发生与发展非常不均匀，如图 12.5 所示，它分为四个主要阶段，最主要的是第二阶段——发震后的 16～38 s，地震矩释放率（简称矩率）占全部 90 s 地震过程的 56%，在长达 300 km 的地带发生了大幅度的错动，其中又以 18～28 s 段最强，在大约 23 s 时最大矩率达 $M_0 = 7\times10^{19}$ N •m/s，相当于面波震级 $M_W = 7.2$（戴志阳等，2008）。38 s 后至 56 s 为第三阶段，矩率大幅减小，58 s 以后至 90 s 为第四阶段，该段释放的地震矩率仅占全部“5 • 12”的 5 %，基本趋于零了。后面的研究将证明大光包滑坡与“5 • 12”地震第二阶段的关系。

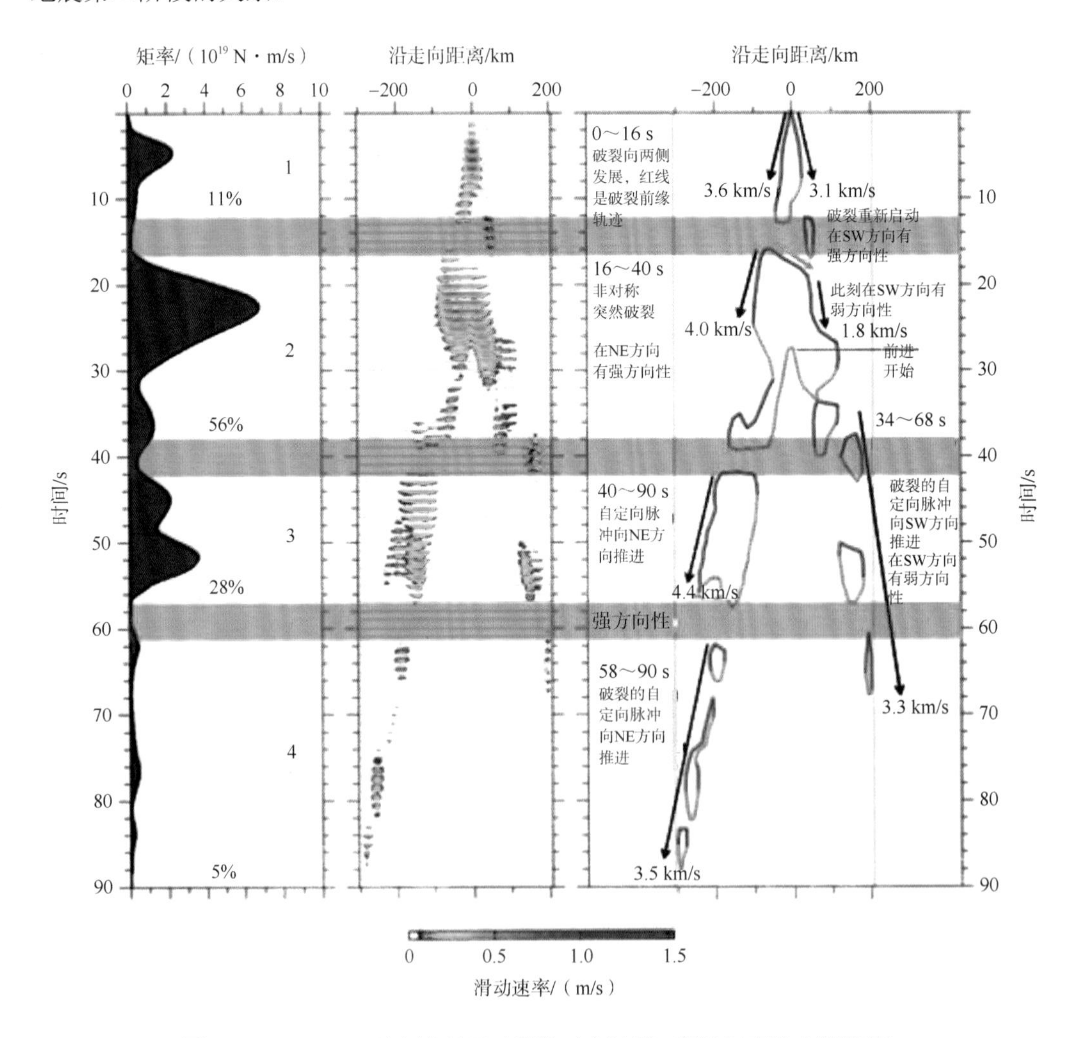


图 12.5　“5 • 12”汶川大地震破裂的时空过程（据陈运泰院士图编译）

地震本质上是地下的岩石发生破裂、释放应力，汶川大地震的应力降平均为 18 MPa。1 MPa 大约等于 10 个大气压，所以 18 MPa 大约等于 180 个大气压。最大应力降发生于破裂起始点，即震源所在处，达 65 MPa，大于第二次世界大战时美国在广岛扔的原子弹的能量（科学网）。

地震破裂并不是在一瞬间完成的，而是在长达 300 km 以上的范围内、在大约 90 s

时间内发生的。地震破裂的传播速度是变化的，如图 12.5 所示，各段速度不同，第二段的平均速度为 4.0 km/s，四段平均速度约 3.5 km/s。

大光包滑坡紧邻“5 • 12”汶川大地震的发震断裂——映秀-北川断裂，位于该断裂带的上盘（图 12.1、图 12.3、图 12.4），滑坡区中心距发震断裂水平直线距离 4.5 km，地面运动响应强烈。

图 12.6 为位于发震断裂附近的清平强震台记录到的汶川地震加速度时程曲线。可见在水平 EW、NS 和垂直 UD 三个方向上的地震场地加速度曲线的形态、峰值（PAG）几乎是一致的。

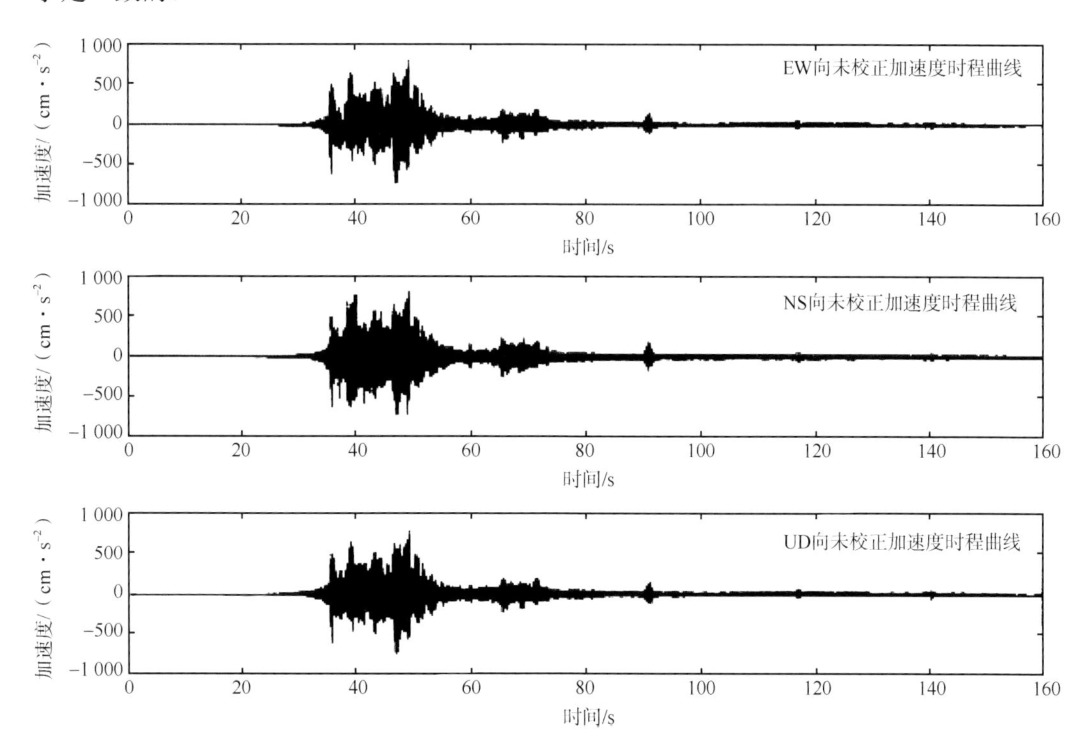


图 12.6　汶川地震清平地震台纪录到的加速度时程曲线（据国家强震动台网中心）

## 12.3　方 法 技 术

本研究采用数字滑坡技术，即实现“信息化滑坡”的方法技术。具体方法为：在滑坡地学理论指导下，以遥感和空间定位（GCPs 或 GPS）技术为主，结合其他调查手段识别滑坡，获取数字形式的与地理坐标配准的滑坡基本信息（滑坡各要素、位置、形态、土地覆盖、变形和位移、地质构成、活动性等）；利用 GIS 技术存储和管理这些数字信息；在此基础上，对滑坡及其发育环境信息进行空间分析，服务于滑坡调查、监测、研究、灾害评价、危险性预测、灾情评估、减灾和防治措施等。数字滑坡技术主要由建立滑坡解译基础技术、遥感识辨滑坡技术、滑坡数据库及滑坡模型 4 部分组成。

## 12.3.1　建立解译基础

解译基础，即用于识别滑坡，能定位、定量地获取滑坡及其发育环境信息的，由多层图像、图形构成的组合。它将滑坡调查范围所有的遥感与非遥感信息源整合成一个数字的、精确地理定位的相关信息在同一地理坐标控制配准的数据集合，以实现定位、定量的滑坡遥感解译及时空分析。解译基础是遥感、数字摄影测量、地理信息系统技术结合的产品，也是数字滑坡技术最基础的部分，其分为收集信息源、建立数字高程模型、各类信息源数据配准等步骤。

### 1. 信息源

1）遥感

本研究采用了“5·12”地震前、后不同时相的遥感信息源，即震前一年或更早，震后 10 年内的卫星、航摄和无人机数据。各遥感信息源的数据类型、空间分辨率、成像时间和数据特征如表 12.1 所示。

**表 12.1　大光包滑坡遥感信息源统计表**

| 数据名称 | 空间分辨率 | 成像时间（年-月-日） | 数据特征 | 备注 |
|---|---|---|---|---|
| QuickBird 卫星数据 | 全色 0.61 m<br>多光谱 2.44 m | 2007-1-29 | 4 个多光谱、<br>1 个全色波段数据 | 震前 |
| SPOT 5 卫星数据 | 2.5 m | 2007-5-6 | 全色、多光谱<br>真彩色融合数据 | |
| ETM 数据 | 15 m | 2006-12 | 多光谱合成 | |
| 北京 1 号小卫星 | 4 m | 2008-9 | 全色 | 震后 |
| 航空影像数据 | <0.25～3 m | 2008-5-18 | 彩色数码航空数据 | — |
| 无人机航空影像 | <0.25 m | 2010-11-29 | 彩色数码航空数据 | — |
| Google Earth | 约 1 m | 2010-12-18 | 自然彩色 | — |
| Google Earth | 约 1 m | 2013-1-15 | — | — |
| Google Earth | 约 1 m | 2014-2-23 | — | — |
| Google Earth | 约 1 m | 2014-7-4 | — | — |
| Google Earth | 约 1 m | 2016-5-10 | — | — |
| Google Earth | 约 1 m | 2017-4-14 | — | — |
| Google Earth | 约 1 m | 2017-12-10 | — | — |

2）地理坐标控制

1∶5 万清平幅地形图，5 m 间隔数字高程模型 DEM，机载 POS 系统定位，地面控制点数据。四川省地质调查院遥感中心测绘的控制点及制作的震后 1∶5 000 数字高程模型。

3）地质环境

1∶5 万清平幅地质图及 1∶50 万数字地质图。

4）其他信息

前述已公开发表的论文文献等资料。

**2. 建立 DEM**

采用震前 1∶5 万地形数据，经数字化后生成 5 m 等高线间隔的滑前 DEM；根据震后机载 POS 系统定位，地面控制点等采用内插等方式建立震后 1∶1 万 DEM，供遥感图像及其他信息源几何校正使用。

**3. 信息源处理及配准**

在 ENVI、ERDAS、MapGIS、Photoshop 等软件平台上，对已经预处理（大气校正、辐射校正等）的遥感图像及数字化的非遥感资料进行几何校正、图像重采样、多波段合成、不同分辨率图像融合等，最终将调查区的所有与滑坡相关的信息源：遥感数据、基础地理数据和地质环境数据等经几何校正，使其与大地坐标系统相匹配。

最终形成两类解译基础：一是震前及震后 QB+SPOT+DEM+地势配准合成的解译基础及一系列同样配准的辅助图件，如地震前后地形地貌图、地势图、高程变化图、坡度图等；二是 Google Earth（以下简称 GE）图像。GE 图像不但分辨率高，可以解译地物细部，而且可以方便地获取多时相、多平台图像，及进行定量解译。至此解译基础基本建成。下一步，在滑坡地学理论指导下，基于解译基础，以人机交互方式进行解译，获取滑坡及其发育环境信息。

### 12.3.2　二种解译基础和定量计算

解译基础完成后，本研究主要在 Photoshop 和 Google Earth（以下分别简称为 PS 和 GE）平台上进行解译。这两个解译平台各有特点：GE 采用的是 WGS-84 椭球地理坐标系和墨卡托投影，虽有多平台、多时相的卫星或航摄图像数据，但地形基础是美国国家航天局 NASA 和国防部国家测绘局 NIMA 2000 年制成的数字地形高程模型 SRTM，该数据覆盖中国全境，即无论哪年的图像，覆盖的都是 2000 年的数字地形高程模型，未能反映 2008 年地震前后实际地形数值，即高程数据的变化，但平面位置是准确的，所以 GE 平台上只能确定大光包滑坡区地物的经纬度位置，量测地物的长度及距离。

PS 平台是不含地理坐标系统的。本研究原采用平面坐标系统、1980 年西安坐标系、1985 国家高程基准制作的数字高程模型。该系统分幅、编号均以 1∶100 万地图的分幅与编号为基础，将每幅 1∶100 万地形图划分成 24 行 24 列，共 576 幅 1∶5 万地形图，在 1∶100 万地形图编号后加上其中的 1∶5 万地形图的比例尺代字、图幅行列号，即为 1∶5 万地形图的编号，如 J50E017016。每幅 1∶5 万地形图经差为 15′、纬差 10′。将采用 1980 年西安坐标系制作的地震前后的 DTM 地形数据作为解译基础的一个图层，输入 PS 平台后就没有地理坐标了，只有表示图像地物所在的地形等高线数据、长度和面积的像元数。

如何在两种平台上进行定量计算呢？本研究采用比较计算法，进行基于两种解译基础的定量计算，即在 PS 上求得解译基础上某部分地物长度或面积的像元数，在 GE 图像上求得同一部位长度的米数，对比计算求得每个像元的长度米数（m/像元）。如以解译基础上的震前长石板沟小流域长度为例，在 PS 图像上求得从流域最高点 3 047 m 到流域最低点 1 570 m（方位 $A$：27°≈西安坐标系 NE63°）的距离像元数为 4 724，在 GE 图像上求得该流域最高点到最低点的距离（63°方位）为 2 831 m（与黄润秋等的 1∶2 000 工程地质调查数据 2 780 m 相近），两者相比得：线元 = 2 831 m/4724 像元 = 0.599 m/像元≈0.6 m/像元，面元则为 0.36 $m^2$/像元$^2$。

不同方位的 m/像元略有不同，同样方法求得与 63°方位垂直的 NW333°方位的长度的比值，为 0.587 m/像元，这样基础图像上的每个像元面积为 0.345 $m^2$。为方便起见，将解译基础图像上的长度（无论哪个方向）均定为 0.6 m/像元，像元面积则均为 0.36 $m^2$，此项计算的像元误差约为 2%。由于难以在解译基础及 GE 图像上准确到一个像元的位置，实际量算的误差要更大些。所以本研究结果的经纬度数据从 GE 平台上获取，高程结合地形图获取，长度、距离和面积计算结果由两种平台结合获得。

应该指出的是，GE 平台采用的是 NASA 2000 年制成的数字地形高程模型 SRTM 30 m 格网的高程数值，与我国平面坐标系统有一定差别，如震前 GE 大光包山顶高程为 3 015 m，而我国 1∶5 万地形图上该位置高程为 3 047 m，平面坐标系标示的高程更接近实际，并且 GE 平台上无法反映地震前后地面高程变化，故高程采用地形图的数字。两者的经纬度位置相差不大。仍以大光包最高点为例，GE 平台该点的位置为：31°38′13.95″ N，104°06′01.01″ E，我国 1∶5 万地形图上该点位置为：31°38′12.83″ N，104°06′01.12″ E；为方便起见，本研究仍然采用 GE 上的经纬度值。

由于采用的坐标系统不同，GE 平台上的量算与航摄地形图有一定误差，如震后航摄地形图显示的后缘基岩陡壁最高点约为海拔 2 974 m，而 GE 图像上的为 3 015 m，两者相差 41 m（见图 12.7）。在相对高差超过 1 500 m 的山地，本研究认为，2.7%的相对误差可以接受。

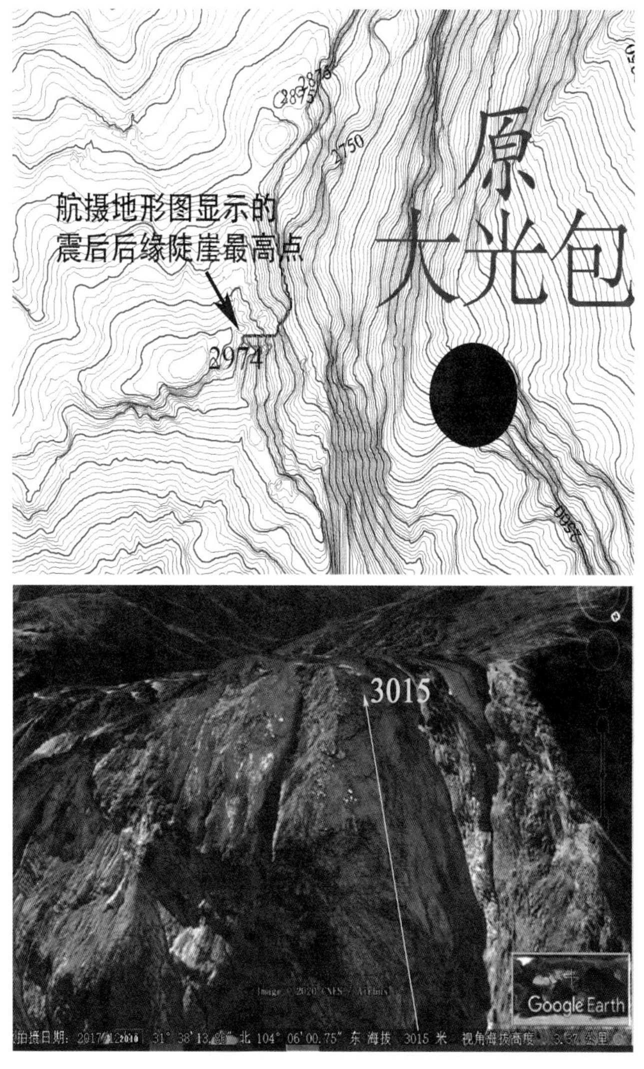


图 12.7　无人机航摄数据制作的地形图（上）与 GE 图像上显示的震后大光包后缘高程（下）不同

## 12.4　大光包滑坡信息获取

由地震前后不同类型、不同空间分辨率的信息源经多种处理方法建立了地震前后的解译基础，基于此基础及 Google Earth 图像，经人机交互解译，分别获取震前长石板沟小流域，震后滑坡西侧、北侧、南侧源区及滑坡堆积几部分的地震前后大光包信息。

### 12.4.1　震前长石板沟小流域

**1. 长石板沟及流域概貌**

大光包滑坡发生在中高山峡谷的长石板沟小流域，以“震前 QB-SPOT+高程线+地势图+注记”解译基础为主，解译震前长石板沟小流域，如图 12.2 上图白点及图 12.8（上图）绿点线围限部分所示。长石板沟发源于流域西头约 2 780 m 高程，总体流向 NE68°，在约 1 900 m 处有发源于北侧约 2 600 m 高程的一条支流汇入，在 1 540 m 高程汇入黄洞子沟。全长约 2 585 m（投影尺寸，以下所有尺度及面积均为投影），落差 1 240 m，平均坡降 26°，切割深度 20～60 m。

图 12.8　地震前（上图）、后（下图）的大光包滑坡遥感解译基础

长石板沟两侧共有三条隆脊[图 12.8（上图）]，从南至北依次为：隆脊①，2 780 m 至 2 060 m 高程，走向 NE54°，长约 1 438 m，平均宽约 190 m；隆脊②，2 900～1900 m，

走向 NE76°，长约 1 700 m，宽 100～400 m，平均宽约 200 m；隆脊③，2200～1560 m，走向 NE75°，长约 11 460 m，平均宽约 400 m。以隆脊③规模最大，最大脊高可达 200 m，隆脊③北坡平均坡度约 30.5°，投影面积达 255 243 $m^2$（约为 0.255 $km^2$）。

震前长石板沟小流域由西侧大光包、北侧北梁子、南侧南梁子三面分水岭和东侧黄洞子沟谷构成似椭圆形，近 E-W 走向，西高东低。西侧最高处大光包海拔 3 047 m，东侧黄洞子沟海拔 1 540 m（流域内），高差 1 507 m，东西长约 2 846 m，平均宽约 840 m。基于解译基础，在 PS 平台求得震前长石板沟小流域面积为 6 500 772 像素，约为 2.34 $km^2$。

### 2. 西侧大光包分水岭

由于该分水岭以崖壁为主，也称西侧崖壁，西端中部挺立的大光包孤立山峰，其向北延至 2 800 m，向南延至 2 700 m 的山梁，共同构成总长约 1 540 m、倾向约 NE67°、斜坡 58°～30°的流域西侧弧形分水岭。其地层岩性由北向南主要为：震旦系水晶组（$Zs^2$）、二叠系阳新组（Py）、二叠系梁山组（Pl）、二叠系吴家坪组（Pw）、三叠系飞仙关组（Tf）、石炭系总长沟组（Cz）、泥盆系沙窝子组（Ds）、石炭系总长沟组（Cz）、泥盆系沙窝子组（$D^s$、Ds）和震旦系灯影组三段（$Zd^3$），这些地层构成西侧分水岭的切层坡。

### 3. 北侧北梁子分水岭

海拔 2 800～1 700 m，NE 66°向延伸，总长约 1 966 m，从西到东高程降 1 100 m，山脊下南向坡 33°～53°，平均约 40°，暂称其为北梁子，由震旦系水晶组（Zs）、二叠系吴家坪组（Pw）、二叠系阳新组（Py）等构成，为反向坡。

### 4. 南侧南梁子分水岭

海拔 2 700～1 540 m，大致沿 SW-NE 延伸，长约 2 370 m，从南西到北东高程降 1 160 m，暂称其为南梁子。震前南梁子斜坡覆盖面积为 2 302 368 像元×0.36 $m^2$/像元，为 828 852.5 $m^2$，约 0.83 $km^2$。占长石板沟小流域的 1/3 强，坡上部为泥盆系沙窝子组（$D_s$），下伏震旦系灯影组 $Z_d$，顺层坡。地表为起伏不平的强风化层堆积，斜坡上古或老滑坡（以下简称古滑坡）残留地形明显，可识辨古滑坡后壁与滑坡堆积体，如图 12.8（上图）小流域内红点圈划的范围所示。古滑坡后壁为笔直陡坡，海拔 2 550～2 380 m，呈不规则梯形，滑坡后壁倾向近北，与地层倾向基本一致，顺坡最长约 290.0 m，高 170 m，平均坡度 30°，覆盖面积 172 334 像元，约 0.062 $km^2$。其下为古滑坡堆积：高程 2 380～2 050 m，高差 330 m，平均高 280 m，顺坡倾向，平均长 540 m，平均坡度 27°，面积约 0.174 $km^2$。古滑坡总覆盖面积为 0.236 $km^2$。堆积上发育了深约 5～20 m 的 4 条顺坡向沟壑。该古滑坡外两侧也有若干上陡下缓的小滑坡地形，表明发生过多次小规模的顺层滑塌。

### 5. 东侧黄洞子沟

流域的东侧边界，是深切的黄洞子沟谷，流域范围从北到南，海拔 1 570～1 540 m，流域内的黄洞子沟上游（北）段沟床较陡，沟道比降为 0.243，达 13.7°，下游（南）段，直至出小流域至门槛石沟沟口比降沟道较缓，比降为 0.125，约 7.1°。黄洞子沟上游为狭窄的白果林沟，下流较平缓；左岸为陡峭的独杉树梁子、干岩窝梁子和平梁子、风波岩崖壁及山梁间的狭窄沟谷，右岸为长石板沟及门槛石沟陡岸，如图 12.8（上图）所示。

可见长石板沟小流域为一三面分水岭、一侧狭窄沟谷及崖壁围限的较封闭的小流域，前方没有开阔的空间。地震时，长石板沟小流域的三侧分水岭成为大光包滑坡的源区，其活动能量及物质大部分围限在流域内部，少量流向黄洞子沟下游。小流域北侧和南侧分别为深切的黑沟与门槛石沟。

## 12.4.2　震后大光包滑坡源区

以“震后 QB-SPOT+高程线+地势图解译基础”为主，结合 GE 图像作为信息源，获取各滑源区特征，如图 12.2 下、图 12.8 下所示。如上述，震后的大光包滑坡源区分为三部分：西侧后缘崖壁、南侧的南梁子斜坡和北侧的北梁子斜坡。

### 1. 西侧后缘源区崖壁

如图 12.9 所示，西侧后缘基岩壁范围：从南西端 2 518 m 至北下端 2 850 m 高程，最宽约 1 246 m（方位约 330°）；从陡崖西端顶部 2 915 m 到东部最低基岩出露处的 2 660 m 高程：（方位约 60°），顺坡长约 610 m，总投影面积 1 069 000 像元，为 373 545 m$^2$，约为 0.385 km$^2$。

图 12.9　震后 GE 图像显示的大光包滑坡后缘源区

滑坡残留的后缘崖壁地形地貌十分复杂，在 GE 图像上可见分块分级明显，根据形态，结合 1∶5 万地质图及遥感解译的岩性和断层分布，从北至南大致可分为以下 4 个部分：北壁 1、中壁 2、中壁 3 和南壁 4。

#### 1）北壁 1

后缘北侧（图 12.9），上窄下宽，似梯形，高程范围 2 966～2 850 m，西高东低，南高北低，从南到北平均宽约 180 m，从西到东平均长约 440 m，覆盖面积 42 336 像元 = 15 241 $m^2$≈0.015 $km^2$。出露震旦系水晶组（$Zs^2$）灰岩夹少量绢云母千枚岩，切层基岩坡，表面破碎，凹凸不平，可见大致倾 N 的反向坡层理，和走向 NE 和 NW 的陡倾裂隙。高程 2 850 m 附近有一 30 m 左右高的陡坎，陡坎下（E）便是北梁子。

2）中壁 2

北壁 1 向南跨过四道沟断裂，便是中壁 2——震后后缘最大残留基岩壁的主体，从南到北，中壁 2 后壁从 2 765 m 到北端的 2 966 m 高程（约 350°方位），宽约 682 m；西从 2 915 m 到东端的 2 829 m，顺坡（约 66°方位）长 492 m，为一中部高（图 12.9 中 3015、3010、2993、2930、2885 一线）、四周低的球盖状山体，由①、②、③、④、⑤级阶梯组成，各级阶面较光滑，各阶坎的产状与尺度如表 12.2 所示。

**表 12.2　大光包滑坡后缘中壁 2 球盖状山体各阶梯产状及尺度**

| 台阶编号 | 高程范围/m | 倾向/倾角 | 平均宽/m/地貌 | 平均长/m/方位 | 覆盖面积/$m^2$ |
|---|---|---|---|---|---|
| ①阶面 | 2 988～2 965 | NW/11° | 55/出露层面 | 136/22° | 4 132 |
| ①阶坎 | 3 005～2 923 | NW/8° | 50/层理明显 | 364/20° | 14 210 |
| ②阶面 | 3 015～2 928 | NW/8° | 157/出露层面 | 234/27° | 23 555 |
| ②阶坎 | 3 003～2 938 | SE/15° | 46/层理不清 | 213/36° | 10 505 |
| ③阶面 | 2 981～2 915 | SE/21° | 90/多级层面 | 228/38° | 14 800 |
| ③阶坎 | 2 920～2 878 | SE/24° | 33/层理不清 | 306/40° | 5 768 |
| ④阶面 | 2 895～2 875 | SE/23° | 43/多级层面 | 250/40° | 4 620+1 490 |
| ④阶坎 | 2 880～2 869 | SE/27° | 12/层理不清 | 268/40° | 2 377 |
| ⑤阶面 2 块 | 2 880～2 840 | SE/29° | 94/2 块阶面 | 196/68° | 7 402 |
| ⑤阶坎 | 2 878～2 782 | SE/30° | 124/层理不清 | 182/68° | 5 407+1 1659 |
| 顶部陡崖 | 2 765～2 966 | 从南到北后缘弧长 570 m，向下（E）拉裂 10～70 m | | | |
| 下部陡崖 | | 2761～2925 m 近 SN 宽 660 m | | 近 EW 平均长 170 m | |
| 3 015 m 最高点位置：31°38′13.94″N，104°6′0.90″E | | | | | |

中壁 2 主要出露二叠系阳新组灰岩夹页岩（Py）、三叠系飞仙关组（Tf）灰岩、泥晶灰岩、粉砂岩，粉砂质泥岩。如图 12.5、图 12.9 和表 12.2 所示，②、③阶面之间是一条大分界沟，该界线从西到东切割整个岩层，裂隙宽达 50～60 m，深约 10 m，界南阶面向 SE 倾，界北向 NW 倾。

南从 2 851 m 向北至 2 925 m 高程一线以下为向山内倾的陡崖，显示被强力拉裂剪断的三叠系飞仙关组（Tf）层理。

3）中壁 3

如图 12.9，呈反 S 长条形，整体向南、向东倾，平均南倾达 25°，平均东倾 21°。西侧顶端高程 2 765～2 698 m，崖宽 157 m，从最高点 2 765 m 到最低的 2 660 m 顺坡长 620 m，PS 图上量测覆盖面积约 38 248 像元，13 769 $m^2$≈0.014 $km^2$。该带主要出露二叠系吴家坪组（Pw）、阳新组（Py）、梁山组（Pl）灰岩、页岩，局部有少量石炭系总长沟组（Cz）出露。切层坡，表面破碎，可见软硬相间岩性，沿 J1、J2 陡倾节理剥离拉裂的岩面及倾北西的层理清楚，中壁 3 是后缘陡崖中岩性较软弱、破坏最剧烈的一块。

4）南壁 4

平面似马蹄形，三维形态复杂，后缘从西北端 2 698 m 高程向南东（117° 方位）至后壁西南角 2 518 m，后崖宽约 474 m，北侧 2 795 m 到南端 2 518 m，最宽处约 536 m，西北端 2 698 m 到东端 2 706 m（35°方位），长约 520 m。在 PS 上量测覆盖面积 61 800 像元 =22 248 $m^2$≈0.022 $km^2$。南壁 4 斜坡整体向 S 倾斜，平均倾角约 28°，是后缘崖壁地势最低部位，较中壁 3 的平均高程下降 100 m，较中壁 2 低 200 m 左右。

南壁 4 出露石炭系总长沟组（Cz）灰岩、白云石灰岩及紫红色粉砂质泥岩条带，泥盆系沙窝子组（$D^s$、$D_s$）磷块岩、硅质磷块岩、含磷黏土岩，震旦系灯影组三段（$Zd^3$）白云岩，残留基岩后壁出露的切层坡的层理清楚。坡中偏北有走向约 42°、长 217 m、平均宽约 30 m 的深大裂缝，可能是矿洞。该裂缝南侧有一条 NE8°延伸、长约 230 m、平均宽 22 m 的深色碎石脉，颜色与 $Zd^3$ 白云岩基岩相近。其南有一条含水碎屑流。西南角出露 $Zd^3$ 白云岩基岩面，坡下有大量碎屑堆积。

**2. 南梁子斜坡**

南梁子山脊是门槛石沟与原长石板沟的分水岭。深切割的门槛石沟源头在约 2 960 m 高程，NE 流向，在 1 410 m 高程流入黄洞子沟，沟床从 2 160 m 到 1 410 m，平均坡度达 20°，总长 2 070 m。2 160 m 以上到 2 960 m，为门槛石沟北岸的凹坡，凹坡比降陡达 55° [图 12.8（上图）]。滑坡后如图 12.8（下图）所示，有大量滑坡物质进入该沟。其北坡是大光包滑坡的南侧源区。震后残留南梁子滑坡壁后缘山脊西高东低，2 480～2 000 m，长约 1 145 m，滑坡壁坡长（倾向）610 m（西）～50 m（东），平均约 360 m，产状 358～360°∠31°～33°。

与震前[图 12.8（上图）]相比，滑坡后南梁子山脊大致向南东（门槛石沟）平移了约 400～300 m，对比“震后 DEM 升降分布”（图 12.13），南梁子山脊高程在滑坡后东部降低了 200～400 m，西北端局部降低了 600 m 及以上。震后南梁子斜坡，即残留滑坡后壁，出露面积 1 059 787 像元 $^2$×0.36 $m^2$/像元 $^2$ = 381 523.32 $m^2$≈0.38 $km^2$，不到震前 0.83 $km^2$ 南梁子斜坡的一半。这说明地震时南梁子斜坡被滑坡活动切掉一部分，后被滑坡堆积物占据一部分。地震前、后南梁子斜坡产状变化如图 12.8 上、下和表 12.3 所示。

**表 12.3　基于地震前、后解译基础（图 12.8）实测南梁子斜坡产状**

| 项目 | 测点位置/产状 | | | |
|---|---|---|---|---|
| 震前 | A1/N21°E∠36° | A2/N23°E∠32° | A3（古滑坡壁）/N16°E∠37° | A4（古滑坡堆积）/N20°E∠31° |
| 震后 | B1/N0°E∠31° | B2/N03°E∠32° | B3/N06°E∠31° | B4/N02°E∠31° |

震前的 A1、A2、A3、A4 在长石板沟小流域右岸，即南梁子斜坡上，如图 12.8（上），震后 B1、B2、B3、B4 在震后滑坡壁，如图 12.8（下）。虽都是在南梁子顺层坡，但 A1～A4 点所在斜坡表面已经被古滑坡等各种侵蚀改变，且下滑时被长石板沟南岸脊①阻挡，古滑坡及其他堆积都会偏向下游（东倾）。B1～B4 反映的震后残留的平坦光滑的滑面产

状与该区岩层产状（350°～358°∠30°～35°）基本一致，顺层滑动特征明显。

该源区滑坡平均厚度约 400 m，基于滑后南梁子斜坡面积，坡度及滑后降低高程，用 ArcGIS 平台计算得南梁子滑坡体积约 $3.32\times10^8$ $m^3$。

**3. 北梁子斜坡**

如图 12.8 下和图 12.10，北梁子山脊是黑沟与原长石板沟的分水岭，其南坡为大光包滑坡的北侧滑源区。震后的北梁子山脊西起约 2 850 m 高程（后缘北 1 壁以下），先沿大致 N13°E 延伸约 420 m，总体再沿 N68°E 方向延伸约 1 739 m，至 1 900 m 高程，滑后山脊共计长约 2 159 m，高程降 950 m，覆盖面积：1 886 382 像元 = 679 097.52 $m^2$≈0.679 $km^2$。北滑源区西段约 1/3 出露 Zs 基岩，有明显层理显示反向坡，其余地表均为碎屑覆盖。总体坡向 S35°E，上陡下缓，平均坡度约 35°。在北梁子北坡高程 2 864 m、2 859 m、2 865 m、2 883 m 围限的为一块局部滑坡后残存岩层面，倾 NW340∠31°，覆盖 44 298 像元 = 15 947.3 $m^2$≈ 0.016 $km^2$（图 12.10）。

图 12.10　PS 图像（上）和 GE 图像（下）上的大光包滑坡北梁子源区

震后北梁子山脊与震前相比，变化不大，向 EN 退后平均不足 30 m。将 2008 年地震后的图像与 9 年半后即 2017 年 12 月的图像对比，北梁子斜坡的表层滑塌一直在发展中，如图 12.11 所示。

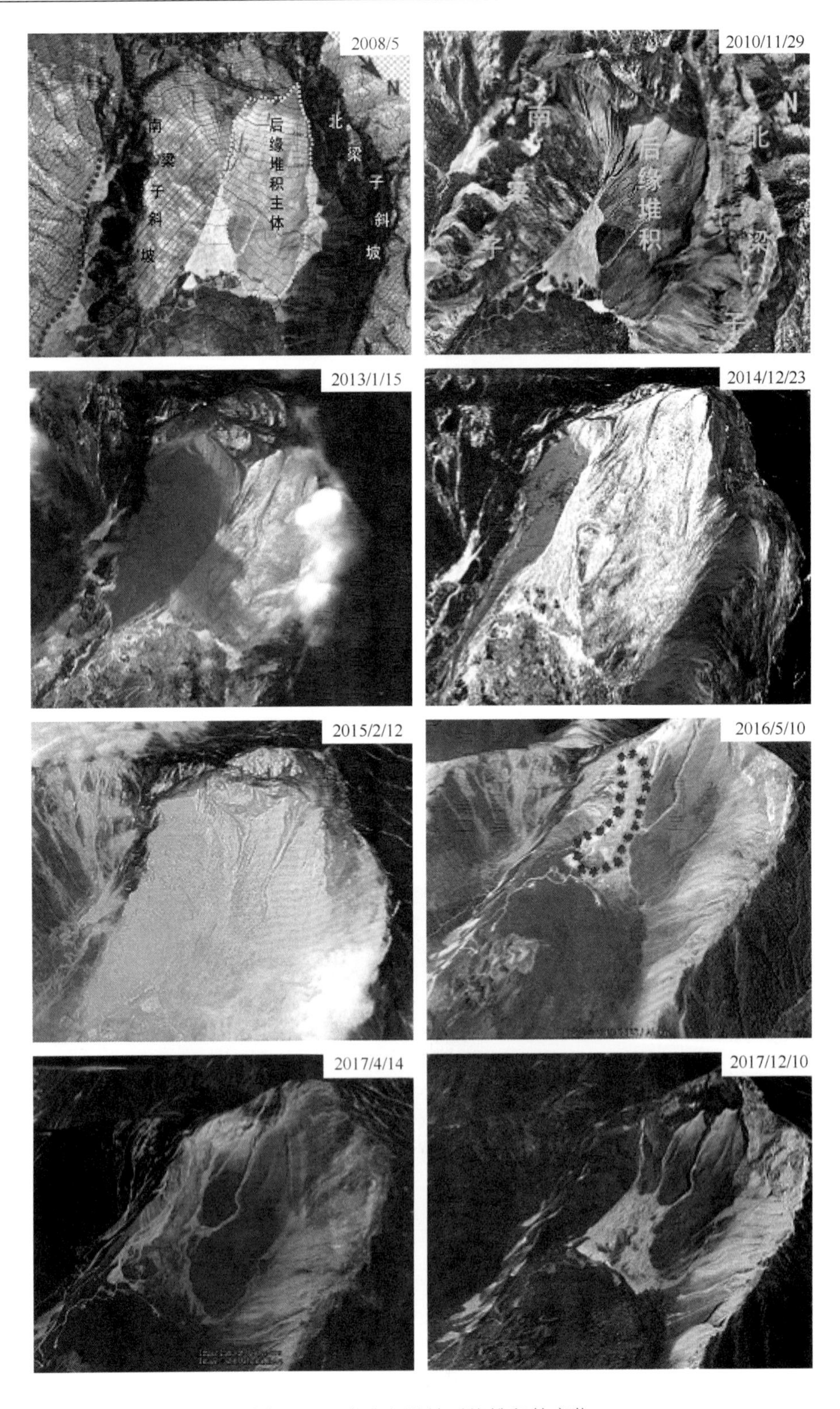


图 12.11　大光包滑坡后缘堆积的变化

## 12.4.3 大光包滑坡堆积

大光包滑坡堆积大致可以分为后缘堆积、中间堆积、滑坡核、北梁子斜坡堆积、前缘东、北、南区堆积几个部分。

**1. 后缘堆积**

大光包滑坡的后缘堆积如图 12.8（下）滑坡中西部白色点虚线围限部分及图 12.12 西部标识【后缘堆积】的位置所示，从 2 500 m 到 1 980 m，跨越 520 m 高程，总体似椭圆，近东西平均长约 1 100 m，近南北平均宽 580 m，覆盖 1 738 613 像元，约 0.63 km$^2$，约占震前长石板沟小流域的 27%。堆积坡度从后（西）至前（东）逐渐变缓，2 200 m 以上，平均坡度 33°；2 200 m 以下，平均坡度缓至 15°。

图 12.12 大光包滑坡堆积解译

堆积物质为由原大光包西侧源区下来的块石与碎屑堆积，岩性与后缘及北侧源区一致，中后部岩类由 del Zs、del P 组成，前部边缘有 del Tf 分布。

后缘堆积东南部覆盖约 0.091 $km^2$ 范围，为后缘流下的浅色矿渣碎屑泥浆堆积，据王军等 2011 年野外验证，该区表部为滑坡后人工开矿的矿渣经泥石流作用堆积而成，其下部主要为滑坡形成的陷落凹槽。

与滑坡前后高程升降图（图 12.13）对比显示，后缘堆积地面大部分较滑前低 400 m，其东侧飞仙组 del Tf 碎屑部分较滑前降低了 300 m。后缘平均堆积厚度大约为 375 m，与总面积 625 901 $m^2$ 相乘，得后缘堆积体积 234 712 755 $m^3$，约 $2.35\times10^8$ $m^3$。

2008 年 5 月地震后至 2017 年 12 月的 9 年半的遥感监测发现，后缘堆积有明显变化。其上冲沟不断发育，植被逐渐生长，随着侵蚀加剧，后缘堆积在不断解体中（图 12.11）。

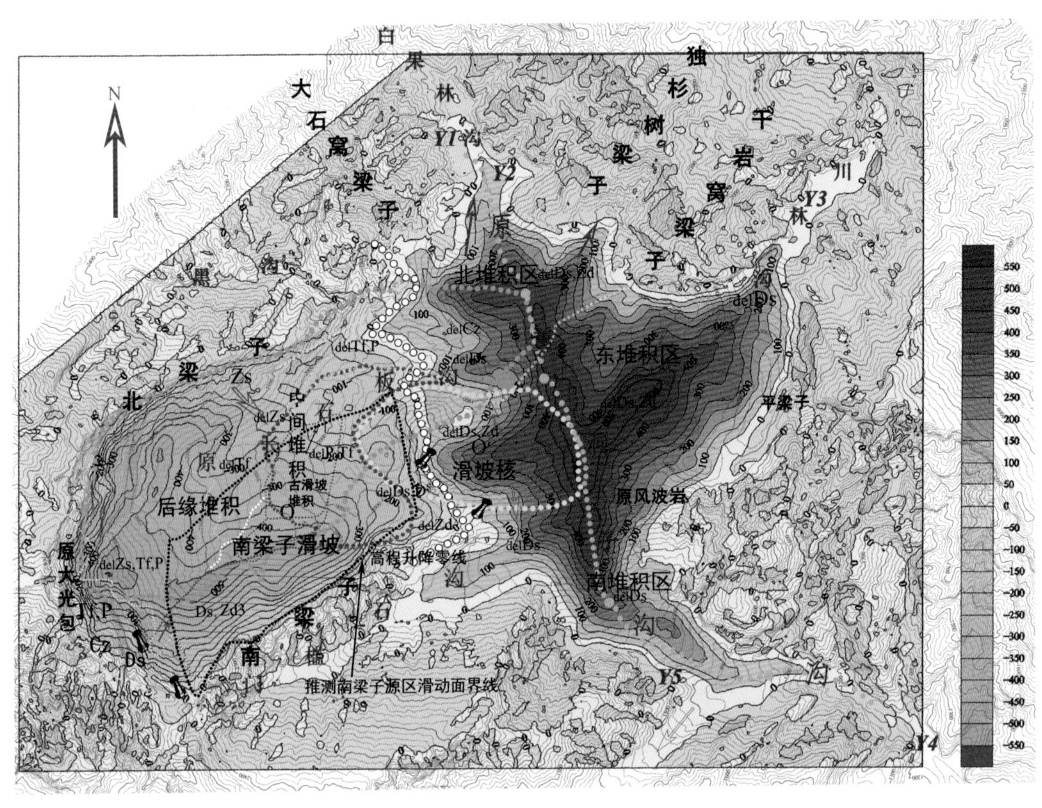


图 12.13　在震后地形和升降高程基础上的大光包滑坡解译

## 2. 中间堆积

中间堆积位于后缘堆积与滑坡核之间，高程 2 000～1 940 m，如图 12.12、图 12.13 所示，桃红色点线显示的月牙形部分，北部与北梁子斜坡（大致原长石板沟中上段），南侧与南梁子斜坡分别交界。图像上呈现为平缓的灰棕色细粒碎屑堆积，野外验证，地面有大量灰黑色扬尘覆盖，中西部扬尘较厚，向东南部变薄直至消失，扬尘下为块石堆积，块石岩性以紫红色砂泥岩、灰黑色、灰白色灰岩、白云岩为主，紫红色砂泥岩由西北往东南逐渐减少，靠近正北方向可见成片树木。东南界附近现场验证有矿渣堆积及磷矿层。推测此处是后缘源区块石到达的最远位置，该堆积受阻于滑坡核。与滑前地形对比，该处较滑前高程降低 200～400 m。基于 2008 年图像求该堆积面积，约为 0.54 $km^2$。

### 3. 滑坡核

中间堆积以东，分布着大光包滑坡的特殊堆积体——滑坡核。滑坡核平面上似椭圆形，如图 12.12、图 12.13 中部黄色点线所示。滑坡核长轴（E7°S）近东西向延伸，长 1 230 m，短轴近南北（S2°E），602 m，覆盖面积：1 834 905 像元 =660 566 $m^2$≈0.66 $km^2$。立体上，中部高，四面低，中部最高 2 800 m，四面斜坡降低至 2 000→1 800 m。

北坡：2 800→1900 m，最大坡长约 328 m，现场验证北坡地面为 Ds、Zd 岩层面，产状 349°∠31°，与基岩产状基本一致（可见此处在滑动过程中未解体），岩性以灰黑色白云质灰岩为主。

南坡：2 800→1 800 m，上部为巨石夹数米至数十米直径的大块碎石堆积陡坡，中下部为较小块碎石堆积的缓坡。

西坡：2 040→1 920 m，上陡下缓，平均 21°，现场验证以泥盆系沙窝子组微晶白云岩（Ds）碎石为主，西南部及核边界附近有少量磷块岩（$D^s$）分布，$D^s$ 指示滑坡后缘到达的最远位置，并发现 2 处残留的原矿区工棚，如图 12.12 橙色虚线箭头及图 12.13 黑色图钉所示。

东坡：此处原为黄洞子沟西岸陡坡，滑坡后成为平缓起伏的堆积缓坡，2 800→2 000 m，平均 16°，主要由泥盆系沙窝子组微晶白云岩（Ds）和震旦系灯影组（$Zd^3$）白云岩碎屑构成。滑坡核是大光包滑坡堆积最复杂的部位，核东界是原黄洞子沟沟底，堆积最厚的部位，较震前抬高 400～500 m 以上，向西堆积渐薄，堆积物厚度线向西凸出，至约核 2/3 处，地震前后高程变化为 0，核西部约 1/3 较震前低 0～200 m（图 12.12、图 12.13）。

### 4. 东堆积区

包括滑坡核以东，川林沟谷沿岸及堰塞湖 Y3（如图 12.12）。覆盖面积：3 918 128 像元 $^2$×0.36 $m^2$/像元 $^2$ = 1 410 526.08 $m^2$≈1.41 $km^2$；近滑坡核处堆积层岩性为 del Ds 和 del $Zd^3$，远处以 del Ds 为主，说明南梁子斜坡的上层泥盆系沙窝子组（厚 120～310 m）抛撒得更远。本堆积区滑坡后地面抬高了 0～＞500 m，平均抬高大于 300 m，是滑后抬升次高的区域。

对照高程升降图，可见，堆积厚度在约 300 m 以上处才有 $Zd^3$ 分布，因为南梁子斜坡 $Zd^3$ 分布在 Ds 下部，离地面较深处，也证明此堆积物是南梁子斜坡较深处的滑动所致。

### 5. 北堆积区

如图 12.12，滑坡核以北的堆积区，包括 Y1 和 Y2 两处堰塞湖，是滑体向独杉树梁子和大石窝梁子之间的沟谷和白果林沟谷喷洒流动堆积而成，约覆盖 3 565 755 像元≈1.28 $km^2$。图 12.13 显示，虽然是在本堆积区的南部原黄洞子沟谷堆积最深，滑后地形抬升了 300 m 以上，但向东、北、西堆积逐渐减少到 200 m、100 m 和 0。

其中，本区南部近滑坡核处岩性仍以 del Ds 为主，北部有少量石炭系总长沟组（Cz），东北部与滑坡核相似，为 del Ds、del $Zd^3$，西部堆积岩性则为飞仙关及二叠纪灰岩，西北部有深色二叠纪灰岩。

**6. 南堆积区**

南堆积区（见图12.12）位于滑坡核南坡及东堆积区以南。从南梁子斜坡、滑坡核和东堆积区抛射下来的碎屑堆积，向西冲到门槛石沟中上游，向南直泻到黄洞子沟下游，总覆盖面积约 2.65 $km^2$，岩性同南梁子斜坡，为 del Ds 和 del $Zd^3$。该区滑后较滑前地面升高 0～400 m，平均约 150 m。

## 12.5　大光包滑坡活动特征分析

大光包滑坡的活动方式极为复杂，受地震活动、地形、地质构造、斜坡岩性及产状等影响，不同滑源区、不同堆积部位有不同的活动方式，它包括了地球上大部分重力侵蚀活动的类型，前面已有数字滑坡技术获取了大光包滑坡及其发育环境的地质地理要素信息，在此基础上分析各源区滑坡活动特征，以及“5·12”汶川大地震与大光包滑坡活动的关系。

### 12.5.1　大光包各滑坡源区活动特征

根据前面获取的滑坡各源区地质地理特征要素和斜坡结构，分析各滑坡源区的运动方式、方向、距离与规模。

**1. 南梁子源区滑坡活动特征**

南梁子源区位于NE向延伸、轴面产状N35°E/NW∠60°的大水闸复式背斜的NW翼，是由泥盆系沙窝子组（$D_s$）和震旦系灯影组（$Z_d$）组成的顺层坡。区内共发育 1 组层面及 2 组优势节理，其产状分别为：N88°W/NE∠32°，N58°E/SE∠72°，N10°W/NE∠84°。

*1）活动方式、方向与距离*

遥感解译大光包滑坡前后地面特征有如下几个基本数据：①滑后南梁子残留滑面光滑平整（图 12.8、图 12.12），实测产状平均值：360°∠32°（与基岩层面基本一致）；②滑前南梁子斜坡总体倾向：N20°E；③滑前南梁子古滑坡滑动方向：N20°E；④滑前黄洞子沟西岸的凹陡坡的坡向近于 E；⑤滑后 DEM 显示滑坡核北坡光滑面的产状 349°∠31°，与基岩层面产状基本一致（图 12.8、图 12.12）。

据这些基本数据，可判断南梁子滑坡源区主要是以顺层高速滑坡方式活动的。其滑坡活动大致可分为不同方式、不同方向、不同距离的三步：①地震时南梁子斜坡岩层迅速沿各软弱结构面破裂，其中顺层的岩层面是三组软弱结构面中联系相对最松弛，内摩擦力最小的结构面，加上上覆岩层的重力作用，故首先沿层面破裂、蠕动、迅速贯通；随后，陡倾裂隙张开、拉裂，若干条近 EW 向裂隙贯通后，层面迅速脱离原山体，启动滑移，此时顺层滑坡形成。平均厚约 400 m 的滑体沿着产状平均值 358°∠32°的震旦系灯影组泥质灰岩岩层面急速下滑，其效果就如一把巨型大砍刀从原门槛石沟北岸斜坡大约在离地面至山脊约一半高程处向北横劈。由于前方临空空间狭小，根据残留南梁子滑坡滑面估算，仅大致向N沿层面滑移了约400 m便受阻。②高速北行滑坡遭遇北侧斜坡阻挡、反弹，无法再向前（近北）移动，但是巨大的顺层滑坡推力不可能立即停下，此时，滑体东侧面临深达800 m（2 200～1 400 m高程），平均坡度33°，斜坡下部更陡达48°～>50°的黄洞子沟西岸凹形陡坡；深达800 m左右的门槛石沟与黄洞子沟汇合深沟及沟岸的陡坡，该两处为接纳南梁子高速顺层滑坡提供了大容量空间，如图12.14所示。且滑体西部高程达2 500～2 700 m，与东侧沟谷有1 000多米的高差，这样，滑面（带）高角度向东倾斜，于是，滑坡整体立即高速向东滑移。高速前行的滑体部分坠入原黄洞子沟深谷，使滑速降低，后部滑体迅速停下，形成平面上长轴近东西方向，短轴近南北向的椭圆，立体上中部高四面低的滑坡核。如以推测滑动面（图12.13黑色点线所示）中点与滑坡核大致中点连线（O-O'）估算的话，滑坡体整体向N70°E，移动了约1 123 m。③速度最高的，滑坡飞越前行的部分块体及从滑坡核离散的块体向东飞越原黄洞子沟沟谷，与干岩窝梁子、独杉树梁子和风簸岩、平梁子等对岸山坡撞击后成为碎屑流，反弹、爬高，向东、向北、向南流动。向东部分长驱直入川林沟，最远离沟口超过2 500 m，最大爬高约500 m。向北深入白果林的碎屑流最远前行了约1 373 m。向南流动的部分与离开南梁子斜坡直接向南滑移的部分滑体在门槛石沟与黄洞子沟交界的沟口相遇，在此与沟口陡崖及风簸岩陡崖剧烈冲撞成为更高速的碎屑流，冲向门槛石沟上游2 000 m以远，爬高约800 m；另外还冲向黄洞子沟下流及其支流，最远超过5 000 m（图12.12）。流入各支流的碎屑流终端形成五个堰塞湖Y1～Y5。

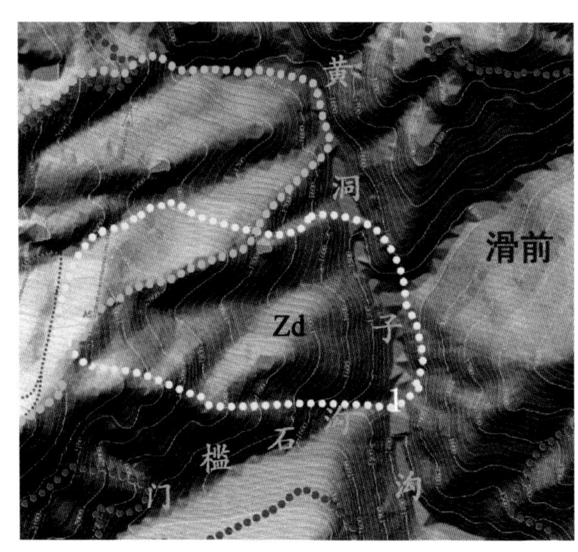

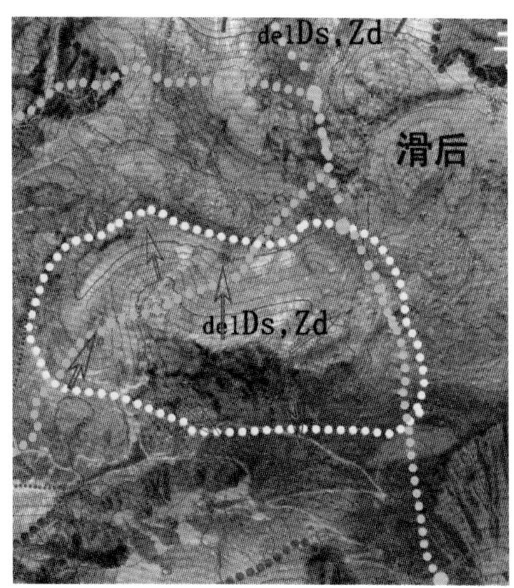


图12.14　地震前、后滑坡核的地形

2）滑动面形态与估算面积、滑坡体积

图12.8（上图）粉色点线及图12.12、图12.13黑色点线围限的范围，分别为推测地震前后的南梁子滑动面范围。南界为滑坡后的南梁子山脊，即滑前小流域南梁子山脊下200～400 m，平均约350 m处；北界为原长石板沟南岸①下沟底，见图12.8（上）；西

为门槛石沟上游斜坡约 2 460 m 高程处向上（北）至 2 740 m 处，再向北至①沟底上游 2 600 m 处；东界在原黄洞子沟西岸下部，整体似平行四边形，覆盖面积为 3 151 244 像元，约 1.13 $km^2$。

由滑后 DEM、滑坡前后高程升降推测估算，南梁子滑坡平均厚度约 400～450 m。由此估算，南梁子滑坡体积约为 $4.8\times10^8$～$5.4\times10^8\ m^3$，取平均数为 $5.1\times10^8\ m^3$。

**2. 西侧源区崩滑-碎屑流活动**

在“5 • 12”汶川大地震强烈震动及前（东）方临空陡峭地形条件下，南梁子滑体突然启动，高速顺层滑动对西侧山体有两种作用：①大光包小流域的封闭地形，使大规模高速顺层滑坡引起的震动对后缘的影响更加强烈；②南梁子滑坡使西侧源区山脚瞬间失去支撑，上部山体变形失稳，触发了大规模崩塌、局部滑脱和碎屑流活动。

1）斜坡结构与活动方式

如前述，大光包滑坡西侧后缘源区残留斜坡从北到南可分为不同斜坡结构（不同岩性、不同地质构造和不同形态）的四个部分。下面推测分析各部分的不同活动方式。

（1）北壁 1。如图 12.9，上窄下宽的长四边形，由 $Zs^2$ 组成反向坡，位于大水闸推覆体的西北部，以四道沟断层为界与中壁 2 相邻（图 12.4）。图像上显示为崩塌活动残留的基岩壁，滑坡前后相比（图 12.13），北壁 1 高程下降在 0～200 m 范围，崩塌碎屑沿四道沟断层破碎带附近的低凹地就近堆积在坡下。

（2）中壁 2。中壁 2 位于高川推覆体，由 P-Tf 构成，呈①～⑤五级阶梯形态，如图 12.9。推测其受不同类型的大致三个方向的力作用：A 向下（东）的力——主要是顺地势的重力，导致中壁 2 大致沿震前大光包流域地势下倾方向约 N70°E 运动，在③、④、⑤面上可见大致向 E 倾的 2～3 个次级台阶，中壁 2 顶部 2 955、2 915、2 860、2 823、2 765（均为高程，单位：m；与图 12.9 上一致，以下同。）一线出现较短的近东西向拉裂壁。B 近北向力——沿层面滑移的力，阶面①、②向近 N 倾，表面较平滑，似沿层面向近 N 向滑移残留的岩层面，①、②之间的阶坎可见明显的近 SN 向拉裂作用后残留的层理，阶面②上有多条近 EW 向裂缝，也显示受沿层面向 N 滑移的力。C 近南向的力——南部滑体突然下滑形成空穴的吸力，③、④、⑤阶面明显更多受向 S 的力，岩面拉开，形成四级阶坎，但阶面小于②面。

除阶梯①出露二叠系 P 外，中壁 2 其余部分均为飞仙关组（Tf）构成，在地震、重力、南梁子顺层滑坡、前方临空等形成的三个方向力的作用下，上覆岩层在层间剪切破坏，沿陡倾裂隙碎裂后首先发生了沿层面滑脱为主的破坏位移，由于受力方向不同，①、②阶面向 N 倾，③、④、⑤阶面起始也应是沿层面 N 倾的，但向南的作用力在此处已超过北向作用力，转向南倾，两个方向的力共同作用在②、③之间，相反的拉力，在此形成巨大裂缝，如图 12.9 及表 12.2 所示中壁 2 各阶梯产状所示。在上述力的作用下，脱离岩层的上覆块体立即向临空坡下抛撒，大致以 N55°E 方向抛向至 1 500～2 000 m 以远（图 12.13、图 12.11）。留下较光滑的似层面。同时，在上述力的作用下，在中壁 2 下部（东），沿近 SN 向四合天井断层（图 12.3 下部②，图 12.9）2925、2851 一线，破碎带及陡倾裂隙被拉裂、撞击、切割、破碎，主要以崩塌碎屑流方式活动，堆积在后缘堆积区。使中壁 2 下部残留大面积向山内倾的陡崖，显示出受向下拉力最剧烈部位。

（3）中壁 3。中壁 2 以南、呈反 S 长条形的中壁 3 主要由 P 构成，同样存在四合天井断层破碎带，是后缘陡崖中岩性较软弱、最破碎的部分。由其形态可知，曾主要受从 S 面来的拉力及向下重力作用，导致沿 J1、J2 陡倾节理拉裂剥离、破碎，形成高速碎屑流，在下部堆积。

（4）南壁 4。南壁 4 从北到南分布 Cz、Ds、$Zd^3$，同样存在四合天井断层破碎带，这里最早最强烈受地震波影响。南梁子高速顺层滑坡后，这里突然形成大致向南向东的急陡临空，所以急剧沿 J1、J2 张裂破碎崩塌，也有局部沿层面的滑脱抛撒活动，并集聚成碎屑流向下方抛散。由大光包顶磷矿洞工棚在滑动前后的位置，确定南壁 4 的 Ds 块体滑脱抛撒的主滑方向为 NE50°，滑距约为 1 750 km，如图 12.11、图 12.13 所示。沿层面滑脱、拉裂、崩滑和碎屑流是后缘源区最主要的活动方式，并主要堆积在后缘堆积区。在后缘源区，切层坡是难以进行整体、深层滑坡活动的。

2）活动规模

基于残留后缘基岩壁投影面积及斜坡滑坡前后的平均高程升降，在 ArcGIS 平台获取各下降高程所占面积，求得同震滑坡后该处减少的体积，约为 10 958×$10^4$ $m^3$≈1.10×$10^8$ $m^3$，与上一章介绍的易贡滑坡规模相当。

**3. 北侧源区的崩滑活动**

1）活动方式

北梁子斜坡受地震及南梁子顺层滑坡两者强烈震动叠加冲击，造成岩层沿三组软弱结构面——岩层面和 J1、J2 张裂、破碎，形成崩塌和局部滑坡。其堆积物并未远离斜坡，而是以倒石堆方式堆积在坡脚。北梁子北坡局部出露的倾北偏东的层面显示（图 12.10），受强烈冲击时曾触发北坡发生局部滑坡，现残留约 1.2×$10^4$ $m^2$ 残留滑坡壁层面。

2）估算体积

北梁子源区总面积约 0.723 $km^2$，结合地震前后高程升降图，在 GIS 平台计算出每个高程降所占面积，求得滑后北梁子斜坡平均下降约 140 m，该滑源区总共产生堆积物 15 092×$10^4$ $m^3$≈1.51×$10^8$ $m^3$。

## 12.5.2　清平站地震记录与大光包滑坡活动

清平地震接收台站（简称清平站）位于大光包小流域南面约 9 km，是距大光包最近的地震接收站，研究发现，从国家强震动台网中心提供数据制作的清平地震台站加速度时程曲线的时间、振幅及曲线形态与大光包滑坡活动密切相关。为了研究它们之间的具体关系，先求得“5·12”汶川地震震源、大光包滑坡及清平站的准确位置，以及它们之间的距离及地震波运行时间。

### 1. 震源位置到各滑坡源区的距离

如 12.2.5 节所述，地震的本质是受地质构造力作用地下的岩石发生破裂，释放应力。最先裂开的“口子——破裂起始点”即震源。为精准定位“5・12”汶川地震震源位置，克服或尽量减少远台观测对地震震源精确定位的局限性、地壳介质模型的不完善性以及识别与检测初至波震相的不一致性等因素的影响，杨智娴、陈运泰、苏金蓉等（2012）综合运用四川省地震台网与紫坪铺水库地震台网的观测资料，选取方位分布均匀、具有近震源台站约束、直达 P 波震相确系由初始破裂辐射出的 15 个地震台的直达 P 波到时数据，通过分析对比、反复试验，反演得出精确度比区域性地震台网常规测定的精确度高一个数量级的汶川大地震震源的定位结果如下：发震时刻（北京时间）：2008 年 5 月 12 日 14.27±0.03 s；震中位置：31.018°N±0.3 km，103.365°E±0.3 km；震源深度：15.5 km±0.3 km。

**表 12.4　大光包滑坡各源区特征点及清平站与震源距离及时间**

| 震源位置 | 位置（纬度/°N） | 与震源距/°N/km | 位置（经度/°E） | 与震源距/°E/km | 地面距/km | 地面/地下高程/m | 直线距/km | 估计时间/s |
|---|---|---|---|---|---|---|---|---|
| 序号 | 31.018 | 0 | 103.365 | 0 | 0 | 2 570/15 500 | 15.5 | 0 |
| 1 | 31.637 | 0.619/68.709 | 104.100 | 0.735/69.458 | 97.700 | 3 047/15 500 | 99.002 | 26.35 |
| 2 | 31.637 | 0.619/68.709 | 104.100 | 0.735/69.458 | 97.700 | 2 974/15 500 | 98.986 | 26.35 |
| 3 | 31.633 | 0.615/68.265 | 104.108 | 0.743/70.214 | 97.929 | 2 451/15 500 | 99.130 | 26.38 |
| 4 | 31.636 | 0.618/68.598 | 104.112 | 0.747/70.592 | 98.432 | 2 280/15 500 | 99.600 | 26.50 |
| 5 | 31.636 | 0.618/68.598 | 104.112 | 0.747/70.592 | 98.432 | 2 680/15 500 | 99.662 | 26.52 |
| 6 | 31.651 | 0.633/70.263 | 104.116 | 0.751/70.970 | 99.868 | 2 017/15 500 | 100.980 | 26.85 |
| 7 | 31.648 | 0.630/69.930 | 104.110 | 0.745/70.403 | 99.231 | 2 348/15 500 | 100.400 | 26.70 |
| 8 | 31.5288 | 0.511/56.700 | 104.0964 | 0.7314/69.117 | 89.398 | 954/15 500 | 90.470 | 24.22 |

部位：1. 震前流域后缘约原大光包位置；2. 震后后缘最高点；3. 南梁子南端；4. 南梁子中部；5. 南梁子中部较高处；6. 北梁子北端；7. 北梁子中部；8. 清平地震记录站。

注：地面距：指震中与滑源区某处（或清平站）地面 2 点之间的水平距离；地面/地下：指震中或滑源区的震后地面高程/震中在地面以下的深度（全部为 15 500 m）；直线距：指地下震源到滑源区或清平站各点的直线距离（图 12.15）。估计时间：指从震源出发的地震波到达该点的时间。

在 2017 年 12 月 10 日 GE 图像上获取了大光包滑坡源区某些特征点及清平地震台的经纬度位置，如表 12.4 所示。

求得滑源区各点与震源点的经、纬度差后，与每度的公里数相乘，便可获得各点与震源的地面距与直线距，如图 12.15 所示。

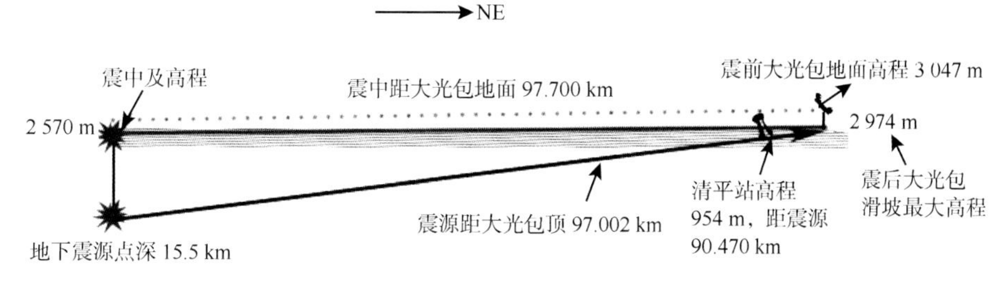


图 12.15 震源、震中与大光包后缘滑坡源区的距离示意图

根据经纬度量算两点之间距离的公里数：全球各地纬度 1°的间隔长度都相等，大约是 111 km/1°；经度 1°的间隔长度在不同纬度不相等，赤道上经度 1°对应在地面上的弧长大约为 111 km，从赤道向两极递减，各经度对应的实际弧长公里数大约为 111 km×cosα（α 为纬度）。大光包中心点纬度约为 31.643°N，所以在大光包区域的 1°经度间隔长度为 111 km×cos31.643°/1° = 94.5 km/1°。

求得的滑坡各源区与震中的直线距离如表 12.4 所示，大约在 99～100.4 km 之间。在 GE 上确定的各源区的经纬度位置大致精确到米。

**2. 震源到达各源区及清平站的时间**

地震破裂过程的发生与发展是不均匀的、无规则的，如图 12.5 所示，历时 90 s 的"5 • 12"汶川大地震分为四个主要阶段：第一阶段，从震源出发的地震波历时 0～16 秒，向 NE 和 SW 两个方向传播，NE 向的平均传播速度为 3.6 km/s，该段共传播了约 57.6 km；第二阶段，地震开始 16 秒后至 40 秒之间，该阶段有向 NE 方向的强方向性，平均传播速度为 4.0 km/s，传播距离为＞57.6 km 至 160 km；第三阶段，40 秒后至 57 秒，NE 方向的强方向性，平均传播速度为 4.4 km/s；第四阶段，57 秒后至 90 秒，向 NE 方向推进，平均传播速度为 3.5 km/s。

根据以上距离计算，判定从震源到达大光包各源区的时间应在地震的第二阶段，从震源到达大光包各源区特征点的时间应分为两段：①第一阶段的 57.6 km 距离，经历时间 16 秒，尚未到达大光包滑坡；②16 秒后，到达第二阶段，故从震源到达大光包各源区的时间

$T$ =（震源与各源区特征点的直线距－第一阶段传播距离）/第二阶段平均传播速度+16 s

以震前大光包山峰点为例：$T$ = {（99.002−57.6 km）/4.0 km/s} +16 = 26.35 s，同样估算其他各点的地震波到达时间，如表 12.4 第 9 列所示。可见从震源出发的地震波传播到大光包滑坡各源区的时间约为 26.35～26.85 秒（几乎同时到达），在图 12.5 上可以找到该时段的矩率值，可见震源到达大光包各处的时间位于汶川地震最大矩率范围。实际上，地震波是沿着龙门山断裂带的中间断裂——映秀-北川断裂破裂的，难以获得震源出发沿映秀-北川断裂破裂到达大光包的实际距离，且以上估算未考虑各种不同介质及干扰因素，但无论如何都在 20 秒之后、28 秒以前，即地震矩释放率最强烈的时段，这也是为什么长石板沟小流域成为汶川地震触发最大规模滑坡的地段。

三个滑源区相比，地震波最先到达西侧后缘陡崖，随后到达南梁子源区，但两地时间只差 0.03～0.15 秒，最后是北梁子东端，最大延迟也只是 0.5 秒。

### 3. 清平站地震加速度曲线与大光包滑坡活动

清平地震接收站（简称“清平站”）位于大光包滑坡以南 8.3～10.5 km，是距大光包最近的地震接收站，离“5・12”汶川地震震源 90.470 km，见表 12.4。从国家强震动台网中心提供数据制作的清平地震台站记录加速度时程曲线看，水平 EW、NS 和垂直 UD 三个方向上的地震场地加速度曲线形态基本相似，峰值（PAG）分别高达 0.623 g、– 0.824 g 和– 0.803 g，以 NS 水平加速度峰值最高，见图 12.16 的中间一条曲线。以该曲线为代表，分析清平地震加速度曲线与大光包滑坡活动的关系。研究结果发现，该曲线特征与滑坡活动有密切相关，具体分析如下。

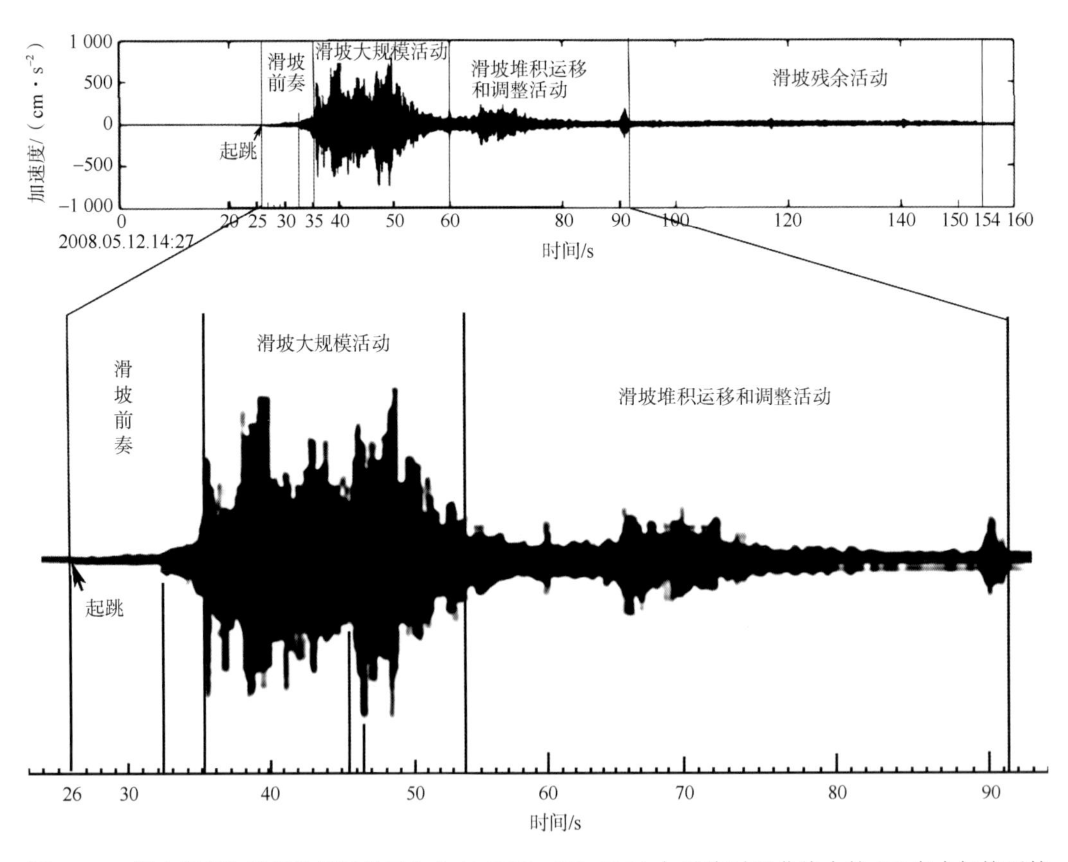


图 12.16　图上半部为清平站记录的三个方向（EW、SN、UD）加速度时程曲线中的 SN 向未加校正的时程曲线，下半部为 SN 向曲线放大与滑坡活动对比后推测的分析结果

（1）清平站地震加速度曲线起跳时间与震源地震波到达滑坡源区的时间相关，与地震震源开始时间无关。

如图 12.16 所示，清平站地震加速度曲线对从震源（横坐标 0 点位置）出发的地震波并无反应，直到约 26 s+（略多于 26 s，如果–号则表示略少于该时间，以下同）开始起跳。表 12.4 显示，震源出发的地震波到达大光包各源区的时间为 26.35～26.85 s，该时间与地震加速度曲线起跳时间相符。

（2）清平站地震加速度曲线记录的震动延续时间长度与汶川地震长度不同。

如图 12.16 所示，大光包滑坡活动从约 26 s+起跳，154 s 止，全过程约为 128 s。但“5 • 12”汶川地震全过程时间为 90 s，如图 12.5 所示。

（3）清平站地震加速度曲线形态与大光包滑坡活动特征相关。

前面 12.5.1 节已介绍了大光包滑坡的活动特征，现讨论该曲线如何与大光包滑坡活动相关。先根据地震加速度曲线的振幅大小分为高、中、低和微幅四等：高幅震动幅度≥500 $cm/s^2$，200 $cm/s^2$≤中幅震动幅度＜500 $cm/s^2$，200 $cm/s^2$＞低幅震动幅度≥30 $cm/s^2$，30 $cm/s^2$＞微幅震动幅度＞0。该加速度曲线振幅是相距约 9 km 的大光包综合滑坡活动引起的清平地震记录，虽是综合活动，但某一时段是以某一源区、某一类，或者某几种某几部分滑坡活动为主，所以可能将曲线振幅和该振幅所在时间视为某种（些）大光包滑坡活动的强度和时间，据此将该曲线所表示的大光包滑坡活动分为四段：滑坡前奏段、滑坡强烈活动段、堆积运移调整段以及滑坡残余活动段。下面参照图 12.16 具体说明。

A. 滑坡前奏段——26 s+～35 s+

滑坡前奏段又可分为起始活动段和大活动前奏段：①起始活动段：地震波从震源出发经 26s+到达大光包（见表 12.4），曲线起跳，随即振幅开始略微加大，微幅震动延续约 6 s，至 32 s+。推测这是地震波到达大光包后，触发西侧源区崖壁及南梁子斜坡岩层、陡倾裂隙等软弱结构面张开、破裂等破坏活动开始所致。②大活动前奏段：曲线起跳后的 6 s 后，32 s+起至 35 s+，振幅处于±50～±100 $cm/s^2$ 的低幅震动，分析是大光包斜坡各软弱结构面此起彼伏的剥离、碎裂活动发展加剧所致。该段为大光包大规模滑坡活动的前期准备阶段，即滑坡前奏段。

B. 滑坡强烈活动段——35 s+～54 s+

曲线起跳后的第 9 秒，即震源出发的第 35 秒+起，第 54 秒止，约 19 秒–时间段为滑坡强烈活动段。该段又分为高速顺层滑坡活动、顺层滑坡猛烈碰撞对岸、东移形成滑坡核、大光包三源区共同活动和大规模滑坡活动尾声五段。①高速顺层滑坡活动段，35 s+起，38 s 止，历经约 3 s–。35 s+时曲线突然变为高幅振荡，振幅由不足±100 $cm/s^2$ 加大，猛增加到+500 $cm/s^2$ 和–650 $cm/s^2$，分析这是南梁子斜坡在前奏段已经破裂的层面及陡倾裂隙突然脱离原斜坡整个滑面贯通，岩石撞击引起巨大震动所致，该大震动仅维持了约 0.5 s–，为南梁子高速顺层滑坡的临滑段；约 35.5 s 起，顺层滑坡启动，滑动位移摩擦减小，震动减小，加速度曲线振幅降低，成为中幅振荡，至 38 s，中幅跳跃约 2.5 s，这是南梁子顺层滑坡过程，滑移距离约 400 m，平均速度 160 m/s。②顺层滑坡猛烈撞击对岸，38s 时大致向北的南梁子高速顺层滑坡与原长石板沟①脊（图 12.8 上）南岸坡相遇，猛烈撞击、回弹，引起整个大光包流域激烈震动，曲线振幅迅速增大至+750 $cm/s^2$+和 –650 $cm/s^2$-，高幅振荡维持了约 2 s+，至 40 s。该段可以认为是顺层滑坡释放最大能量的时段。③形成滑坡核，40 s 后，振幅降低，曲线变为以中幅为主的振荡，直到 45.5 s。推测这是向北运动的高速顺层滑坡遇对岸阻拦强烈碰撞后整体随地势向东，进入黄洞子沟深谷，形成滑坡核的过程，顺势整体进入黄洞子沟深谷的过程历时约 5.5 s，移动距离

1 123 m，平均速度 204 m/s，整个滑坡块体的高速东移，形成了结构完整的滑坡核。④各源区共振活动，曲线起跳后约 20 s，约 46 s–起，曲线振幅又开始高幅振荡，加速度最大振幅达+824 cm/s$^2$ 和–650 cm/s$^2$，推测这是由于高速顺层滑坡的极大冲击力，滑坡体突然移出，产生大规模空穴引力，与对岸激烈碰撞力等与地震力叠加，导致后缘软弱结构面破裂，层面剥离，局部滑脱、崩塌、抛撒等及北梁子源区崩滑等一系列剧烈活动几乎同时发生所致，高幅振荡延续了约 3 s，直到约 49 s–，该段历时 3s 是大光包滑坡活动最剧烈的阶段。此后，剧烈震动幅度开始下降。⑤大规模滑坡活动尾声，曲线从 49 s 起变为中幅振荡，直到 54 s。这是各源区的滑坡剧烈活动程度开始降低，剥离、崩塌、滑移、碰撞、抛撒等活动从减弱到基本停止的过程，历时 5 s 的阶段。

C. 堆积运移调整段——＞54 s～91 s+

历经约 37 s，以低幅振荡为主，为滑坡堆积运移调整段，推测该阶段以上三源区滑坡活动产生堆积物的运移调整为主，间或有源区局部残余崩塌活动。其中在从震源出发的第 60 s、65～72 s、90～91 s 有短暂的接近，或相当于中幅的震动，推测这是滑体飞越过黄洞子沟谷后不同时间与对岸岩壁碰撞引起的震动所致。

D. 滑坡残余活动段——＞91 s+～154 s

震源出发 91 s 以后，直到 154 s 止，跨越 63 s，清平地震加速度曲线表现为微振幅形态，推测这是滑坡源区及堆积区物质残余能量的相对轻微的调整活动引起的地面震动被地震记录仪记录，直到地震发生后的 154 s，这些物质的残余能量基本耗尽，全部活动停止。

综上，地震开始后大光包滑坡各源区的滑坡活动时间段为第 26～154 s，历时 128 s，其中剧烈活动过程从第 35 秒到第 54 秒，历时 19 秒，以堆积物运移调整活动为主的活动时间约 100 s。

以上三点证明，2008 年 5 月 12 日国家强震动台网中心清平地震台记录的加速度时程曲线是大光包滑坡的活动过程，并未或很少记录其他汶川地震活动。所以该记录成为非常宝贵的、罕见的滑坡活动地震加速度记录曲线，可清楚地反映大光包滑坡从起始到结束的活动强度、大小及时间分布，是一份极为珍贵的滑坡地震活动记录。

## 12.5.3 大光包滑坡活动能量估算

以上研究了大光包滑坡的规模、运动方式、活动距离、速度等。本研究表明，南梁子高速顺层滑坡是最早启动，并触发其他大光包源区滑坡活动，又神奇地形成滑坡核的地质体，下面设法估算南梁子顺层滑坡和滑坡核具有的动能。

### 1. 南梁子顺层滑坡活动的动能估算

假设：①南梁子顺层滑坡起始速度为 0，且是做匀速运动；②大光包滑坡体的平均质量比为：$b = 2.7\ \mathrm{g/cm^3} = 2\ 700\ \mathrm{kg/m^3}$；如前估算南梁子滑坡体积 $V_{o南}= 5.1\times10^8\ \mathrm{m^3}$，平均速度 $V_e = 160\ \mathrm{m/s}$，质量 $M_{南} = V_{o南}\times b = 5.1\times10^8\ \mathrm{m^3}\times2700\ \mathrm{kg/m^3} = 13\ 770\times10^8\ \mathrm{kg}$，根据动能定理中计算动能的公式 $E = 1/2\ \mathrm{mV^2}$，可计算出南梁子高速顺层滑坡以平均速度 $V_e =$

160 m/s 滑行 400 m 消耗的动能 $E_{南}$为

$E_{南}=0.5M_{南}\times V_{e南}{}^{2}=0.5$（13 770×$10^{8}$×25 600）kg · m/s = 176 256 000×$10^{8}$ kg · $m^{2}/s^{2}$ ≈ 1 763×$10^{13}$J（焦耳）。这是日本广岛上空爆炸的原子弹的 210 倍。据 360 网，日本广岛上空爆炸的原子弹，相当于 2 万吨 TNT 炸药放出的能量，约 8.4×$10^{13}$ J（焦耳）。

**2. 南梁子滑坡东移活动的动能估算**

假设：①南梁子高速顺层滑坡与对岸猛烈碰撞后，有瞬间停顿，即向东滑移的起始速度为 0；②顺层滑坡高速滑动后体积并未损失，或损失可忽略不计，质量比不变，即滑坡体积 $V_{o南}$ = 5.1×$10^{8}$ $m^{3}$，质量 $M_{南}=V_{o南}\times b$ = 13 770×$10^{8}$ kg；③滑体东移平均速度 $V_{e南东}$ = 204 m/s，求东移动能 $E_{南东}=0.5M_{南}\times V_{e南东}{}^{2}=0.5$（13 770×$10^{8}$×41 616）kg · $m^{2}/s^{2}$ ≈2 865×$10^{13}$ kg · m/s · J（焦耳），是日本广岛上空爆炸原子弹能量的 340 倍。

该计算结果可能合理地解释了有何等巨大的力量将 5.1×$10^{8}$ $m^{3}$ 滑坡块体完整地移动 1000 余米进入原黄洞子沟深谷。

## 12.5.4　滑坡定量计算结果

根据精校正的滑坡前后的高分辨率（0.6 m×0.6 m）图像，相应地理控制、滑坡前后高程变化等计算滑坡规模尺度结果：滑坡破坏面积 7.45 $km^{2}$，其中因滑坡活动高程下降的面积约 2.79 $km^{2}$，因堆积抬升地面高程的面积约 4.66 $km^{2}$；滑坡活动在西部造成的最大高程降为 660 m，东部原黄洞子沟沟谷内堆积造成的最大高程升幅约为 580 m。堆积部位的总方量约为 9.45×$10^{8}$ $m^{3}$。

从滑坡最西端到堆积物最东端的距离为 4 700 m，从高程下降最多部位到高程抬升最多部位的距离约为 2 100 m。

## 12.5.5　灾害亲临者的实证

虽然包括笔者在内的许多研究者都采访过一位或多位大光包滑坡的亲临者，但以黄润秋等（2014）进行的采访最为详细。黄润秋等在震后调查中，先后走访了 5 位当地的村民，他们是马国兵、李方强、杨朝金、雍付贤和李方贵，他们都是当时大光包滑坡的亲历者，被访时他们讲述了大光包滑坡发生时的一些具体细节。根据黄润秋等介绍的位置，笔者重新制作了目击者位置示意图，并在 GE 上大致确定了各目击者的经纬度及高程，估计了各自离震源的距离及地震波到达该点的时间，如图 12.17、表 12.5 所示，并主要借用黄润秋等 2012 年的访问，作为对上述分析的验证。

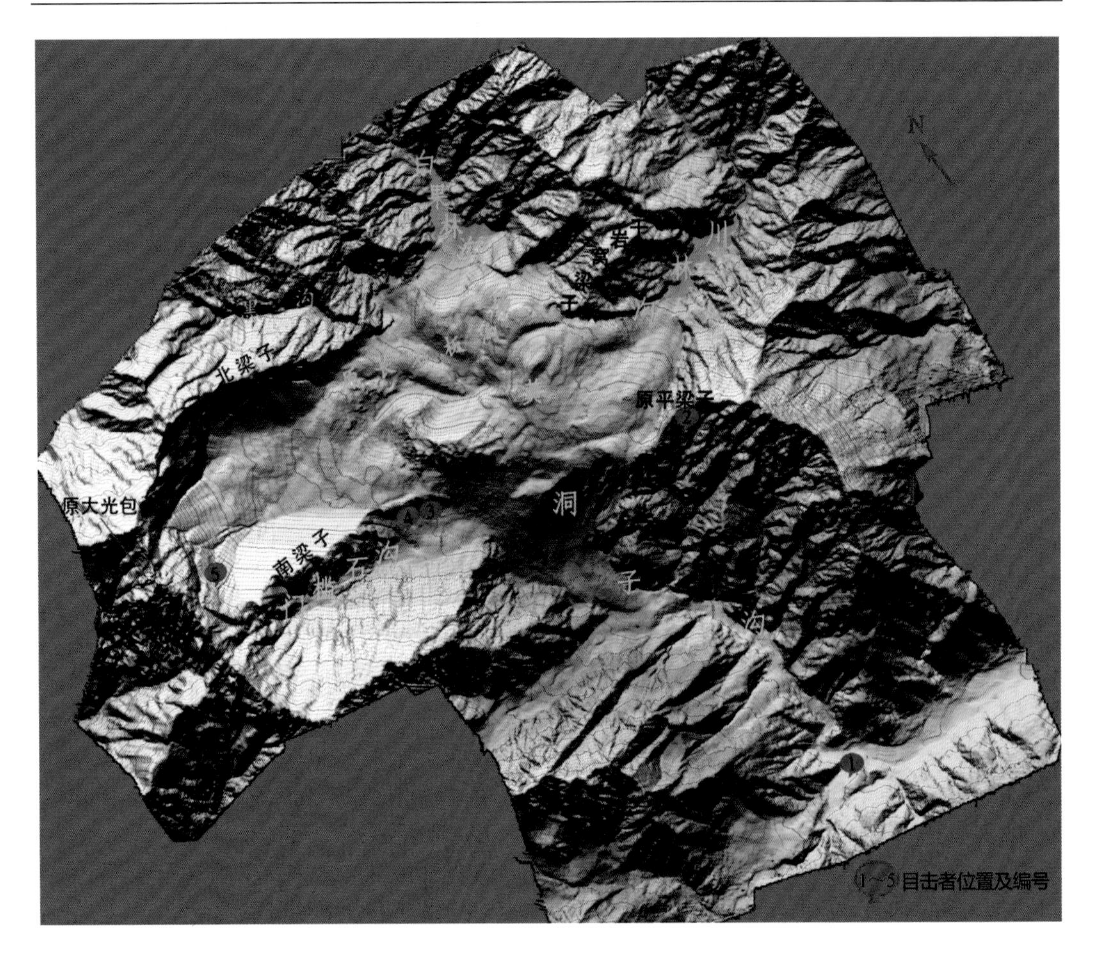


图 12.17　大光包滑坡目击者位置示意图

**表 12.5　目击者位置、震源距及地震波到达时间**

| 位置 | 位置（纬度/°N） | 与震源距/m | 位置（经度/°E） | 与震源距/m | 地面距/km | 地面/地下高程/m | 直线距/km | 估计时间/s |
|---|---|---|---|---|---|---|---|---|
| 震源 | 31.018 | 0 | 103.365 | 0 | 0 | 2 570/15 500 | 15.5 | 0 |
| 马国兵 | 31.632 | 68.154 | 104.157 | 74.844 | 101.225 | 1 050 | 102.186 | 27.15 |
| 李方强 | 31.646 | 69.708 | 104.143 | 73.521 | 101.314 | 2 060 | 102.417 | 27.20 |
| 杨朝金 | 31.637 | 68.709 | 104.119 | 71.253 | 98.984 | 2 200 | 100.134 | 26.63 |
| 雍付贤 | 31.637 | 68.709 | 104.118 | 71.159 | 98.917 | 2 040 | 100.043 | 26.61 |
| 李方贵 | 31.634 | 68.376 | 104.105 | 69.930 | 97.803 | 2 760 | 99.054 | 26.36 |

（1）马国兵，男，安县高川乡泉水村 7 组村民。地震发生时，他正在三叉沟沟口自家房屋前，距离大光包滑坡约 4.5 km。据马国兵回忆，地震发生时，他先听到犹如滚滚春雷般的巨响从地下传来，紧接着地面剧烈晃动，他第一反应是立刻蹲在地上，同时紧抱身边的一棵大树。大约 1 分钟后，他发现天空变暗，滚滚“黑烟”由大光包的方向挟

着狂风快速涌来，周围的树木都被大风吹得呼呼作响，随后不到 1 分钟的时间，天空就被笼罩在一片黑暗之中，伸手不见五指（要将手放在眼前一寸处才能看见），这样过了大约 20 分钟，天色才慢慢地变亮，能见度逐渐达到 20～30 m。此时，一直蹲在地上的马国兵才发现身上已经积了一层厚约 1 cm 的扬尘，用手捻之，有细砂夹少量角砾。扬尘呈灰黑色，砾石的最大粒径约 4～5 mm。回头再看看他居住的房屋，房顶瓦片被震落，更有一块直径约 0.8 m 的滚石直接砸穿后墙滚到屋内。

（2）李方强，男，泉水村 7 组村民。地震发生时，他正在大光包对面山坡的平梁子采药。李方强说，地震发生时地表剧烈晃动，人像是站在一个摇动着的巨大筛子上一样，怎么也站不稳，他当时就坐到了地上。紧接着，发现不断有大量的大块石夹着灰土从山坡上快速滚下，惊慌之中，他连忙躲在了身边的一块巨石后面，蜷缩一团，不敢乱动。大约 1 分钟，李方强听到对面大光包处的山坡传来大爆炸一般的巨响，只见眼前一股“黑烟”腾空而起，天空也随即变暗；耳边风声呼啸，“黑烟”夹杂着大量粉尘与细砂满天席卷而来，遮蔽了他的视线，浓密的粉尘漂浮在大光包滑坡区上空久久难以消散；3 小时后，视距仍不到 5 m。当逃过一劫的李方强回过神来，开始慢慢“摸”下山时，才发现，昔日深达 500 m 的山谷（川林沟），此时已然被滑坡块石填满。

（3）杨朝金，男，泉水村 6 组村民。地震发生时，他正在门槛石沟距沟口约 800 m 的右侧山坡上采矿工棚附近干活（距门槛石沟沟底约 400 m，距滑坡边界约 150 m）。据杨朝金回忆，地震发生后约 20 秒，听到从大光包滑坡区长石板沟沟口附近传来一声震耳欲聋的巨响，犹如在矿井下有 50 t 炸药爆炸一般，随后便感觉到地动山摇，地面剧烈摇晃，人被抛翻在地，并顺势仰躺在地上。这时，他发现对面不远处的大光包山体垮落，巨大的滑体向下运动激起异常强大的气浪，夹带着灰黑色粉尘烟雾涌向四面八方，所经之处，树木被吹弯，小树被吹断，杂草被风压倒贴地；天空几乎在一瞬间被黑色粉尘遮蔽，暗淡无光，伸手不见五指。此时，杨朝金听到天上如同下着倾盆的暴雨一般，下起“角砾雨”，这些“雨滴”的粒径一般在 1～2 cm 左右；不远处还不断传来大量滚石相互撞击或砸击地表的巨大响声，响声持续约 2～3 分钟[落石时间]。大约过了半个小时，漫天的“黑烟”才开始渐渐消散，天慢慢变亮，这时杨朝金放眼望去，四周都是一片黑灰色，原本的青山已然看不见一片绿叶，地面上覆盖着厚达 3 cm 尘土。

（4）雍付贤，男，泉水村 4 组村民。地震发生时，他正在飞水岩山梁上采矿工棚处的缆车干活，距门槛石沟沟口约 800 m。雍付贤说，当天在地震之前他已感觉到山上猴子有异于往常的行为，不停地乱叫了大半天。地震发生时，他先是感觉到地面缓慢小幅摇晃，地下发出隆隆声[应是滑坡活动]；过了约不到 1 分钟，听到从原林场公司（长石板沟沟口附近、干岩窝梁子下方）方向传来“轰”的一声巨响，犹如井下原子弹爆炸传出的响声，同时有白色的烟雾腾起；紧接着便地动山摇，地面开始剧烈摇晃，大光包开始跨山了，轰隆隆的跨山、滚石声震耳欲聋。约有 1 分多钟之后，地面晃动幅度才有所减小，但感觉仍旧很强烈，人像是喝醉酒一样，无法站立。听到巨响时，雍付贤跑了约 20 m 就摔倒在地，等回过神来，知道是地震了；发现强大的气浪携带着大量粉尘和细砂，从大光包方向汹涌袭来，气流冲击的能量巨大，仅持续了 3～4 秒，天空就被铺天盖地席卷而来的粉尘所遮蔽。由于天黑前雍付贤看了一下表，所以等到天放亮时，他清楚地记得，当时天黑的时间一共是 29 分钟左右。天渐渐变亮后，跨山滚石的响声仍不绝于耳，但响声小了很多，且变得有些间断。

（5）李方贵，男，泉水村 10 组村民。地震发生时，他正在大光包地面以下约 300 m 深的磷矿矿井内采矿。李方贵下午 1：30 分下井采矿，地震发生时他正在采矿作业，先听到“轰”的一声闷响，像井下放了一炮，井内开始轻轻摇晃。过一小会（约 10 秒），井内开始左右水平剧烈摇摆，持续约 10～20 分钟，突然感觉脚底下发出轰嗤一声巨响（响声持续约 2～3 秒）[南梁子顺层滑坡撞击对岸]，紧接着，夹杂着砂石的黑色灰烟从井内向外急速涌出，如同井内爆炸形成的冲击波，若不双手抓紧井壁，人根本站立不稳；手捂嘴紧贴井壁才能勉强呼吸。过了约 2 分钟，洞内黑烟才消散。当李方贵和工友们弯腰走到洞口附近时，洞口已被滑落的块石掩埋堵住，用铁锹棍棒向外顶出块石，方露出一丝昏暗光亮，此时的洞外已成“黑天”。

山体后续的零星崩滑一直持续到 14 日方才沉寂。当李方贵和工友们艰难刨开堆在洞口的块石，走到洞口，才发现洞口已高悬于直立的峭壁（大光包滑坡后缘断壁）之上，上下无路，不敢直视，站在洞口感到阵阵眩晕。15 日上午 10 点，没有补给，几近绝望的工友们拼凑找来约 200 m 的钢丝绳，慢慢放到了距离峭壁底部 20 m 左右的位置，前后 5 名工友顺钢丝绳溜下，均被坠落飞石击中或摔下悬崖，不幸遇难。最后，李和另两名工友决定冒险向上攀爬，历经生死，方最终幸存。5 月 12～15 日西侧一直有块石坠落。

根据被访的 5 名滑坡亲历者叙述，至少可以证实如下几点。

（1）大光包滑坡是分时分段，分为不同方式和不同强度活动的。即，如亲历者叙述，先是感觉到地面缓慢小幅摇晃，地下发出隆隆声，井内开始轻轻摇晃等；推测这是后缘斜坡及南梁子斜坡岩层、陡倾裂隙等软弱结构面张开、破裂等破坏活动开始，此起彼伏的剥离、碎裂活动至裂隙贯通，滑面形成。随后亲历者感觉是紧接着地面剧烈晃动，人像是站在一个摇动着的巨大筛子上一样，怎么也站不稳，这是随后发生的高速顺层滑坡；而后亲历者说，紧接着地面剧烈晃动，长石板沟沟口附近传来一声震耳欲聋的巨响，犹如在矿井下有大量炸药爆炸一般，随后便感觉到地动山摇，地面剧烈摇晃，长石板沟沟口附近、干岩窝梁子下方方向传来“轰”的一声巨响，犹如井下原子弹爆炸传出的响声，同时有白色的烟雾腾起，突然感觉脚底下发出“轰嗤”一声巨响。这些叙述表明，大光包正经历南梁子高速顺层滑坡猛烈撞击对岸及滑体整体东移形成滑坡核的阶段。随后亲历者说，发现天空变暗，滚滚“黑烟”由大光包的方向挟着狂风快速涌来，周围的树木都被大风吹得呼呼作响，随后不到 1 分钟的时间，天空就被笼罩在一片黑暗之中，对面大光包处的山坡传来大爆炸一般的巨响，只见眼前一股“黑烟”腾空而起，天空也随即变暗；耳边风声呼啸，“黑烟”夹杂着大量粉尘与细砂满天席卷而来，浓密的粉尘漂浮在大光包滑坡区的上空，久久难以消散，天上如同下着倾盆的暴雨一般，下起“角砾雨”，不远处还不断传来大量滚石相互撞击或砸击地表的巨大响声，响声持续约 2～3 分钟。这便是后侧斜坡、北梁子斜坡、滑坡核等同时活动。随后是堆积物运移调整活动，亲历者说：大约过了半个小时，漫天的“黑烟”才开始渐渐消散，轰隆隆的跨山、滚石声震耳欲聋，地面晃动幅度才有所减小。

（2）西部源区的破坏活动范围在地下 300 m 以上，南梁子滑坡活动以后。亲历者李方贵的描述更清楚地表达了该特点：地震发生时，他正在大光包地面以下约 300 m 深的磷矿矿井内采矿，矿井内作业的工人听到响声，感觉摇晃，当时并无死伤，是地震沉寂后，5 名工友出洞时摔下受难的。

## 12.6　结语与讨论

（1）“5・12”汶川地震前，大光包滑坡研究区为一位于龙门山断裂带中段，由碳酸盐岩和少量碎屑岩组成的强烈切割中山区的小流域，由南梁子、大光包、北梁子三面山梁和一面黄洞子沟围绕。流域总体地势倾向约 NE70°，西高东低，平均坡度 27.5°，东西最长约 2.9 km，南北平均宽约 0.81 km，流域面积 2.33 $km^2$。

（2）大光包滑坡是 2008 年“5・12”汶川地震触发的规模最大的滑坡。与一般滑坡不同，大光包滑坡有南面、西面和北面 3 个滑坡源区，分别以顺层滑坡—整体转向滑移、拉裂—破碎和滑脱—抛撒、拉裂—崩塌和碎屑流等不同方式进行了同震重力侵蚀活动。

（3）地震波从震源传到震前长石板沟流域的时间为 26s+，正在“5・12”地震矩释放率最高的第二时间段内，故它以极大的地震能量触发了大光包滑坡。地震波首先到达西南角的后缘崖壁和南梁子斜坡，由于南梁子斜坡为顺层波，较其他软弱结构面更易沿层面破裂和滑移，所以首先发生了顺层滑坡，巨型高速顺层滑坡产生的振动与“5・12”地震共同触发了西侧大光包的拉裂—破碎和滑脱—抛撒、碎屑流及北梁子的拉裂崩滑活动。

（4）在“5・12”地震强烈影响下，南梁子斜坡主要受由 Ds 和 $Zd_3$ 组成的顺层坡产状控制，发生体积约 $5.1\times10^8\ m^3$、滑距约 400 m、平均速度为 160 m/s 的大规模高速顺层滑坡，受狭窄封闭临空地形影响，滑坡与对岸猛烈碰撞，整体顺地势向东滑移 1 230 m，填充原黄洞子沟深谷，形成特殊的滑坡核。滑坡核随后发生离散、碰撞及碎屑流活动。

（5）地震和南梁子高速顺层滑坡活动两者的强烈震动叠加，及南梁子滑坡活动形成空穴的强大吸力影响，西侧滑源区的大光包飞仙关组（Tf）山峰与下伏二叠系吴家坪组（Pw）岩层的界面分离滑脱；造成西侧源区斜坡岩层沿三组软弱结构面——J1、J2 和岩层面及断层破碎带张裂、破碎，形成崩塌和碎屑流，顺地势向东抛撒，抛撒距离约 1 750 m，西侧源区滑坡活动体积约为 $1.10\times10^8\ m^3$。

（6）北梁子斜坡是震旦系水晶组（$Zs^2$）灰岩夹绢云母千枚岩及硅质岩条带构成的反向坡，受地震和南梁子滑坡活动共同活动强烈冲击，北梁子南坡以被拉裂破碎的浅层塌滑方式活动，其堆积物主要以倒石堆方式堆积在坡脚。北坡则发生局部滑坡，现残留约 $1.2\times10^4\ m^2$ 滑坡壁层面。该滑源区总共产生堆积物 $15\ 092\times10^4\ m^3\approx1.51\times10^8\ m^3$。

（7）“5・12”汶川地震触发的大光包滑坡经历了激烈的活动过程，滑动总土方量达 $9.48\times10^8\ m^3$，破坏面积达 7.45 $km^2$，滑坡造成的最大高程降幅约为 660 m，最大高程升幅约为 580 m，预测这样大规模的活动后，除了局部小规模调整外，难以有大规模的活动了。

（8）由清平站地震加速度曲线的起跳及结束时间与大光包滑坡开始与结束相关，与

“5 • 12”汶川地震发震及结束时间无关，且地震记录曲线的起伏形态、振幅强度及时间与大光包滑坡活动特征相关，而与“5 • 12”地震破裂时空过程曲线相关不明显，证明2008年“5 • 12”清平地震台加速度曲线只是记录了地震触发的大光包滑坡的活动，次要或并未直接记录汶川地震的活动。该记录是一份极为珍贵的滑坡活动地震加速度记录曲线。

（9）由南梁子滑坡体积、顺层滑坡速度，根据求动能公式：$E = 0.5\ MV^2$，求得南梁子高速顺层滑坡以平均速度 $V_e = 160$ m/s 滑行时所具有的动能 $E_{南}$约为 1763×$10^{13}$ J，约为第二次世界大战时日本广岛上空爆炸的原子弹能量的210倍。

（10）同样求得南梁子高速顺层滑坡与对岸碰撞后向东滑移时的动能为2 865×$10^{13}$ J（焦耳），是日本广岛上空爆炸原子弹能量的340倍。在狭窄的小流域，将约5×$10^8$ t，最厚达580 m土石，以平均速度 $V = 204$ m/s，高速整体东移1 123 m，所具有的能量是多么巨大。

## 12.7 主要进展

（1）查明了地震前大光包小流域为一三面围山一面深沟的狭窄封闭地形，揭示其受地震影响及斜坡活动时能量难以外泄，易在流域内活动及放大；揭示了大光包小流域有不同地质结构的南、西、北三个滑坡源区，与“5 • 12”地震震源有不同距离的三个不同地质结构的滑坡源区在地震触发下必然是在不同时间、以不同斜坡破坏位移方式运动的，其特殊的、丰富多样的同震斜坡破坏方式为滑坡研究提供了宝贵的样本。

（2）提出了在特殊小流域地形及滑坡源区地形结构形成“滑坡核”的过程。

（3）证明了2008年“5 • 12”地震清平地震台加速度曲线只是记录了地震触发的大光包滑坡的活动，并未直接记录汶川地震的活动。该记录是一份极为珍贵的滑坡活动地震加速度记录曲线。

# 参 考 文 献


柴贺军, 李云中, 李平. 2000. 西藏易贡巨型滑坡水文抢险监测[J]. 人民长江, (9): 30-47.

柴贺军, 王士天, 许强, 等. 2001. 西藏易贡滑坡物质运动全过程数值模拟研究[J]. 地质灾害与环境保护, (2): 1-3.

陈磊, 赵学胜, 汤益先, 等. 2016. 基于时序 InSAR 技术的大光包滑坡变形监测[J]. 矿业科学学报, 1(2): 113-119.

陈述彭, 童庆禧, 郭华东, 等. 1998. 遥感信息机理研究[M]. 北京: 科学出版社, 234.

陈述彭, 赵英时. 1990. 遥感地学分析[M]. 北京: 测绘出版社, 7-33.

陈运泰. 2012. 汶川大地震解读[R]. 聆听大师, 走近科学——澳门科技大学“大师讲座”院士讲演录(第二辑), 176-202.

陈仲颐, 周景星, 王洪瑾. 1994. 土力学[M]. 北京: 清华大学出版社.

成国文, 李善涛, 李晓, 等. 2008. 万州近水平地层区堆积层滑坡成因与变形破坏特征[J]. 工程地质学报, 16(3): 304-310.

程裕琪. 1994. 中国区域地质概论[M]. 北京: 地质出版社.

崔圣华. 2014. 强震巨型滑坡滑带碎裂岩体微细观分析及静动力破损机制研究[D]. 成都: 成都理工大学.

崔圣华, 裴向军, 黄润秋. 2019a. 大光包滑坡启动机制: 强震过程滑带非协调变形与岩体动力致损[J]. 岩石力学与工程学报, 38(2): 237-253.

崔圣华, 裴向军, 黄润秋, 等. 2019b. 大光包滑坡不连续地质特征及其工程地质意义[J]. 西南交通大学学报, 54(1): 61-72.

戴其祥. 1995. 黄河小浪底水库工程坝区构造应力场的恢复和分析[J]. 人民黄河, (5): 43-48.

戴志阳, 刘斌, 查显杰, 等. 2008. 震级标度的不一致与震源的复杂性[J]. 地球物理学进展, 23(3): 705-709.

杜野. 2013. 大光包巨型滑坡“滑带”岩体碎裂化研究[D]. 成都: 成都理工大学.

范宣梅, 许强, 黄润秋, 等. 2006. 四川宣汉天台特大滑坡的成因机理及排水工程措施研究[J]. 成都理工大学学报(自然科学版), 33(5): 448-454.

范宣梅, 许强, 张倬元, 等. 2008.平推式滑坡成因机制研究[J]. 岩石力学与工程学报, 27(Z2): 3753-3759.

冯文凯, 王琦, 张光鑫, 等. 2017. Hoek-Brown 准则的改进及在大光包滑坡滑带碎裂岩体力学强度评价中的应用[J]. 岩石力学与工程学报, 36(S1): 3448-3455.

冯振, 殷跃平, 李滨, 等. 2012. 重庆武隆鸡尾山滑坡视向滑动机制分析[J]. 岩石力学, 33(9): 2704-2712.

高杨, 李滨, 王国章. 2016. 鸡尾山高速远程滑坡运动特征及数据模拟分析[J]. 工程地质学报, 24(3): 426-834.

高振寰, 宋慧珍, 张镝亚, 等. 1982. 砂土液化形成的地质标志[J]. 水文地质工程地质, (3): 19-20.

郭大海, 吴立新, 王建超, 等. 2004. 机载 POS 系统对地定位方法初探[J]. 国土资源遥感, (2): 26-31.

国家地震局地球物理研究所. 1980. 地震走时表[M]. 北京: 地震出版社.

胡进军, 谢礼立. 2011. 汶川地震近场加速度基本参数的方向性特征[J]. 地球物理学报, 54(10): 2581-2589.

胡明鉴, 程谦恭, 汪发武. 2009. 易贡远程高速滑坡形成原因试验探索[J]. 岩石力学与工程学报, 28(1):

138-143.
胡瑞林, 张明, 崔芳鹏, 等. 2008. 四川省达县青宁乡滑坡的基本特征和形成机制分析[J]. 地学前缘, 15(4): 250.
胡世雄, 靳长兴. 1999. 坡面土壤侵蚀临界坡度问题的理论与实验研究[J]. 地理学报, 154(4): 1-22.
胡新丽, 殷坤龙. 2001. 大型水平顺层滑坡形成机制数值模拟方法——以重庆钢铁公司古滑坡为例[J]. 山地学报, 19(2): 175-179.
黄润秋, 李曰国. 1991. 三峡库区水平岩层岸坡变形破坏机制的数值模拟研究[J]. 地质灾害与环境保护, 2(2): 23-31.
黄润秋, 裴向军, 崔圣华. 2016. 大光包滑坡滑带岩体碎裂特征及其形成机制研究[J]. 岩石力学与工程学报, 35(1): 1-15.
黄润秋, 裴向军, 李天斌. 2008. 汶川地震触发大光包巨型滑坡基本特征及形成机理分析[J]. 工程地质学报, 16(6): 730-741.
黄润秋, 张伟锋, 裴向军. 2014. 大光包滑坡工程地质研究[J]. 工程地质学报, 22(4): 557-585.
黄润秋, 赵松江, 宋肖冰, 等. 2005. 四川省宣汉县天台乡滑坡形成过程和机理分析. 水文地质工程地质, (1): 13-15
吉随旺, 张倬元, 王凌云, 等. 2000. 近水平软硬互层斜坡变形破坏机制[J]. 中国地质灾害与防治学报, 11(3): 49-52.
简文星, 殷坤龙, 马昌前, 等. 2005. 万州侏罗纪红层软弱夹层特征[J]. 岩土力学, 26(6): 901-906.
柯正谊, 何建邦, 池天河. 1993. 数字地面模型[M]. 北京: 中国科学技术出版社.
李保雄, 苗天德. 2004. 红层软岩滑坡运移机制[J]. 兰州大学学报, 40(3): 94-98.
李会中, 王团乐, 孙立华, 等. 2006. 三峡库区千将坪滑坡地质特征与成因机制分析. 岩土力学, 27(增): 1239-1244.
李俊, 陈宁生, 赵苑迪. 2018. 基于地震波解译的 2000 年易贡滑坡碎屑流动力学过程分析[J]. 水利水电技术, 49(10): 142-149.
李清波, 徐国刚, 应敬浩. 1999. 黄河小浪底东苗家滑坡稳定性分析及整治措施[C]. 中国水利学会一九九九年优秀论文集, 367-371.
李世贵. 2010. 汶川"5 • 12"地震诱发大光包巨型滑坡形成机理与运动特征研究[D]. 成都: 成都理工大学.
李守定, 李晓, 刘艳辉, 等. 2008. 千将坪滑坡滑带地质演化过程研究. 水文地质工程地质, (2): 18-23.
李天涛, 裴向军, 黄润秋. 2014. 强震触发大光包巨型滑坡运动特征研究[J]. 水文地质工程地质, 41(2): 116-121+128.
李玉生. 1986. 鸡扒子滑坡——长江三峡地区老滑坡复活的一个实例[M], 见: 中国典型滑坡. 北京: 科学出版社, 323-328.
李志建, 滕伟福, 周爱国, 等. 2000. 黄河小浪底水库诱发地震预测[J]. 地质灾害与环境保护, 11(4): 306-309.
梁京涛, 成余粮, 王军, 等. 2014. 2013 年 7 月 10 日四川省都江堰三溪村五里坡特大滑坡灾害遥感调查及成因机制浅析[J]. 工程地质学报, 22(6): 1194-10, 1194-1202.
廖秋林, 李晓, 李守定, 等. 2005. 三峡库区千将坪滑坡的发生、地质地貌特征、成因及滑坡判据研究[J]. 岩石力学与工程学报, 24(17): 3146-3153.
刘传正. 2010. 重庆武隆鸡尾山危岩体形成与崩塌成因分析[J]. 工程地质学报, 18(3): 297-304.
刘国权, 鲁修元. 2004. 西藏易贡藏布扎木弄沟特大型山体崩塌滑坡、泥石流成因分析[J]. 西藏科技, (4): 15-17.
刘军, 秦四清, 张倬元. 2001. 缓倾角层状岩体失稳的尖点突变模型研究[J]. 岩土工程学报, 23(1): 42-44.
刘伟. 2002. 西藏易贡巨型超高速远程滑坡地质灾害链特征研析[J]. 中国地质灾害与防治学报, 13(3):

11-20.
刘耀龙, 张蒙, 李有珍. 2014. 国外两种免费DEM数据对比分析[J]. 科技创新与生产力, (6): 73-75.
鲁晓兵, 谈庆明, 王淑云, 等. 2004. 饱和砂土液化研究新进展[J]. 力学进展, 34(1): 87-92.
鲁修元, 杨明刚, 赵丹, 等. 2000. 西藏易贡藏布扎木弄沟特大型滑坡成因及溃决分析[C]. 全国工程地质大会.
罗璟, 裴向军, 黄润秋, 等. 2015. 强震作用下滑坡岩体震裂损伤程度影响因素研究[J]. 岩土工程学报, 37(6): 1105-1114.
吕杰堂, 王治华, 周成虎. 2002. 西藏易贡滑坡堰塞湖的卫星遥感监测方法初探[J]. 地球学报, (4): 363-368.
吕杰堂, 王治华, 周成虎. 2003. 西藏易贡大滑坡成因探讨[J]. 地球科学, (1): 107-110.
吕儒仁, 朱平一, 何守一. 1999. 西藏波密地区冰川泥石流活动特点, 西藏泥石流与环境[M]. 成都: 成都科技大学出版社, 32-33.
马国彦, 高广礼. 2000. 黄河小浪底坝区泥化夹层分布及其抗剪试验方法的分析[J]. 工程地质学报, 8(1): 94-99.
马艳波. 2012. 强震条件下巨型滑坡滑带岩体损伤特性研究[D]. 成都: 成都理工大学.
孟祥瑞, 裴向军, 黄润秋, 等. 2018. 大光包滑坡层间错动带岩体剪切特性研究[J]. 工程地质学报, 26(2): 309-318.
缪海波, 殷坤龙, 李远耀. 2009. 近水平地层滑坡平面失稳模型与破坏判据研究[J]. 水文地质工程地质, (1): 69-74.
裴向军, 黄润秋, 崔圣华, 等. 2015. 大光包滑坡岩体碎裂特征及其工程地质意义[J]. 岩石力学与工程学报, 34(S1): 3106-3115.
裴向军, 朱凌, 崔圣华, 等. 2019. 大光包滑坡层间错动带液化特性及滑坡启动成因探讨[J]. 岩土力学, 40(3): 1085-1096.
乔建平, 田宏岭, 石莉莉, 等. 2008. 采用危险指数法研究达县特大型暴雨滑坡发育特征[J]. 山地学报, 26(6): 739-744.
任金卫, 单新建, 沈军, 等. 2001. 西藏易贡崩塌-滑坡-泥石流的地质地貌与运动学特征[J]. 地质论评, (6): 642-647, 4.
尚彦军, 杨志法, 李丽辉, 等. 2003. 2000年西藏特大滑坡的背景、发生、灾害和原因[J]. Geomorphology, 54: 225-243.
舒宁. 1997. 雷达遥感原理[M]. 北京: 测绘出版社, 51-58.
四川省地质矿产局. 1991. 四川省区域地质志[M]. 北京: 地质出版社, 568-576.
四川地质局航空区域地质调查队. 1981. 简阳幅1∶20万区域地质图(H-48-15).
孙书勤, 黄润秋, 丁秀美. 2006. 天台乡滑坡特征及稳定性的FLAC3D分析. 水土保持研究, 13(5): 30-32.
沈玉昌等. 1986. 河流地貌学概论. 北京: 科学出版社.
万海斌. 2000. 西藏易贡特大山体滑坡及其减灾措施[J]. 水科学进展, (3): 321-324.
汪发武, 彭轩明, 霍志涛, 等. 2008. 三峡库区千将坪滑坡的高速远程滑动机理与库水位变动条件下树坪滑坡的变形模式[J]. 工程地质学报, 536-541.
汪闻韶. 1984. 关于饱和砂土液化机制和判别方法的某些探讨[C]// 水利水电科学研究院科学研究论文集. 北京: 水利电力出版社, 1-8.
王承辉. 1990. 新滩滑坡变形方式与机理探讨[J]. 地壳形变与地震, 10(4): 25-33.
王兰生. 2004. 地壳浅表圈层与人类工程[M]. 北京: 地质出版社, 9, 194-195, 233.
王尚庆, 贺可强, 胡高社. 2008. 长江三峡新滩滑坡//黄润秋, 许强. 中国典型灾害性滑坡[M]. 北京: 科学出版社, 243-260.
王小波, 徐文杰, 张丙印, 等. 2012. DDA强度折减法及其在东庙家滑坡中的应用[J]. 清华大学学报(自然科学版), 52(6): 814-820.
王志俭, 殷坤龙, 简文星. 2007. 万州区红层软弱夹层蠕变试验研究[J]. 岩土力学, 28(增): 40-44.
王治华. 1986. 秭归新滩大滑坡[M]//自然科学年鉴. 上海: 上海译文出版社.
王治华. 1999. 滑坡、泥石流遥感回顾与新技术展望[J]. 国土资源遥感, (3): 1-15.
王治华. 2006a. 大型个体滑坡遥感调查[J]. 地学前缘, 13(5): 516-523.
王治华. 2006b. 数字滑坡技术及其在天台乡滑坡调查中的应用[J]. 岩土工程学报, 28(4): 516-520.
王治华. 2007a. 滑坡遥感调查、监测与评估[J]. 国土资源遥感, (1): 12.
王治华. 2007b. 中国滑坡遥感及新进展[J]. 国土资源遥感, (4): 8-9.
王治华. 2012. 滑坡遥感[M]. 北京: 科学出版社.
王治华. 2015. 滑坡遥感调查、监测与预警[M]. 北京: 地质出版社.
王治华. 2016. 数字滑坡技术及其典型应用[J]. 中国地质调查, 3(3): 47-54.
王治华, 徐起德, 徐斌, 等. 2009. "5 • 12" 汶川地震航空遥感应急调查[J]. 中国科学(E 辑), 1304-1311.
王治华, 吕杰堂. 2001. 从卫星图像上认识西藏易贡滑坡[J]. 遥感学报, (4): 312-316, 326.
王治华, 杜明亮, 郭兆成, 等. 2012. 缓倾滑坡地质力学模型研究——以冯店滑坡为例[J]. 地质力学学报, 18(2): 97-109.
王治华, 郭兆成, 杜明亮, 等. 2012. "5 • 12" 震源区牛眠沟暴雨滑坡泥石流预测模型[J]. 地学前缘.
王治华, 徐起德, 徐斌. 2009. 岩门村滑坡高分辨率遥感调查与机制分析[J]. 岩石力学与工程地质学报, 28(9): 1810-1818.
王治华, 徐起德, 杨日红, 等. 2007. 中印边界附近帕里河上的滑坡灾害遥感调查[J]. 科技导报, 25(6): 27-31.
王治华, 杨日红, 王毅. 2003. 秭归沙镇溪镇千将坪滑坡航空遥感调查[J]. 国土资源遥感, (3): 5-9.
王治华, 杨日红. 2005. 三峡库区千将坪滑坡活动性质及运动特征[J]. 中国地质灾害与防治学报, 16(3): 5-11.
王治华. 2004. 青、甘、川、滇进藏公路、铁路沿线地区地质环境遥感调查[M]. 北京: 地质出版社.
王治华, 等. 2005. 数字滑坡技术及其应用[J]. 现代地质, 19(2): 157-164.
吴树仁, 王涛, 石玲, 等. 2010. 2008 汶川大地震极端滑坡事件初步研究[J]. 工程地质学报, 18(2): 145-159.
伍四明, 李曰国. 1994. 万县滑坡群形成机制的数值模拟研究[J]. 水文地质工程地质, (6): 14-17.
西藏自治区国土资源厅等. 2003. 易贡巨型山体崩塌滑坡调查研究报告.
夏元友, 朱瑞赓. 1996. 新滩滑坡滑动机理及稳定性评价研究[J]. 中国地质灾害与防治学报, 7(3): 49-54.
谢世友. 2000. 三峡地区层状地貌分析、新构造期划分和河谷发育研究, 兰州: 兰州大学.
肖诗荣, 罗先启. 2008. 三峡库区千将坪滑坡[M]. 见: 中国典型灾难性滑坡. 北京: 科学出版社, 424-444.
邢爱国, 胡厚田, 杨明. 2002. 大型高速滑坡滑动过程中摩擦特性的试验研究[J]. 岩石力学与工程学报, 4: 522-525.
许强. 2008. 四川省达县青宁乡岩门村滑坡//中国典型灾难性滑坡[M]. 北京: 科学出版社, 509.
许强, 黄润秋, 殷跃平. 2009. "6 • 5" 重庆武隆鸡尾山崩滑灾害基本特征与成因机制初步研究[J]. 工程地质学报, 17(4): 432-444.
许强, 王士天, 柴贺军, 等. 2007. 西藏易贡特大山体崩塌滑坡事件[J]. 爆破, 41-46.
许向宁, 李胜伟, 王小群. 2013. 安县大光包滑坡形成机制与运动学特征讨论[J]. 工程地质学报, 21(2): 269-281.
薛果夫, 刘宁, 蒋乃明, 等. 2000. 西藏易贡高速巨型滑坡堵江事件的调查与减灾措施分析. 中国岩石力学与工程学会. 新世纪岩石力学与工程的开拓和发展——中国岩石力学与工程学会第六次学术大会论文集[C]. 中国岩石力学与工程学会, 5.

杨日红, 王治华, 贾韶辉. 2007. 数字遥感技术在宣汉县天台乡滑坡研究中的应用[J]. 吉林大学学报(地球科学版), 37(3): 557-563.

杨智娴, 陈运泰 苏金蓉, 等. 2012. 2008年5月12日汶川$M_W$7.9 地震的震源位置与发震时刻[J]. 地震学报, 34(2): 127-136.

叶金汉. 1991. 岩石力学参数手册[M]. 北京: 水利电力出版社.

殷坤龙, 吴益平. 1998. 三峡库区一个特殊古滑坡的综合研究[J]. 中国地质灾害与防治学报, 9(S): 200-206.

殷跃平. 2000. 西藏波密易贡高速巨型滑坡概况[J]. 中国地质灾害与防治学报, (2): 103.

殷跃平, 成余粮, 王军, 等. 2011. 汶川地震触发大光包巨型滑坡遥感研究[J]. 工程地质学报, 19(5): 674-684.

殷坤龙, 姜清辉, 汪洋. 2002. 新滩滑坡运动全过程的非连续变形分析与仿真模拟[J]. 岩石力学与工程学报, 21(7): 959-962.

曾庆利, 杨志法, 张西娟, 等. 2007. 帕隆藏布江特大型泥石流的成灾模式及防治对策——以扎木镇-古乡段为例[J]. 中国地质灾害与防治学报, 18(2): 27-33.

张健, 王小群, 王兰生. 2013. 大光包滑坡启动机制的物理模拟试验[J]. 水文地质工程地质, 40(3): 58-62.

张师岸. 2008. 砂土液化分析及其防治措施[J]. 山西建筑, (13): 89-90.

张伟锋, 黄润秋, 裴向军. 2015. 大光包滑坡运动特征及其过程分析[J]. 工程地质学报, 23(5): 866-885.

张炆涛, 石传奇, 安翼, 等. 2016. 易贡特大高速远程泥石流模拟分析. 中国力学学会环境力学专业委员会、江苏省力学学会. 2016年全国环境力学学术研讨会摘要集[C]. 中国力学学会环境力学专业委员会、江苏省力学学会: 中国力学学会.

赵成刚, 尤昌龙. 2001. 饱和砂土液化与稳态强度[J]. 土木工程学报, 34(3): 90-95.

钟仕科, 吴大江. 1982. 简明物理手册[M]. 南昌: 江西人民出版社.

周刚炎, 李云中, 李平. 2000. 西藏易贡巨型滑坡水文抢险监测[J]. 人民长江, (9): 30-47.

周昭强, 李宏国. 2000. 西藏易贡巨型山体滑坡及防灾减灾措施[J]. 水利水电技术, (12): 44-47.

朱雷, 王小群. 2013. 大型岩质滑坡地震变形破坏过程物理试验与数值模拟研究[J]. 工程地质学报, 21(2): 228-235.

朱凌, 裴向军, 崔圣华, 等. 2018. 基于动三轴试验的大光包滑坡层间错动带动力特性研究[J]. 工程地质学报, 26(3): 647-654.

朱平一, 王成华, 唐邦兴. 2000. 西藏特大规模碎屑流堆积特征[J]. 山地学报, 18(5): 453-456 .

Chen Q, Cheng H, Yang Y, et al. 2014. Quantification of mass wasting volume associated with the giant landslide Daguangbao induced by the 2008 Wenchuan earthquake from persistent scatterer InSAR[J]. Remote Sensing of Environment, 152: 125-135.

Costa J E, Schuster R L. 1988. The formation and failure of natural dams[J]. Geological Society of America Bulletin 100, 1054-1068.

Dai K, Li Z, Roberto T, et al. 2016. Monitoring activity at the Daguangbao mega-landslide (China) using Sentinel-1 TOPS time series interferometry[J]. Remote Sensing of Environment, 186: 501-513.

Delaney K B, Evans S G. 2015. The 2000 Yigong landslide(Tibetan Plateau), rockslide-dammed lake and outburst flood: review, remote sensing analysis, and process modeling [J]. Geomorphology, 246: 377-393.

Ekström G, Stark C P. 2013. Simple scaling of Catastrophic landslide dynamics[J]. Science, 339(6126): 1416-1419.

Elochi C. 1995. 遥感的物理学和技术概论[M]. 王松皋, 胡筱欣, 王维和, 等译. 北京: 气象出版社, 19.

Göran E, Colin P S. 2013. Simple scaling of catastrophic landslide dynamics, Lamont-Doherty Earth Observatory of Columbia University, Palisades, New York, 10964, USA.

Hart W M. 2000. Bedding-parallel shear zones as landslide mechanisms in horizontal sedimentary rocks[J]. Environmental and Engineering Geoscience, 6(2): 95-113.

Huang R, Pei X, Fan X, et al. 2008. The characteristics and failure mechanism of the largest landslide triggered by the Wenchuan earthquake, May 12, China[J]. Landslides, 9(1): 131-142.

Jordan R M, Stephen J M. 2000. Numerical models of translational landslide rupture surface growth[J]. Pure and Applied Geophysics, 157: 1009-1038.

Petley D N, Bulmer M H, Murphy W. 2002. Patterns of movement in rotational and translational landslides[J]. Geology, 30(8): 719-722.

Salciarini D, Conversim P, Codt J W. 2006. Characteristics of debris flow events in eastern Umbria, central Italy[J]. IAEG 2006 paper number 285.

Shang Y J, Yang Z F, Li L H, et al. 2003. A super-large landslide in Tibet in 2000: background, occurrence, disaster, and origin [J]. Geomorphology, 54(3-4): 225-243.

Teza G, Pesci A, Genevois R, et al. 2008. Characterization of landslide ground surface kinematics from terrestrial laser scanning and strain field computation[J]. Geomorphology, 97: 424-437.

Tomáš P, Jan H, Jozef M, et al. 2009. Late Holocene catastrophic slope collapse affected by deep-seated gravitational deformation in flysch: Ropice Mountain, Czech Republic[J]. Geomorphology, 103: 414-429.

van Westen C J, Socers R, Sijmons K. 2000. Digital geomorphological landslide hazard mapping of the Alpago area, Italy[J]. International Journal of Applied Earth Observation and Geoinformation, 2: 51-60.

Wang Z H. 1999. Preliminary Study for Digital Landslide, Towards Digital Earth[C]. Proceedings of the International Digital Earth Conference. Beijing.

Wang Z H. 2005. Applying Digital Landslide Technique to Survey Large Scale Tian-Tai-Xiang Landslide in Sichuan Province, China[J]. IEEE Internal Geoscience and Remote Sensing Symposium, 3, 1818-1821.

Xu W J, Jie Y X, Li Q B, et al. 2014. Genesis, mechanism, and stability of the Dongmiaojia landslide, Yellow River, China[J]. International Journal of Rock Mechanics and Mining Sciences, 67(2): 57-68.

# 附录　介绍两个国外典型滑坡碎屑流

滑坡碎屑流是地球（可能也包括其他星球，如月球、火星等）上最激烈的局部表层活动之一，由于其大多具有超大规模，携带巨大活动能量，进行高速、远程运动，常常带来严重的生命财产损失或巨大的生态灾难，甚至引发局部地区地貌地形的改变。为了认识这类地质块体的特殊活动方式和现象，近现代以来，国内外地质环境科学家对世界各地历史上和现在发生的滑坡碎屑流进行了大量的考察研究，积累了宝贵、丰富的文献资料。笔者通过阅读、分析研究 1903 年至 2016 年在互联网上发表的美国地质学会公报和维基百科等网站上下载的 100 余篇相关文献资料，从中选择两例——瑞士的海尔姆（HLM）滑坡和加拿大的弗兰克滑坡，编译成文，旨在介绍国际上高速滑坡碎屑流的研究状况，以飨读者。

## 一、海尔姆（HLM）滑坡*

140 年前，即 1881 年发生在瑞士海尔姆（HLM）的滑坡，是最早的记录详尽、研究深入的历史滑坡。瑞士地质学家海姆及其他学者对该滑坡进行了大量考察和艰苦卓绝的研究，在此基础上，对滑坡块体流态化机理、碎屑流堆积特征、滑坡碎屑流体积与运行距离的关系等问题提出了多项开创性的假设，这些成果今天仍然对我们进行滑坡碎屑流调查研究有指导意义。

### 1. 目击滑坡及灾害

1881 年 9 月 11 日，阿尔卑斯山脉东段、瑞士东部格拉鲁斯州的海尔姆村附近，海拔 2 326 m 的山脊——廷格伯格（Tschingel Berg）山下发生滑坡。此处地理环境见附图 1。当地乡村学校的教师怀斯先生是第一个目击者，他描述道："1881 年 9 月 11 日下午 4 点，我站在家中打开的窗前，怀表在我的左手中，我仔细地观察着山体的运动，起初看到一块廷格伯格山体斜坡开始移动。接着，一片较小块体从最高的冷杉林上方开始移动，后来到中部和下面开始坠落。落下时，块体上的森林像一群奔驰的羊一样移动，松树混乱地旋转，一会整个块体突然下坠。下午 5 点 15 分整，我看到第一块岩石从岩壁上跳下来，下部块体被迅速落下的上部块体挤压、碎裂并爆炸。岩石块体以闪电般速度坠入山谷，覆盖了采石场，片岩碎石布满了原来的居民区和酒店，越过或掉在河里，可以看到溪流中的杨树林沿着溪流流动。很快，河被填满埋了，土石以难以置信的速度冲向北方的村子。17 分钟之后，5 点 32 分，更大岩石崩塌发生了，高速冲向前面的堆积。4 分钟之后，5 点 36 分，发生了第三次岩崩。巨量块石在空气中流动，地表在颤抖，我从房中逃出，沿路

---

* 据 David Bressan on Saturday，September 11，2010 维基文献编译写。

奔跑。在我后面立即有约 20 幢房子倒了。”

附图 1　瑞士海尔姆滑坡碎屑流所处地理环境图（根据 Google Earth 2009/7/1 图像制作）

另一位村民 Kasper Zentner 写道：碎屑流沿着山谷快速奔流，其前部较后面高一些，有一个圆的凸起的头，呈波浪运动。碎屑流中的碎屑都像沸腾的炖肉一样乱卷着。碎屑流至少有 4 m 高，在离我不到 1 英里（约等于 1 609 m）远的地方，从我身边飞过。

还有更多的目击者，站在能见到采石场平台的山谷斜坡上，观察山体的运动。他们描述：刚开始，发现块体迅速下滑，高速滑到采石场地面后立即碎裂，然后几乎水平地向北和西北方向抛射碎片，向北的碎屑流冲向山谷对面爬高约 100 m 后停下。其余的碎屑流仍然几乎是水平地向 N-W、沿着塞尔夫山谷流动，又运行了 1.5 km 后完全停下。房屋在碎屑流中被推了几十米。人们说碎石运动类似于流体流动，而不是一个紧凑的物体的滑动。一些目击者观测到的碎屑流动持续时间约为 45 秒，这意味着平均速度约为 50 m/s。

怀斯先生和其他一些目击者回忆，从山坡开始移动的岩石块体，大约在 2 到 3 分钟到达最终位置，堆积下来。

海姆于 1882 年描写了海尔姆滑坡的不寻常细节及行动：开始，数百万吨岩石向下蠕滑，突然坠落，岩石立即碎裂。块体撞击板岩采石场的平坦地面，碎裂并向北流动，留下一层土石碎屑。流动的碎屑流（sturzstrom）还有足够的动力爬上一座叫丹尼伯格的山丘，埋葬了正奋力爬上山的人们。滑体长度约为 1.5 km，宽度为 400～500 m，厚度为 5～50 m。

海尔姆滑坡埋葬了 115 人，只有 24～31 人的模糊尸体可辨认，其余都没有找到；滑坡埋葬了尤特塔尔村子，摧毁了 83 座建筑物、90 $hm^2$ 土地及整个石板矿。

**2. 海尔姆滑坡结构尺度**

根据 Google Earth 2009-7-1 图像解译，及上述文献制作的 HLM 滑坡平面图和剖面图（附图 2）计算，滑坡结构及规模如下：海尔姆滑坡由滑坡块体及碎屑流堆积两部分组成。滑坡块体最高点即裂缝位置在海拔 1 550 m 处；滑坡块体底部即为采石挖掘的半开放隧道，海拔 1 250（斜坡地表）～1 120 m（山内）；其下为碎屑流，奔腾前行，遇山坡时分为两部分：一部分冲上坡，在约 1 100 m 处停下；另一部分沿低地继续向前，在海拔 937 m 处最终停止。滑坡碎屑流堆积平面面积为 1.001 $km^2$，碎屑流海拔 1 555～937 m，滑坡碎屑流高度 $H$ 为 618 m，水平位移 $L$ 为 1.880 km，视摩擦系数 $H/L$ 为 0.33，如附图 2 所示。

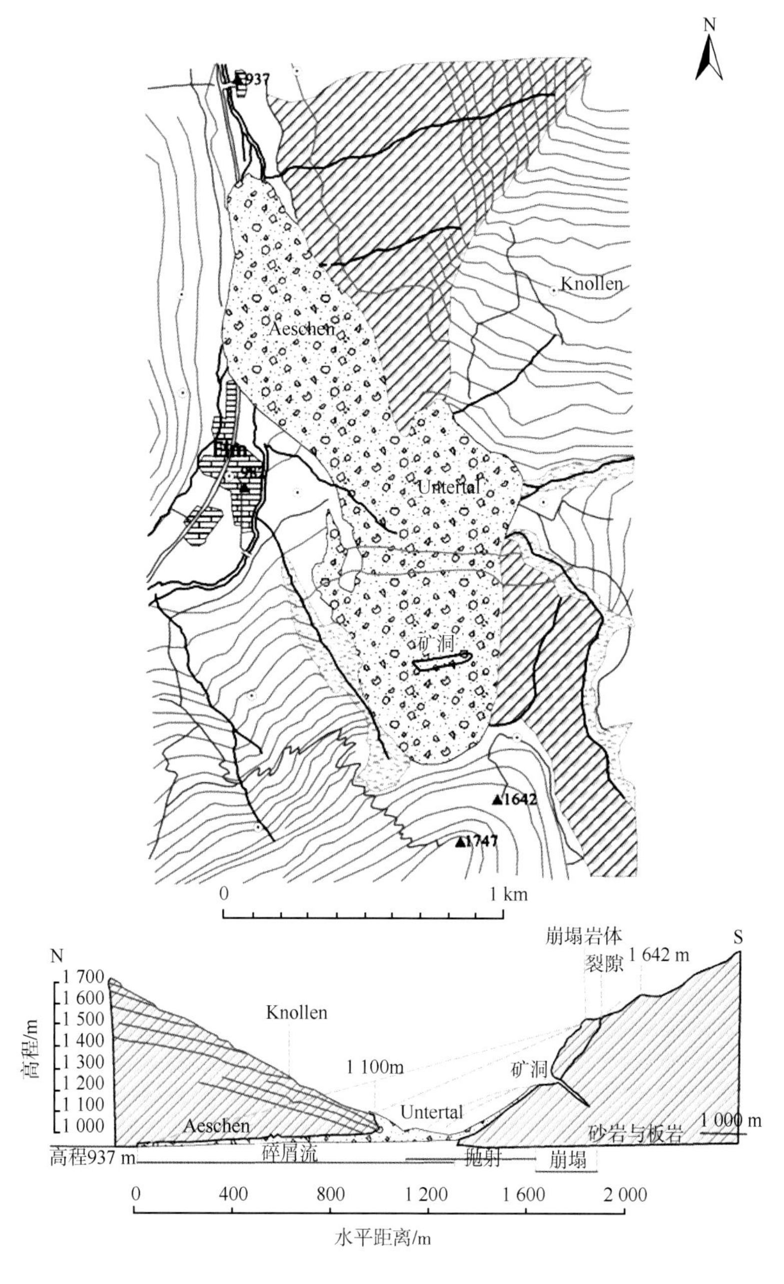


附图 2　据海姆 1932 年画的原图编译的海尔姆滑坡平面图及剖面图

**3. 滑坡原因**

（1）人为因素。瑞士格拉鲁斯州，1870年后，农民开始在海尔姆村廷格伯格山坡开采石板；后来发现，这些石板可以用作学校的优质黑板，格拉鲁斯州对石板的需求呈指数增长。于是，海尔姆村的管理部门接管了这个有利可图的业务。这样，原先只是由少数私人进行的小规模采石活动变成大规模开采。为了更多更快地采集片岩石板矿石，在海拔1 200 m处挖掘了一个180 m长、以30°伸进山内65 m深的半开放隧道。该隧道工程破坏了斜坡的岩石结构，持续的采石活动破坏了山坡稳定。1876年，在采石场上部，海拔1 550 m处，出现了一个与片岩平行的大裂缝。约2年后，即1878年发生了第一次岩石运动，随后连续几年经常发生小规模落石。当地地质委员会曾来调查这些事件，但没有发现任何的灾难即将来临的迹象。直到1881年夏，隧道上方的裂缝已经发展到2～3 m宽，尽管如此，爆炸等引起山坡强烈振动的采石活动还在继续。1881年9月发生滑坡的事实证明，山脚下采矿对上部数百米的斜坡失稳是有影响的。

（2）气象因素。1881年8月25日到9月10日，当地遇强降雨，采石场区域出现多处张开的裂隙，雨水大量涌入裂缝中，并频繁发生许多小的崩塌。9月8日，采石场附近发生一次大规模岩崩。9月9日，采石场关闭，并疏散了附近的居民。9月10日，当地政府官员访问了该地区，要求村民疏散，搬离海尔姆村，但是当地村民不认为灾害会威胁到村子，没有危险。9月11日上午，已经听到山体内巨石的响声、断裂和破裂声。尽管如此，几乎没有人离开这个危险的区域。许多居民甚至还爬到山谷对面的哈姆纽贝格，希望能更好地欣赏山体破坏运动的景象。

（3）地质因素。形成海尔姆滑坡的地质因素主要有两个：一是廷格伯格斜坡的地质结构，斜坡由软硬相间的复理石砂岩、绿砂岩和海绿石灰岩等易滑地层构成，且采石的南坡正位于易滑地层的顺层坡，如附图2下图所示；二是廷格伯格斜坡的地形因素，斜坡陡缓相间，滑出的块体经陡坡快速跌落到采矿场的平坦地面，立即碎裂；加之斜坡临空面，朝向北面宽阔的山谷，滑下的块体很容易进入向北倾斜的谷地，一路倾泻，遇坡爬高，遇低凹地形前行，直到能量耗尽，最终停止。

（4）滑坡前兆。1876年，约在开始采石后的第6年，开挖隧道后的第2年，在采石场上部300多米处（海拔1 550 m）出现了一个与片岩平行的大裂缝；1878发生了第一次规模较小的岩石运动；此后，连续几年经常发生小规模落石，山体内经常出现断裂和破裂声。

（5）滑坡孕育期。如果从1876年大裂缝出现起算，到滑坡发生，海尔姆滑坡碎屑流经过了5年的孕育期。如果从开始采石或隧道开挖起算，则更长。

**4. 海姆与海尔姆滑坡**

海尔姆滑坡发生后，瑞士地质学家海姆（Heim）多次去实地考察和研究，自1881年起到1932年的50多年中，发表了一系列经典论文介绍该滑坡。海姆一生都在重温和提炼对海尔姆滑坡事件的解释和理解。海姆的开创性工作从整个20世纪一直影响到现在。1932年，海姆成为岩石滑坡大师。海尔姆滑坡是海姆在他的经典著作《滑坡和人类生活》（*Landslides and Human Lives*）中描述的最突出的例子。他首先将岩石滑坡运行称为“碎石流”现象，并提出“sturzstoms”一词专门代表滑坡碎屑流。针对海尔姆滑坡而言，海姆的主要贡献如下。

（1）海姆最早提出“地应力”的概念。他认为，岩体中有应力存在，并处于近似静水压力状态。应力的大小等于上覆岩体的自重，即岩体中各个方向的应力近于相等，该概念为斜坡破坏变形分析提供了一部分基础。

（2）他首先提出滑坡碎屑流长距离运动机理假设。海姆于 1882 年根据海尔姆滑坡的堆积调查研究和目击者的描述，首先发现了滑坡碎屑流的超长距离运动现象，并指出了其流态化的特征，而不是固体滑坡堆积。1932 年海姆提出，由于保持了块体坠落时的原始动能，组成碎屑体的各个颗粒之间的无数高能碰撞组成了碎屑内部运动，即颗粒碰撞思想，合理地解释了滑坡碎屑流的运动特征。

（3）他最早提出了海尔姆滑坡的块体运动模型。他最早提出了海尔姆滑坡的块体运动模型，并以 1∶4 000 比例的物理模型描述斜坡失稳特征：显示清晰的边界或凸起的边缘，由于部分斜坡位移及连续流动造成中部低凹，在堆积体的前部有横向脊状，堆积的波浪状岩土碎屑保持原有地层秩序。

（4）他首先确定滑坡碎屑体下落高度及运动距离的水平投影与运动距离的关系。他首先提出从崖壁顶到碎屑流底的平均坡度角作为法尔博松（Fahrboschung）斜率，它的正切后来成为滑坡碎屑流物理建模系数的度量。他从海尔姆及其他 20 个历史和史前岩石崩滑的数据，证明了法尔博松斜率与下落块体的体积成反比。并定义了一组测量值，这些测量值相当于确定了“岩石崩塌”和“滑坡碎屑流”的“工业标准”，以此预测滑动距离和风险。海姆于 1932 年确定了关系式 $\tan\alpha = H/L$，其中 $L$ 是块体运动距离的水平投影，$H$ 是下落高度，而 $\tan\alpha$ 是落石的表面摩擦系数，对于大多数滑坡，$\tan\alpha$ 的值是 0.6。对于体积为 $1.0\times10^7\ m^3$ 的海尔姆滑坡，法尔博松为 16，表面摩擦系数为 0.29，尽管海尔姆在运动途径上有 60 个拐点的轨道。

（5）提出滑坡碎屑流的堆积物特征。通过海尔姆及其他滑坡碎屑流的考察及研究，海姆提出了滑坡碎屑流的堆积物特征。

① 滑坡碎屑流的最终堆积物表面的岩石类型的顺序与从山上滑落前的斜坡岩石类型一致，也即碎屑流堆积中的块石构成组分不远离原来的相互位置；

② 随着参与到碎屑流的土石体积增加，坠落高度 $H$ 与运动距离 $L_t$ 之比减小；

③ 当碎屑流堆积物远端区域出现横向脊时，表明在这些区域碎屑流突然停止运动；

④ 碎屑流的堆积范围（或长度）主要取决于它的体积。

1975 年 Heu 从 1932～1980 年发表的文献中选择了体积 $V$ 在 $10^7\sim10^{12}\ m^3$ 范围、堆积物长度 $L_d$ 在 1 380～80 000 m 的 26 个滑坡碎屑流，以纵轴表示堆积物长度（$10^3\sim10^5$ m），横轴表示堆积物体积（$10^7\sim10^{12}\ m^3$），制作了堆积物长度与堆积物体积关系曲线图，采用幂律回归计算得到关系式：$L_d = 9.98\ V^{0.32}$，因此，海姆的假设④得到了强有力的支持。

（6）滑坡碎屑流态化机制。当前世界上对滑坡碎屑流态化机制提出了如下两种假设：①滑坡块体流态化的本质是高能量进入块体的颗粒物质（a mass of granular material），每个颗粒之间都产生高脉冲碰撞压力，对大量颗粒物质而言，会导致块体扩张，即流态化。在重力作用下，碎屑流态移动形成碎屑流，碎屑流堆积的侵位（继续前行）发生在类似流体的扩散过程中，而不是惯性滑动过程。②另一个观点认为，碎屑流运动的机制是基底熔融、振动流态化和机械流态化。当碎屑流越过地面快速运动时，底部的高剪切率造成了碎屑流态化。自 1954 年巴格诺尔德显示当颗粒块体受单向剪切力会发生膨胀后，便假设高速运动的碎屑块体底部与静止下伏物质之间的高相对速度可能是一种能源，其设想的机制如下：A. 当块体从山坡落下（或滑下）获得高速度；B. 到达相对平坦地面后，破碎，如果前行速度足够，碎屑块体底部膨胀，内摩擦降低；C. 碎屑块体成为液态，在重力作用下扩散，仍旧向前运动；D.当前行速度降低底部剪切力不足以维持碎屑流块体膨胀内摩擦降低时，块体固化，运动很快停止；E.当膨胀的、流动的滑坡碎屑流减速时，临界速度出现在膨胀程度开始明显降低的时候。这将相应地引起剪切层的内摩擦增加，流速将因此迅速下降。这个结果可能使流动的远端边缘突然固化，并在“正常”摩擦下迅速停止。后面的流动物质可以堆叠在前面固化的材料上，产生一系列的横向脊或碎屑的屈曲。

（7）碎屑流体积及运动尺度计算。Scheidegger 于 1973 年介绍了视摩擦系数 $H/L_t$ 与堆积体积关系的经验公式，上述 Heu 求得的堆积物长度的经验公式：$L_d = 9.98\ V^{0.32}$。碎屑流总行程距离为

$$L_t = H/\tan \phi' + 0.5 \times (9.98\ V^{0.32})$$

式中，$\phi$为颗粒材料（碎屑物质）的正常摩擦角，约为 35°。

采用下降高度 $H$ 在 400～2 000 m 之间变化、体积 $V$ 在 $10^4$～$10^{12}$ 之间变化时，计算结果为：对于 $V > 10^6\ m^3$，由公式 $L_d = 9.98\ V^{0.32}$ 和所预测的 $H/L_t$ 值，非常符合野外实测 $H/L_t$ 值的平均值，基本趋势是体积越大，$H/L_t$ 值越小。

（8）结论。

① 提出滑坡碎屑流堆积体的长度是碎屑在重力作用下以流体状态扩散的结果。

② Bagnold 于 1954 年开创的颗粒流理论，为分析滑坡碎屑流奠定了良好的基础。初步研究表明,该理论预测的行为与实验室和野外现场观察的堆积体一致。

③ 可用滑坡碎屑流底部高剪切速率引起局部高膨胀和内摩擦降低来解释碎屑流态化。

④ 滑坡碎屑流降落高度不直接影响最终堆积体的外形。

⑤ 滑坡碎屑流运动总距离与体积相关。

## 二、弗兰克滑坡碎屑流

1903 年 4 月 29 日加拿大弗兰克镇发生的滑坡碎屑流是加拿大，也是世界灾害史上规模最大、致命人数最多的滑坡之一。该滑坡规模 $3\times10^7$～$4\times10^7\ m^3$，平均速度 31 m/s，坠落最大高度 800 m，水平行进距离大于 3 km。该滑坡掩埋了弗兰克镇东郊，摧毁了 3 个村舍、1.2 英里长的道路和铁路轨道，以及全部矿山建筑，估计死亡人数在 70 人到 90 人之间。

**1. 滑坡事件及灾害**

1903 年 4 月 29 日凌晨 4 点 10 分，北美洲落基山脉中段龟山地区，加拿大艾伯塔省弗兰克镇，宽约 1 000 m、高 425 m、深 150 m、$3\times10^7\sim4\times10^7\ m^3$ 山体在 100 秒内向东偏北方向滑下龟山（Turtle Mountain），跨越河谷到达对面的山坡。即滑坡块体以平均约 31 m/s 速度行进，滑体中心坠落高度最高 800 m，水平行进距离大于 3 km（±3.75），跨过河谷后又爬高了 130 m，如附图 3 所示。

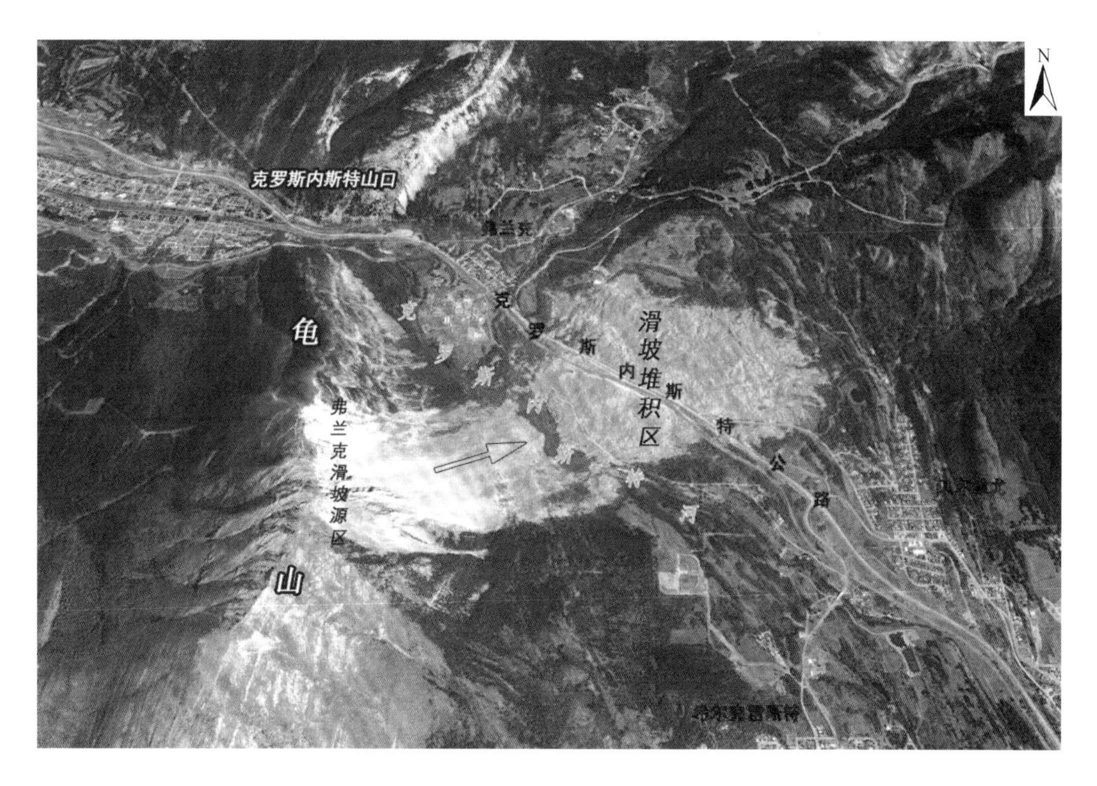


附图 3　加拿大弗兰克滑坡地理环境（底图源自 Google Earth 2012 年影像）

滑坡发生时，有 20 名矿工在龟山煤矿夜班工作，其中 3 人在矿井外，被滑坡块石砸死。剩下的 17 人在井下，发现入口已被碎石堵住，经过 13 小时的艰苦努力，矿工们挖出了一个新的通道，17 名矿工终于从山里逃了出来。

逃出来的矿工发现，他们的宿舍房屋已被毁坏。一个矿工发现，他的妻子和 4 个孩子已经死亡（Anderson et al.，2005）。15 岁的 Lillian Clark 那天上晚班，她父亲、母亲和 6 个兄弟均被埋葬在他们的家里。住在加拿大太平洋铁路（CPR）工作营地的 12 名职工全部死亡。

这是加拿大历史上最大、最致命的滑坡之一。

滑坡后的一个月至 5 月 30 日，为了重开矿井，工人们打开了通往老矿井的通道。令人吃惊的是，他们发现了名叫查利的骡子，它已经在地下生活了一个月，靠吃木架上的树皮和水塘里的水而生存。救出来后，营救者用过量的燕麦和白兰地喂养它，致使骡子胀死（Anderson et al.，2005）。

**2. 滑坡地质背景、滑坡原因和临滑征兆**

弗兰克滑坡发生在龟山背斜的轴部及东翼，龟山背斜为一不对称的逆冲褶皱（Humair et al.，2013），岩石滑坡涉及上泥盆到下石炭系（365～330 Ma）的四个地质建造：帕利泽（Palliser）、斑芙（Banff）、利文斯顿（Livingstone）和山头建造（Langenberg et al.，2007）。但在滑坡堆积表面只发现了三个地质建造，未见帕利泽建造，推测由于其岩石强度低，在滑坡运动过程中已经被碾压成粉末了（Langenberg et al.，2007）。

加拿大地质调查局（GSC）（Benko and Stead，1998）在滑坡之后立即进行调查，得出以下结论：龟山斜坡上部坚硬的石灰岩层覆盖在软弱的砂页岩层之上，经过多年侵蚀，形成了顶部荷重的陡峭悬崖，这是山体不稳定的主要原因。此外，面向东的斜坡上裂缝纵横交错，并伸入到地下，使水进入山体内部，加速了斜坡风化。气候和风化也是重要原因：当年，弗兰克 3 月的大雪之后是一个温暖的 4 月，山上融化的雪水进入裂缝，由于昼夜温差很大，滑坡前不久的夜间温度下降到－18℃以下，导致斜坡裂缝中的水反复地融化和冻结，使裂缝扩张，进一步削弱了斜坡岩石的强度，使石灰岩断裂并破碎。

也有人为因素。加拿大地质调查局认为，采矿活动触发了滑坡，但矿山业主不同意。滑坡后，尽管岩块还在继续坠落，矿井还是重新打开。弗兰克的煤炭产量在 1910 年达到顶峰，直到在无利可图之后，该矿才于 1917 年永久关闭。

后来的研究表明，山峰处于“平衡”状态时，矿井造成的小变形也会诱发滑坡。

临滑征兆：在滑坡发生前几个月，矿工感觉山体震动，警长报告说在山体内“1 100～1500 m”有“一股挤压”力使煤层裂开，支撑矿壁的木柱开裂，甚至完全裂开。在灾难发生前的几个星期里，矿工们会听到来自山里的隆隆声。

**3. 方法技术**

自 1903 年弗兰克滑坡碎屑流发生至今的 100 多年以来，加拿大和世界各国的学者做了大量的调查研究工作，提出了许多有科学价值的假设（Cruden and Varnes，1996；Benko and Stead，1998；Friedmann et al.，2003）。以笔者粗浅的理解，这些工作概括起来可分为以下三方面：①将滑坡源区与堆积分为不同的两部分，分别获取其特征信息，然后研究它们之间的联系；②主要以地面调查与测绘，遥感（地面激光扫描和航空遥感）技术获取滑坡源区和堆积的地表信息；③以统计分析、数字模拟等方法分析堆积物与滑坡之间的联系，解释弗兰克滑坡破碎、运移及堆积过程。

（1）获取堆积体信息。以克罗斯内斯特河（Crowsnest）河谷为界，将弗兰克滑坡碎屑流分为滑坡源区和堆积体两部分，如附图 3 所示。

沿着弗兰克滑坡堆积的中部和两侧的 3 条测线建立 48 个测量站，使测量尽量覆盖全部堆积体，在 48 个测量站共采集了 4 786 个块石样品。通过实地测量、高分遥感获取每个块石的粒径、岩性、粗糙度指数和坡向来了解堆积体特征。

（2）获取源区不连续面特征信息。地面调查在弗兰克滑坡源区共发现 6 组不连续面，其中一组为基岩层面，其余 5 组为不同产状的基岩裂隙，分别求得它们的产状。采用地面和航空激光扫描的遥感技术对各组裂隙进行裂隙间隔、长度和延伸方向测量。

（3）分析源区和堆积体特征及相互关系。获取以上堆积体和源区的特征信息后，主要采用统计、模拟等方法分析它们各自的特征及相互关系，求得块石体积、粒径和岩性的空间分布。

为了探索源区裂隙与堆积体块石的关系，Kim 等（2007）提出“虚拟源区块石”概念，并拟合了“虚拟源区块石”体积 $V$ 与裂隙空间间距 $S$、扫描线与裂隙夹角 $\gamma$ 及第 $i$ 组裂隙平均长度 $l$ 与采样窗口长度 $L$ 的比例关系。

（4）弗兰克滑坡碎屑流运动特征。

·碎裂

滑坡运动的最初方式是碎裂，包括形成边界及破碎，证明了在块体运动过程中碎裂与势能消耗成正比与岩石强度成反比，所以弗兰克滑坡的大多数破裂发生在龟山斜坡块体沿斜坡向下运动，首次碰撞地面时，破裂主要由滑坡前源区的裂隙控制。堆积中的大块石主要由源区接合较紧密的巨大的岩层裂隙空间间隔造成；较小的块石则由岩石接合不太紧密的裂隙造成（Dunning，2006）。

·运动与堆积

Dufresne 等（2009）提出，碎屑流有三个不同传播方式的不均匀运移：①块体西北部，似叶片状运动方式，当这部分块体到达谷底时，它夹带着底部的物质作侧向运动，导致形成“飞溅”，埋葬了弗兰克镇东郊。②移动块体中部，可能是原来山体最高体积最大的一块，似乎是直接向前运动，表现为压缩特征。③东、南部流动方式。

**4. 滑坡后措施及利用**

滑坡后，艾伯塔地质调查局在斜坡后缘安装了 80 多个监测站，运行了一套世界上最先进的滑坡监测系统，为附近居民提供灾害预警。新的监测研究确定山上的裂缝在继续发展，当地政府决定将部分建筑拆除或迁移到更安全的地区。

弗兰克滑坡发生后产生了许多传说故事和歌曲，如 Ed McCurdy 的歌谣《Frankie 滑坡的故事》、S. T. Connors 创作的“那座山是怎么下来的”和“弗兰克，AB”等歌曲都很流行。此外，弗兰克滑坡一直是几本小说的主题，包括历史的和虚构的。

在灾难发生的当天，好奇的人们蜂拥至弗兰克，观看滑坡遗迹。看到人们的这种好奇心与对滑坡事件的浓厚兴趣，省政府成功地将滑坡建成阿尔伯塔省的一个省级历史遗址。1976 年，省政府制定了一个限制开发滑坡区的条例，以防止遗址性质改变。1978 年，建立了滑坡纪念碑。1985 年，在离龟山不远处开放了弗兰克滑坡讲解中心。还建立了一个弗兰克滑坡和该地区的煤炭开采历史的博物馆。仅有 200 人口的弗兰克，每年接待超过十万的旅游者访问。

## 参 考 文 献

Anderson F, Wilson W D. 2005. Triumph and Tragedy in the Crowsnest Pass, Surrey. British Columbia: Heritage House, 55.

Benko B, Stead D. 1998. The Frank slide: a reexamination of the failure mechanism[J]. Canadian

Geotechnical Journal, 35(2): 299-311.

Bergman B. 2012. 100th Anniversary of Frank Slide Disaster, Maclean's Magazine. Historica-Dominion Institute of Canada, retrieved 2012-05-01.

Blasio F V D. 2011. Introduction to the Physics of Landslides[M]. Springer Netherlands, 193-194.

Charrière M, Humair F, Froese C, et al. 2015. From the source area to the deposit: Collapse, fragmentation, and propagation of the Frank Slide[J]. Geological Society of America Bulletin, doi: 10. 1130/B31243. 1.

Cruden D M. Varnes D J. 1996. Landslide types and processes, in Turner A K, and Schuster R L, eds., Landslides. Investigation and Mitigation [J]. National Research Council Transport Research Board Special Report 247, 36-75.

Davies T R H. 1982. Spreading of rock avalanche debris by mechanical fluidization [J]. International Journal of Rock Mechanics & Mining Sciences & Geomechanics Abstracts, 19(6): 9-24.

Dufresne A, Davies T R. 2009. Longitudinal ridges in mass movements deposits [J]. Geomorphology, 105: 171-181, doi: 10. 1016 /j. geomorph. 2008. 09. 009.

Dunning S A. 2006. The grain-size distribution of rock avalanche deposits in valley confined settings [J]. Italian Journal of Engineering Geology and Environment, (1):117-121. doi: 10. 1007 /978- 3-642- 04764-0_19.

Evans S G, Mugnozza G S, Strom A, et al. 2006. Landslides from Massive Rock Slope Failure [M]. Springer Netherlands, 133-134.

Friedmann S J, Kwon G, Losert W. 2003. Granular memory and its effect on the triggering and distribution of rock avalanche events[J]. Journal of Geophysical Research, 38(B8):1-11. doi: 10. 1029/2002JB002174.

Hamilton W N, Price M C and Chao D K. 1998. Geology of the Crowsnest Corridor[J]. Alberta Geological Survey Map 235A, scale 1: 100 000.

Humair F, Pedrazzini A, Epard J L, et al. 2013. Structural characterization of Turtle Mountain anticline (Alberta, Canada) and impact on rock slope failure[J]. Tectonophysics, 605: 133-148, doi: 10. 1016 /j. tecto. 2013. 04. 029.

Kim B H, Cai M, Kaiser P K, et al. 2007. Estimation of block sizes for rock masses with non-persistent joints[J]. Rock Mechanics and Rock Engineering, 40(2):169-192, doi: 10. 1007 /s00603 -006-0093-8.

Langenberg C W, Pană D, Richards B C, et al. 2007. Structural geology of the Turtle Mountain Area near Frank, Alberta[J]. Alberta Energy and Utilities Board /Alberta Geological Survey Earth Sciences Report 2007-03, 39.

Pedrazzini A, Froese C, Jaboyedoff M et al. 2012. Combining digital elevation model analysis and runout modelling to characterize hazard posed by potentially unstable rock slope at Turtle Mountain, Alberta, Canada[J]. Engineering Geology, 128: 76-94, doi: 10. 1016 /j. enggeo. 2011. 03. 015.

Shugar D H, Clague J J, and Giardino M. 2013. A quantitative assessment of the sedimentology and geomorphology of rock avalanche deposits[M]. in Margottini C, Canuti P, and Sassa K, eds., Landslides Science and Practice, Volume 4: Berlin, Springer, 321-326.

Strom A. 2006. Morphology and internal structure of rockslides and rock avalanches: Grounds and constraints for their modeling [M]. in Evans S, Mugnozza G S, Strom A, and Hermanns R, eds., Landslides from Massive Rock Slope Failure: Dordrecht, Springer, 305-326.

# 作 者 简 介

**王治华**　中国自然资源航空物探遥感中心二级研究员，曾被聘为中国科学院地理科学与资源研究所资源与环境信息系统国家重点实验室、中国科学院遥感应用研究所、中国地质大学等客座教授，兼职研究员，博士生导师，享受国务院政府津贴。

1965 年毕业于北京地质学院地球物理勘探系，1965～1988 年在中国科学院成都山地灾害与环境研究所从事滑坡研究。1980～2012 年，在国土资源部、中国科学院、水电部等部委项目和国家自然科学基金项目等 20 余个项目的支持下，历经 40 余年的潜心研究，开拓性地将现代空间信息技术与滑坡地学特征及机理结合，创建了数字滑坡理论方法与技术体系，实现了滑坡调查研究从定性到精确信息化定量，突破了滑坡准确识别、精确参量计算等数字滑坡关键技术，建成了数字滑坡技术系统，经历了国家重大防灾减灾任务和重大工程安全运营的科学检验，填补了数字滑坡理论方法与技术研究的国内外空白。

多年来公开发表的科学论文 80 余篇，出版专著 4 部。曾 7 次荣获中国科学院、国土资源部等部委的科技成果奖。